"十四五"职业教育国家规划教材

工程测量
（第3版）

主　编　赵玉肖　吴聚巧
副主编　任海萍　孙　琳　史文朝
　　　　布亚芳　刘炳华
参　编　翟晓静　张希庆　李现者
　　　　高进科
主　审　谭荣建　靳战飞

北京理工大学出版社
BEIJING INSTITUTE OF TECHNOLOGY PRESS

内 容 提 要

本书为"十四五"职业教育国家规划教材。全书以工作过程为导向，以企业真实的工作任务为载体，结合测量岗位技能要求、测量职业技能竞赛内容、无人机测绘职业技能等级证书标准及课程教学改革实际进行编写。本书共分为6个模块，主要内容包括测量工作概述、测量基本工作（含子模块：高程测量、角度测量、距离测量）、控制测量、大比例尺地形图测绘及应用、道路定测测量（含子模块：道路中线测量，道路纵、横断面测量）、道路工程施工测量（含子模块：道路施工测量、桥涵施工测量、隧道施工测量）。本书附大量的二维码教学资源，每个（子）模块前均设有学习引导和趣味阅读，中间穿插"小贴士""指点迷津""动动脑""知识宝典"等小设计，后面附有拓展阅读、能力训练、考核评价等。

本书可作为高等院校道路与桥梁工程技术、道路养护与管理、工程造价等专业的教学用书，也可作为工程建设测量技术人员培训用书或自学参考用书。

版权专有　侵权必究

图书在版编目(CIP)数据

工程测量/赵玉肖，吴聚巧主编.-- 3 版.--北京：北京理工大学出版社，2023.7重印

　　ISBN 978-7-5763-0977-5

Ⅰ.①工… Ⅱ.①赵…②吴… Ⅲ.①工程测量 Ⅳ.①TB22

中国版本图书馆CIP数据核字（2022）第028976号

出版发行 / 北京理工大学出版社有限责任公司

社　　址 / 北京市丰台区四合庄路6号院

邮　　编 / 100070

电　　话 /（010）68914775（总编室）

　　　　　（010）82562903（教材售后服务热线）

　　　　　（010）68944723（其他图书服务热线）

网　　址 / http://www.bitpress.com.cn

经　　销 / 全国各地新华书店

印　　刷 / 河北鑫彩博图印刷有限公司

开　　本 / 787毫米 × 1092毫米　1/16

印　　张 / 19　　　　　　　　　　　　　　　责任编辑 / 钟　博

字　　数 / 507千字　　　　　　　　　　　　　文案编辑 / 钟　博

版　　次 / 2023年7月第3版第5次印刷　　　　　责任校对 / 周瑞红

定　　价 / 58.00元　　　　　　　　　　　　　责任印制 / 边心超

图书出现印装质量问题，请拨打售后服务热线，本社负责调换

第3版前言

党的二十大报告指出：我们经过接续奋斗，实现了小康这个中华民族的千年梦想，"建成世界最大的高速铁路网、高速公路网，机场港口、水利、能源、信息等基础设施建设取得重大成就"。高质量发展，建设现代化产业体系，"坚持把发展经济的着力点放在实体经济上，推进新型工业化，加快建设制造强国、质量强国、航天强国、交通强国、网络强国、数字中国"。科教兴国，深入实施人才强国战略，"培养造就大批德才兼备的高素质人才，是国家和民族长远发展大计"。

本书为"十四五"职业教育国家规划教材。本书第1版于2012年8月出版，第2版于2019年1月出版，出版后陆续受到了读者的广泛好评与肯定。此次是在保留第2版特色和优点的基础上，突出德技并修、注重岗课赛证融通，对全书结构、内容增减、资源配套等方面作了全面优化升级，使本书更具先进性、实用性和可读性，满足弹性教学、分层教学、混合式教学等需求，提高学生的综合素养和上岗即能操作的职业胜任力。本次修订，编者在党的二十大政策方针的指导下，围绕"办好人民满意的教育""推进教育数字化"等原则对教材进行了完善和优化。修订后教材特色如下：

1. 版式风格新颖，打造高效课堂

遵循"以学生为中心，以成果为导向"理念，每个（子）模块前面将原有的"主要内容"改为"学习引导"，并增设"素养目标"和"趣味阅读"版块，中间穿插"指点迷津""小贴士""知识宝典"等小设计，后面附有考核评价，设计形成了"知识目标、技能目标、素养目标—学习引导—趣味阅读—融合小设计的知识内容—能力训练—考核评价"的闭环式教学，增强了本书的吸引力和感染力，更有助于调动学生的学习积极性和主动性，提高其课堂参与度，加深其对知识和技能的理解与掌握，从而打造高效课堂。

2. 内容更新优化，岗课赛证融通

瞄准测量岗位需求，对接测量员职业标准和工作过程，在控制测量模块补充了"北斗导航卫星系统"，大比例尺地形图测绘及应用模块补充了航空摄影测量、无人机测绘系统、无人机数字地形图测绘步骤等行业发展的新知识、新技术；道路中线测量模块删除了虚交点的测设、回头曲线的测设、复曲线的测设，桥涵施工测量模块删除了桥涵附属工程放样测量等

陈旧内容，增强了本书的实用性与先进性。对标融入的无人机测绘地形图，同时作为"1+X"无人机摄影测量职业技能等级证书与测量技能大赛内容，推动了岗课赛证融通育人。

3. 融入思政元素，注重德技并修

每个（子）模块前面增设"素养目标"和"趣味阅读"，后面附有考核评价表，分别采用学生自评、小组互评、教师评价等多主体进行评价。在讲授测量知识和测量技能的基础上，更加注重引导学生形成团队合作、规范操作仪器的良好习惯，认真、细致地分析计算测量数据的优良品质，精益求精、追求卓越的工匠精神，助力落实立德树人根本任务。

4. 立体构建资源，满足教学需求

本书针对测量仪器的构造与操作使用、测量观测方法部分，附有微课、操作视频、动画等丰富的教学资源，可以激发学生自主学习兴趣，使本书内容更加入眼入耳、入脑入心，充分满足个性化学习需求。

另外，本书还配有完整的教学课件、电子教案、能力训练参考答案、典型工程案例、实训任务书等数字化资源，实现线上、线下资源的立体化呈现，提高本书使用的灵活性，延伸本书的可用性。

5. 引入建设成果，实现互融互促

本书为"道路养护与管理专业国家级教学资源库建设项目"中《工程测量》标准化课程"教育部第三批现代学徒制试点——道路桥梁工程技术专业建设项目""河北省高等职业教育创新发展行动计划（2019—2021年）中道路与桥梁工程技术骨干专业群建设项目""河北省高等职业教育创新发展行动计划（2022—2025年）中道路与桥梁工程技术省域高水平专业群建设项目""职业教育提质培优行动计划（2020—2023年）中校企双元合作开发的职业教育规划教材建设任务""河北省职业教育精品在线开放课程——工程测量""河北省教学成果二等奖：基于岗位需求的交通土建类专业课程改革与实践——以工程测量为例"的配套教材，在修订过程中引入了部分建设成果，实现了与建设项目的互融互促。

本次修订由河北交通职业技术学院赵玉肖、吴聚巧任主编，河北交通职业技术学院任海萍、孙琳、史文朝、布亚芳、刘炳华担任副主编，河北交通职业技术学院翟晓静、张希庆、李现者，河北省交通规划设计研究院有限公司高进科参与编写。具体编写分工为：模块1由布亚芳编写，模块2中子模块1和模块6中子模块1由吴聚巧编写，模块2中子模块2和模块5中子模块2由任海萍编写，模块2中子模块3由翟晓静编写，模块3由孙琳、史文朝编写，模块4由史文朝编写，模块5中子模块1由赵玉肖、张希庆、高进科编写，模块6中子模块2由刘炳华编写，模块6中子模块3由赵玉肖、李现者编写。全书由昆明理工大学谭荣建教授和中国华西工程设计建设有限公司正高级工程师靳战飞主审。

本书在编写过程中，得到了河北工业大学博士生导师杨春风教授，河北交通职业技术学院马良军、张庆宇、刘雅丽、张邰生、王道远、马彦芹等教授，云南交通职业技术学院普荃教授，四川交通职业技术学院熊伟副教授的指导和帮助，在此一并致以诚挚的谢意。

由于编者水平有限，编写时间仓促，不足之处在所难免，敬请读者批评指正。

编　者

PREFACE 第2版前言

工程测量是道路桥梁工程技术等相关专业学生必须掌握的一项非常重要的专业技能，且毕业生在工程施工、监理等单位从事测量工作也是相当普遍。鉴于此，本书根据应用技能型人才培养目标和教学实践，结合交通类职业教育特色，以基本理论和基础知识实用、够用为原则，以突出职业能力培养、紧密追踪工程测量前沿技术的发展、紧贴现行技术规范为目标，采用二维码的形式插入动画编写而成数字化教材。

本书在编写过程中，团队成员先后多次到工程建设一线测量岗位进行调研，分析了工程测量工作所必须具备的专业知识和岗位技能，确定了工程测量技术人员所必须掌握的核心技能，紧密贴合现代化工程建设实际，适时引入了测量新技术、新仪器、新方法，并且与执业资格考试内容衔接，注重学生未来的职业发展。

本书内容及推荐学时安排见下表。

模块	内容	学时
1	测量工作概述	4
2	测量基本工作	34
3	控制测量	20
4	大比例尺地形图测绘及应用	8
5	道路定测测量	22
6	道路工程施工测量	20
合计		108

本书由河北交通职业技术学院赵玉肖、吴聚巧担任主编并统稿，由河北交通职业技术学院任海萍、孙琳、史文朝担任副主编，河北交通职业技术学院布亚芳、翟晓静、刘炳华、张希庆，河北省交通规划设计院高进科参与了本书的编写工作。具体编写分工如下：模块1由布亚芳编写，模块2中子模块1和模块6中子模块1由吴聚巧编写，模块2中子模块2和模块5中子模块2由任海萍编写，模块2中子模块3由翟晓静编写，模块3由孙琳、史文朝编

写，模块4由史文朝编写，模块5中子模块1由赵玉肖、张希庆、高进科编写，模块6中子模块2由刘炳华编写，模块6中子模块3由赵玉肖编写。全书由昆明理工大学谭荣建和中国华西工程设计建设有限公司靳战飞主审。

  本书在编写过程中，得到了河北工业大学博士生导师杨春风教授，河北交通职业技术学院马彦芹、张邰生两位教授的指导和帮助，在此一并致以诚挚的谢意。

  由于编者水平有限，加之时间仓促，书中难免存在疏漏之处，敬请读者批评指正。

编　者

第1版前言

为了顺应高等职业院校人才培养模式和教学内容体系改革的要求，我们编写了本书。全书按照专业培养目标，进一步加强教材内容的针对性和实用性，合理精简和完善内容，贴近模块式教学要求。我们在编写过程中聘请行业一线专家直接介入教材的编审工作，更加有利于教材基本理论的严格把关，有利于反映生产一线的新技术、新方法、新标准、新规范，同时注重学生基本素质、基本能力的培养，突出培养学生的实际动手能力，从内容上、形式上力求更加贴近工程实际。

本书编写尽量做到精炼内涵、通俗易懂，最大限度地适应高等职业教育的特点，以更好地培养学生分析问题、解决问题的能力。考虑当前工程实际需要，本书引用新规范并对部分内容进行适当增减，较全面地介绍了工程测量近年来的科学技术成就，并重点介绍其在公路、桥涵、隧道等工程中的应用。

本书共分十四章，由河北交通职业技术学院赵玉肖、布亚芳担任主编，河北交通职业技术学院任海萍、刘炳华、王道远以及河北地质职工大学王福增担任副主编，参加编写的还有河北交通职业技术学院李现者、袁金秀，河北地质职工大学孟闪。具体编写分工如下：赵玉肖编写第三章、第八章；布亚芳编写第一章、第七章、第十二章；任海萍编写第二章、第五章、第十一章；刘炳华编写第十章、第十三章；王道远编写第十四章；王福增编写第六章；李现者、袁金秀编写第四章；孟闪编写第九章。特邀河北交通职业技术学院马彦芹教授担任主审。马彦芹教授认真审阅了本书，提出了许多宝贵的意见和建议，在此向马彦芹教授深表谢意。

由于编者水平有限，加之时间仓促，书中难免存在不妥之处，恳请读者批评指正。

编 者

目录

模块1 测量工作概述 ……………………… 1
1.1 测量学的任务、分类及作用 …… 2
　1.1.1 测量学及其任务 …………… 2
　1.1.2 测量学的分类 ……………… 3
　1.1.3 测量工作在公路建设中的作用 … 3
1.2 地球的形状和大小 ……………… 4
　1.2.1 大地水准面 ………………… 4
　1.2.2 旋转椭球面 ………………… 5
1.3 地面点位的表示方法 …………… 5
　1.3.1 确定地面点位的坐标系 …… 6
　1.3.2 地面点的高程 ……………… 10
1.4 测量的基本工作及原则 ………… 10
　1.4.1 测量工作概述 ……………… 10
　1.4.2 测量工作的原则 …………… 12
1.5 测量误差 ………………………… 12
　1.5.1 测量误差及其产生的原因 … 12
　1.5.2 测量误差的分类与处理原则 … 13
　1.5.3 大量偶然误差的特性 ……… 14
　1.5.4 无真值条件下的最或是值 … 16
　1.5.5 观测值精度评价指标 ……… 17

模块2 测量基本工作 ………………… 23
　子模块1 高程测量 ………………… 23
　1.1 水准仪的认识与使用 ………… 24
　　1.1.1 DS_3型微倾式水准仪的构造 … 25
　　1.1.2 水准尺和尺垫 …………… 27
　　1.1.3 微倾式水准仪的操作 …… 28
　　1.1.4 自动安平水准仪的构造 … 30
　　1.1.5 自动安平水准仪的操作 … 33
　　1.1.6 电子水准仪的构造 ……… 33
　　1.1.7 电子水准仪的操作
　　　　（DL2003）………………… 34
　1.2 水准测量原理 ………………… 38
　1.3 水准测量的实施方法 ………… 39
　　1.3.1 水准点 …………………… 39
　　1.3.2 水准测量实施方法 ……… 40
　　1.3.3 水准测量成果检核 ……… 43
　　1.3.4 水准测量成果计算 ……… 44
　1.4 水准仪的检验与校正 ………… 46
　　1.4.1 圆水准器的检验与校正 … 46
　　1.4.2 十字丝的检验与校正 …… 47
　　1.4.3 水准管轴的检验与校正 … 48
　1.5 水准测量的误差分析及注意事项 ………………………………… 49
　　1.5.1 水准测量的误差分析 …… 49
　　1.5.2 注意事项 ………………… 51
　1.6 三角高程测量 ………………… 51
　　1.6.1 三角高程测量原理 ……… 51

1.6.2 三角高程测量的等级及技术要求……52
1.6.3 地球曲率和大气折光的影响（球、气两差改正）……53
1.6.4 三角高程测量的施测方法……53

子模块2 角度测量……56
2.1 光学经纬仪的认识与使用……57
2.1.1 DJ_6级光学经纬仪的构造与读数方法……57
2.1.2 DJ_6级光学经纬仪的技术操作……59
2.2 全站仪的认识与使用……62
2.2.1 全站仪的构造……62
2.2.2 全站仪的技术操作及注意事项……65
2.3 角度测量原理……66
2.3.1 水平角测量原理……66
2.3.2 竖直角测量原理……67
2.4 水平角测量……68
2.4.1 测回法……68
2.4.2 方向观测法……70
2.5 竖直角测量……71
2.6 全站仪的检验与校正……73
2.7 角度测量的误差分析及注意事项……77
2.7.1 角度测量的误差……77
2.7.2 角度测量的注意事项……78

子模块3 距离测量……85
3.1 钢尺量距……86
3.1.1 量距工具……86
3.1.2 直线定线……87
3.1.3 一般量距方法……89
3.2 全站仪测距……91
3.2.1 准备工作……91
3.2.2 距离测量……92
3.3 钢尺量距的误差分析及注意事项……93

模块3 控制测量……96
3.1 控制测量概述……97
3.1.1 平面控制测量……98
3.1.2 高程控制测量……101
3.2 直线定向……102
3.2.1 标准方向……102
3.2.2 直线方向的表示方法……104
3.2.3 罗盘仪的认识与使用……106
3.3 全站仪传统法导线测量……107
3.3.1 导线测量的等级与技术要求……107
3.3.2 导线测量的外业工作……109
3.3.3 导线测量的内业计算……113
3.4 全站仪坐标法导线测量……120
3.4.1 导线测量的外业工作……120
3.4.2 导线测量的内业计算……121
3.5 GNSS测量……122
3.5.1 GNSS概念及系统组成……122
3.5.2 GNSS定位原理及分类……124
3.5.3 GNSS平面控制测量……126
3.6 交会法定点……130
3.6.1 交会法定点方法……130
3.6.2 全站仪后方交会……133
3.7 高程控制测量……136
3.7.1 三、四等水准测量的技术要求……136
3.7.2 三、四等水准测量的实施方法……138

模块4 大比例尺地形图测绘及应用……145
4.1 地形图基本知识……146

4.1.1　地形图相关概念……………146
　　4.1.2　地形图比例尺及精度………147
　　4.1.3　地物和地貌在地形图上的
　　　　　表示方法…………………148
　　4.1.4　地形图分幅与图廓整饰………156
4.2　全站仪、GNSS—RTK数字
　　　地形图测绘…………………………158
　　4.2.1　图根控制测量…………………158
　　4.2.2　外业数据采集…………………160
　　4.2.3　数据传输与转换………………176
　　4.2.4　计算机辅助成图………………177
4.3　无人机数字地形图测绘………………182
　　4.3.1　航空摄影测量相关概念………183
　　4.3.2　无人机测绘系统简介…………184
　　4.3.3　无人机数字地形图测绘
　　　　　步骤…………………………186
4.4　地形图的应用…………………………198
　　4.4.1　地形图的识读…………………198
　　4.4.2　纸质地形图的应用……………198
　　4.4.3　数字地形图的应用……………202

模块5　道路定测测量…………………205
子模块1　道路中线测量………………205
1.1　概述……………………………………206
1.2　交点和转点的测设……………………207
　　1.2.1　交点的测设……………………207
　　1.2.2　转点的测设……………………213
1.3　路线转角的测定和里程桩
　　　设置………………………………214
　　1.3.1　路线转角的测定………………214
　　1.3.2　里程桩设置……………………216
1.4　圆曲线测设……………………………219
　　1.4.1　圆曲线测设元素的计算………219
　　1.4.2　圆曲线主点测设………………219
　　1.4.3　圆曲线的详细测设……………220

1.5　带有缓和曲线的平曲线测设…………224
　　1.5.1　缓和曲线………………………224
　　1.5.2　带有缓和曲线的平曲线的
　　　　　主点测设…………………226
　　1.5.3　带有缓和曲线的平曲线的
　　　　　详细测设…………………227
1.6　道路中线逐桩坐标计算………………230
1.7　全站仪、GNSS—RTK 道路
　　　中线测量…………………………233
　　1.7.1　全站仪测设道路中线…………233
　　1.7.2　GNSS—RTK 测设道路
　　　　　中线………………………233
　　1.7.3　道路中线测设实例……………234
子模块2　道路纵、横断面测量………238
2.1　纵断面测量……………………………239
　　2.1.1　基平测量………………………239
　　2.1.2　中平测量………………………240
　　2.1.3　纵断面图的绘制………………244
2.2　横断面测量……………………………246
　　2.2.1　横断面方向的标定……………246
　　2.2.2　横断面测量的方法……………248
　　2.2.3　横断面图的绘制………………249

模块6　道路工程施工测量……………252
子模块1　道路施工测量………………252
1.1　施工测量概述…………………………253
　　1.1.1　施工测量的概念………………253
　　1.1.2　施工测量的任务………………253
1.2　施工测量的基本方法…………………254
　　1.2.1　已知距离的放样………………254
　　1.2.2　已知水平角的放样……………255
　　1.2.3　已知高程的放样………………256
1.3　点的平面位置的测设…………………257
　　1.3.1　直角坐标法……………………257
　　1.3.2　极坐标法………………………257

1.3.3 角度交会法 ⋯⋯⋯⋯⋯⋯⋯⋯ 257
  1.3.4 距离交会法 ⋯⋯⋯⋯⋯⋯⋯⋯ 258
 1.4 公路路线施工测量 ⋯⋯⋯⋯⋯⋯⋯ 258
  1.4.1 恢复中线测量 ⋯⋯⋯⋯⋯⋯⋯ 259
  1.4.2 施工控制桩放样 ⋯⋯⋯⋯⋯⋯ 259
  1.4.3 路基施工放样测量 ⋯⋯⋯⋯⋯ 260
子模块2 桥涵施工测量 ⋯⋯⋯⋯⋯⋯ 263
 2.1 概述 ⋯⋯⋯⋯⋯⋯⋯⋯⋯⋯⋯⋯⋯ 264
 2.2 涵洞施工测量 ⋯⋯⋯⋯⋯⋯⋯⋯⋯ 264
 2.3 桥梁控制网的形式 ⋯⋯⋯⋯⋯⋯⋯ 266
  2.3.1 平面控制测量 ⋯⋯⋯⋯⋯⋯⋯ 266
  2.3.2 高程控制测量 ⋯⋯⋯⋯⋯⋯⋯ 270
 2.4 桥梁轴线和墩台定位测量 ⋯⋯⋯ 271
  2.4.1 桥梁中线测量 ⋯⋯⋯⋯⋯⋯⋯ 271
  2.4.2 桥梁墩台中心定位测量 ⋯⋯⋯ 272

  2.4.3 墩台纵横轴线测量 ⋯⋯⋯⋯⋯ 276
子模块3 隧道施工测量 ⋯⋯⋯⋯⋯⋯ 279
 3.1 概述 ⋯⋯⋯⋯⋯⋯⋯⋯⋯⋯⋯⋯⋯ 280
 3.2 洞外控制测量 ⋯⋯⋯⋯⋯⋯⋯⋯⋯ 281
  3.2.1 洞外平面控制测量 ⋯⋯⋯⋯⋯ 281
  3.2.2 洞外高程控制测量 ⋯⋯⋯⋯⋯ 282
 3.3 洞内控制测量 ⋯⋯⋯⋯⋯⋯⋯⋯⋯ 282
  3.3.1 洞内平面控制测量 ⋯⋯⋯⋯⋯ 282
  3.3.2 洞内高程控制测量 ⋯⋯⋯⋯⋯ 283
 3.4 竖井联系测量 ⋯⋯⋯⋯⋯⋯⋯⋯⋯ 284
 3.5 隧道掘进中的测量 ⋯⋯⋯⋯⋯⋯⋯ 286
 3.6 隧道贯通误差的测定与
   调整 ⋯⋯⋯⋯⋯⋯⋯⋯⋯⋯⋯⋯⋯ 287

参考文献 ⋯⋯⋯⋯⋯⋯⋯⋯⋯⋯⋯⋯⋯⋯ 292

模块 1　测量工作概述

知识目标

1. 了解测量工作的任务、分类及作用，测量误差产生的原因，偶然误差特性；
2. 理解地面点位的表示方法、测量工作的原则，以及测量误差的分类与处理原则；
3. 掌握地面上点的高程含义及观测值精度评价指标。

技能目标

1. 能应用高斯投影平面直角坐标系进行计算；
2. 能解释地面点高程的概念；
3. 能分析误差产生的原因及误差的分类；
4. 能进行中误差及相对误差的计算。

素养目标

1. 养成团结合作、规范操作各种测量仪器的良好习惯；
2. 养成一丝不苟、认真分析处理测量数据的优良品质；
3. 发扬科学严谨、精益求精的工作作风。

学习引导

工程测量贯穿于工程建设项目的勘测、设计、施工、竣工及养护管理等各个阶段。测量数据的精度和准度会直接影响工程项目的顺利开展，进而影响最终的工程质量。本模块主要介绍测量学的概念、分类及测量坐标系、地面点高程、测量误差等相关知识。

本模块的主要内容结构如图 1-1 所示。

趣味阅读——古代测量技术

司马迁在《史记》中描绘了禹带领测量队治水的生动画卷——"陆行乘车，水行乘舟，泥行乘橇，山行乘檋，左准绳，右规矩，载四行，以开九州，通九道"。由此可见，"准、绳、规、矩"是古代使用的测量工具。"准"是古代用的水准器，在《汉书》上就有记载；"绳"是一种测量距离、引画直线和定平用的工具，禹治水时，"左准绳"就是用"准"和"绳"来测量地势的高低，比较地势之间高低的差别；"规"是校正圆形的用具；"矩"是古代画方形的用具，也就是曲尺。

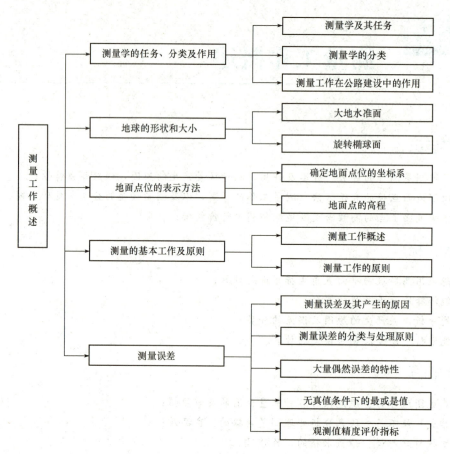

图 1-1　主要内容结构图

1.1　测量学的任务、分类及作用

1.1.1　测量学及其任务

测量学是一门研究如何确定地球表面上点的位置和高程,如何将地球表面的地貌、地物、行政和权属界线测绘成图,如何确定地球的形状和大小,以及将规划设计的点和线在实地上定位的科学。它的任务包括两部分——测绘和测设。

(1)测绘是指使用测量仪器和工具,通过实地测量和计算得到一系列测量信息,通过把地球表面的地形绘制成地形图或编制成数据资料,供经济建设、规划设计、科学研究和国防建设使用。

(2)测设是指把图纸上规划设计好的建筑物、构造物的位置在地面上用特定的方式标定出来,作为施工的依据。

小贴士

测设在工程上又称为施工放样。

1.1.2 测量学的分类

从广义的测量学角度来说，可将测量学按研究范围分为大地测量学和普通测量学。其中，研究整个地球的形状和大小，解决大地区控制测量和地球重力场问题的测量分支称为大地测量学；相反，测量地球表面局部形状，不考虑地球曲率的影响，而把地球局部表面当作平面而进行的测量工作称为普通测量学。

按研究目的可分为以下几类：

(1) 天文测量学：编制历法的基础。

(2) 海洋测绘学：航海定向与导航的基础。

(3) 重力测量学：测定重力场及其分布特征，具有重大的基础科学与应用价值。

(4) 军事测量学：包括远程导弹、空间武器、人造卫星等在内的各种武器提供测量和控制，随时校正轨道以命中目标。除应测算出发射点和目标点的精确坐标、方位、距离外，还必须掌握地球的形状、大小、重力场分布等精确数据。

(5) 工程测量学：研究工程结构在设计、施工和运营各阶段的测量理论与技术。

本书主要讨论普通测量学和工程测量学的有关内容。

1.1.3 测量工作在公路建设中的作用

测量工作对于国家的经济建设和国防建设具有非常重要的作用，在道路、桥梁和隧道工程建设中有着广泛的应用。公路工程测量是指公路建设在设计、施工和管理等各阶段所进行的各种测量工作。公路是一种位于自然界供汽车等交通运输工具运行的结构物，其位置受社会经济、自然地理和技术条件等因素制约。要建设一条安全、迅速、经济、美观的公路，必须在调查研究、实地测量、掌握大量基础资料的前提下，设计出具有一定技术标准、满足交通运输要求、经济合理的方案，然后经过现场施工而完成。其中，实地测量获取资料、施工测量保证设计方案的准确实施是至关重要的。

在公路建设中，为了选择一条安全、迅速、经济、美观、合理的路线，首先要进行路线勘测，即在沿着路线可能经过的范围内布设控制点，进行控制测量，测绘路线带状地形图、纵断面图，收集沿线地质、水文、资源等资料，作为纸上定线、编制比较方案和初步设计的依据。根据测量得到的数据资料进行路线选线。确定路线方案后，还要进行路线的详细测设，也就是进行路线的中线测量、纵断面测量、横断面测量和有关调查测量等，以便为路线设计提供准确、详细的外业资料。当路线跨越河流时，拟设置桥梁之前，应测绘河流两岸的地形图，测定桥轴线的长度及桥位处的河床断面，为桥梁方案选择及结构设计提供必要的数据。当路线采用隧道形式穿越高山时，应测绘隧址处地形图，测定隧道的轴线、洞口、竖井等位置，为隧道设计提供必要的数据。

公路经过技术设计后，其平面线形、纵坡、横断面及其他内容等，便有了设计图纸和数据，据此即可进行公路施工。施工前，需要恢复中线，公路中线定测后，一般情况要过一段时间才能施工，在这段时间内，部分标志桩被破坏或丢失，因此，施工前必须进行一次复测工作，以恢复公路中线的位置。需要将已设计好的路线、桥涵和隧道等构造物在图纸中的各项元素，按规定的精度准确无误地测设于实地，即施工前必须进行的施工放样测量。施工过程中，要经常通过各种测量来检查工程的进度和质量。在隧道施工过程中还要不断地进行贯通测量，以保证隧道的平面位置和高程正确贯通。道路、桥梁、隧道工程结束后，还要用测量来检查竣工情况，即进行竣工验收，并通过必要的测量来编制竣工图，以满足工程的验收、维护、加固及扩建的需要。

在投入使用后的营运阶段，还要应用测量进行一些常规检查和定期进行变形观测，进行必要的养护和维修,以确保道路、桥梁和隧道等构造物的安全使用。

可以说,道路、桥梁、隧道的勘测、设计、施工、竣工及养护维修的各个阶段都离不开测量工作。因此,作为一名从事公路建设的技术人员,必须具备测量的基本理论、基本知识和基本技能。

1.2 地球的形状和大小

测量工作是在地球的自然表面上进行的,而地球的自然表面有高山、丘陵、平原和海洋等,其形态高低不平,很不规则。为了便于确定地面点的位置和绘制地形图,有必要把直接观测的数据结果归化到一个参考面上,而这个参考面应尽可能与地球形体的表面相吻合。因此,认识地球的形体和与测量有关的坐标系问题是很有必要的。

1.2.1 大地水准面

尽管地球的表面高低不平,很不规则,甚至高低相差较大,如最高的珠穆朗玛峰高出海平面达 8 848.86 m,最低的太平洋西部的马里亚纳海沟低于海平面达 11 022 m。但是这样的高低起伏,相对于半径近似为 6 371 km 的地球来说还是很小的。由于海洋面积约占整个地球表面的 71%,陆地面积只占 29%,因此,可以把海水面延伸至陆地所包围的地球形体看作地球的形状。设想有一个静止的海水面,向陆地延伸而形成一个闭合曲面,这个曲面称为水准面。水准面作为流体的水面是受地球重力影响而形成的重力等势面,是一个处处与重力方向垂直的连续曲面。由于海水有潮汐,海水面时高时低,因此,水准面有无数个,将其中一个与平均海水面相吻合的水准面,称为大地水准面,如图1-2(a)所示。大地水准面是测量工作的基准面,由大地水准面所包围的地球形体,称为大地体,可作为地球形状和大小的标准。

微课 大地水准面及其演变

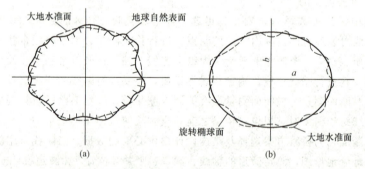

图 1-2 地球的自然表面、大地水准面和旋转椭球面
(a)大地水准面;(b)旋转椭球面

> **知识宝典**
>
> 1975年,我国测绘队采用传统大地测量方式,精确测得珠穆朗玛峰海拔高程为8 848.13米,正式对外发布,并获得国际社会认可。2005年,我国采用传统大地测量与卫星测量结合的技术方法,再次对珠穆朗玛峰高程进行测量,测得珠穆朗玛峰峰顶岩石面海拔高程为8 844.43米。2020年,我国首次将5G和北斗卫星导航系统结合,测得珠穆朗玛峰最新高程为8 848.86米。

由于地球自转，地球上的任一质点，均受地球引力和离心力的影响，一个质点实际上所受到的力是地球引力与离心力的合力，即重力的影响。因此，将重力的作用线称为铅垂线，作为测量工作的基准线。

由于海水面是个动态的曲面，平均静止的海水面是不存在的。为此，我国在青岛设立验潮站，长期观察和记录黄海海水面的高低变化，取其平均值作为我国大地水准面的位置，并在青岛建立了水准原点。

提示

大地水准面上高程处处都为零。

1.2.2 旋转椭球面

用大地体表示地球的形状是比较恰当的，但是由于地球内部质量分布不均匀，引起局部重力异常，导致铅垂线的方向产生不规则的变化，使得大地水准面上也有微小的起伏，成为一个复杂的曲面，如图 1-2(b)所示。因此，无法在这个复杂的曲面上进行测量数据的处理。为了测量计算工作的方便，通常用一个非常接近于大地水准面，并可用数学式表示的几何形体来代替地球的形状作为测量计算工作的基准面，这一几何形体称为地球椭球。它是由一个椭圆绕其短轴旋转而成，故地球椭球又称为旋转椭球，如图 1-2(b)所示。这样，测量工作的基准面为大地水准面，而测量计算工作的基准面为旋转椭球面。

旋转椭球的形状和大小可由其长半轴 a（或短半轴 b）和扁率 α 来表示。我国 1980 年国家大地坐标系采用了"1975 年国际椭球"。该椭球的基本元素为

长半轴：$a = 6\,378.140$ km

短半轴：$b = 6\,356.755$ km

扁率：$\alpha = \dfrac{a-b}{a} = \dfrac{1}{298.257}$

小贴士

旋转椭球的扁率很小，当测区范围不大时，可近似地把旋转椭球作为圆球，其半径近似为：

$R = \dfrac{1}{3}(2a+b) \approx 6\,371$ km。

1.3 地面点位的表示方法

测量工作的基本任务是确定地面点的空间位置。在一般工程测量中，确定地面点的空间位置，通常需用三个量，即该点在一定坐标系下的三维坐标，或该点的二维球面坐标或投影到平面上的二维平面坐标，以及该点到大地水准面的铅垂距离（高程）。

微课 确定地面点位的方法

1.3.1 确定地面点位的坐标系

地面点的坐标，根据不同的用途可选用不同的坐标系。下面介绍几种常用的坐标系。

1. 大地坐标系

用大地经度 L 和大地纬度 B 表示地面点投影到旋转椭球面上位置的坐标，称为大地坐标系，也称为大地地理坐标系。该坐标系以参考椭球面和法线作为基准面和基准线。

如图 1-3 所示，NS 为地球的自转轴（或称地轴），N 为北极，S 为南极。过地面任一点与地轴 NS 所组成的平面称为该点的子午面。子午面与球面的交线称为子午线或经线。国际公认通过英国格林尼治（Greenwich）天文台的子午面，是计算经度的起算面，称为首子午面。过 F 点的子午面 NFKSON 与首子午面 NGMSON 所成的两面角，称为 F 点的大地经度。大地经度自首子午线向东或向西由 0°起算至 180°，在首子午线以东者为东经，可写成 0°～180°E，以西者为西经，可写成 0°～180°W。

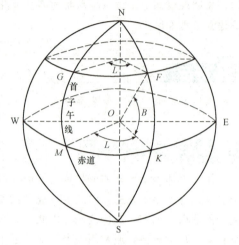

图 1-3 大地坐标系

> **小贴士**
>
> 首子午线是通过英国伦敦格林尼治天文台原址的经线，称为 0°经线，也称为本初子午线。

垂直于地轴 NS 的平面与地球球面的交线，称为纬线；通过球心 O 并垂直于地轴 NS 的平面，称为赤道平面。赤道平面与球面相交的纬线，称为赤道。过 F 点的法线（与旋转椭球面垂直的线）与赤道平面的夹角，称为 F 点的大地纬度。在赤道以北者为北纬，可写成 0°～90°N，在赤道以南者为南纬，可写成 0°～90°S。

例如，我国首都北京位于北纬 40°、东经 116°，也可用 $B=40°N$、$L=116°E$ 表示。

用大地坐标表示的地面点，统称大地点。

一般来说，大地坐标是由大地经度 L、大地纬度 B 和大地高 H 三个量组成，用以表示地面点的空间位置。

中华人民共和国成立初期，我国采用大地坐标系为"1954 年北京坐标系"，也称"北京－54 坐标系"（简称 P_{54}）。该坐标系采用了苏联的克拉索夫斯基椭球体，其参数为：长半轴 $a=6\ 378.245$ km，扁率 $\alpha=1/298.3$；坐标原点位于苏联的普尔科沃。

1978 年，我国开始采用的大地坐标系为"1980 国家大地坐标系"，也称"西安－80 坐标系"（简称 C_{80}），是根据椭球定位的基本原理和我国的实际地理位置建立的。大地原点设在我国中西部的陕西省泾阳县永乐镇。椭球参数采用 1975 年国际大地测量与地球物理联合会推荐值，即长半轴 $a=6\ 378.140$ km，扁率 $\alpha=1/298.257$。

自 2008 年 7 月 1 日起，我国全面启用 2000 国家大地坐标系，2000 国家大地坐标系是全球地心坐标系在我国的具体体现，其原点为包括海洋和大气的整个地球的质量中心。Z 轴指向 BIH1984.0 定义的协议极地方向（BIH 国际时间局），X 轴指向 BIH1984.0 定义的零子午面与协议赤道的交点，Y 轴按右手坐标系确定。2000 国家大地坐标系采用的地球椭球参数为：长半

轴 $a=6\ 378\ 137$ m，扁率 $f=1/298.257\ 222\ 101$，地心引力常数 $GM=3.986\ 004\ 418\times1\ 014$ m^3/s^2，自转角速度 $w=7.292\ 115\times10^{-5}$ rad/s。

2. 地心坐标系

地心坐标系属于空间三维直角坐标系，用于卫星大地测量。由于人造地球卫星围绕地球运动，地心坐标系取地球质心为坐标原点 O，x、y 轴在地球赤道平面内，首子午面与赤道平面的交线为 x 轴，z 轴与地球自转轴相重合，如图 1-4 所示。地面点 A 的空间位置用三维直角坐标 x_A、y_A、z_A 表示。

> **小贴士**
>
> 地心坐标和大地坐标可以通过一定的数学公式进行换算。

动画 高斯平面直角坐标系的建立

3. 高斯平面直角坐标系

在工程测量中，常将椭球坐标系按一定的数学法则投影到平面上成为平面直角坐标系，为满足工程测量及其他工程的应用，我国采用高斯投影。

> **知识宝典**
>
> 高斯投影全称"高斯－克吕格投影"，是由德国数学家、物理学家、天文学家高斯于19世纪 20 年代拟定的，后经德国大地测量学家克吕格于 1912 年对投影公式加以补充，故称为"高斯－克吕格投影"。

高斯投影是将地球划分成若干带，然后将每带投影到平面上。如图 1-5 所示，投影带是从首子午线起，每隔经差 6°划分一带（称为 6°带），自西向东将整个地球划分成经差相等的 60 个带，各带从首子午线起，自西向东依次编号用数字 1、2、3、…、60 表示。位于各带中央的子午线，称为该带的中央子午线。

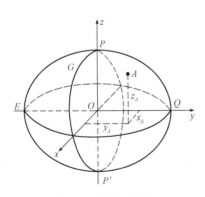

图 1-4 地心坐标系

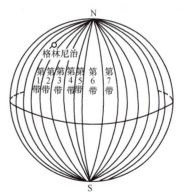

图 1-5 高斯投影分带

第一个 6°带的中央子午线的经度为 3°，任意带中央子午线的经度 L_0 可按下式计算：

$$L_0=6N-3 \tag{1-1}$$

式中 N——投影带的带号。

按上述方法划分投影带后，即可进行高斯投影。如图 1-6(a)所示，设想用一个足够大的平面卷成一个空心椭圆柱,把它横着套在旋转椭球外面,使椭圆柱的中心轴线位于赤道面内并通过球心,且使旋转椭球上某6°带的中央子午线与椭圆柱面相切。在椭球面上的图形与椭圆柱面上的图形保持等角的情况下,将整个6°带投影到椭圆柱面上。然后将椭圆柱沿着通过南北极的母线切开并展成平面,便得到6°带在平面上的影像,如图1-6(b)所示。这样,在中央子午线处投影误差为零,距离中央子午线越远则投影误差越大。

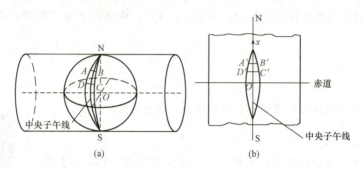

图1-6 高斯投影

 指点迷津

> 高斯投影是一种等角横轴切椭圆柱投影,即投影前后的角度相等,但长度和面积有变形。这种投影将中央经线投影为直线,其长度没有变形,与球面实际长度相等,其余经线为向极点收敛的弧线,故距中央经线越远,变形越大。

中央子午线经投影展开后是一条直线,以此直线作为纵轴,向北为正,即 x 轴;赤道是一条与中央子午线相垂直的直线,以它作为横轴,向东为正,即 y 轴;两直线的交点作为原点,则组成了高斯平面直角坐标系。

将投影后具有高斯平面直角坐标系的6°带一个个拼接起来,便得到图1-7所示的图形。

我国位于北半球,x 坐标均为正值,而 y 坐标有正有负。中央子午线以东为正,以西为负,这种以中央子午线为纵轴确定的坐标值称为自然值。

为避免横坐标 y 出现负值,故规定把坐标纵轴向西平移500 km,如图1-8所示。同时,为了表明该点位于哪一个6°带内,还规定在横坐标前冠以2位带号。例如,$y_A=20\ 225\ 760$ m,表示 A 点位于第20个6°带内,其真正的横坐标为 $225\ 760-500\ 000=-274\ 240$(m)。经过这种处理后得到的点的坐标称为通用坐标,如图1-8所示。

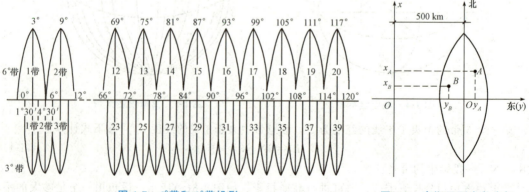

图1-7 6°带和3°带投影　　　　　　　　图1-8 高斯平面直角坐标

小贴士

我国境内6°带带号位于13～23范围内。

【例1-1】 我国某一点 P 的 6°带通用坐标为($x_P = 3\ 276\ 000$，$y_P = 19\ 438\ 000$)，问该点在哪一个 6°带内，在其中央子午线以东还是以西？距其中央子午线距离为多少？

解： 该点在第 19 个 6°带内，在其中央子午线以西，距离为 62 000 m。

在高斯投影中，离中央子午线近的部分变形小，离中央子午线越远则变形越大。当测绘大比例尺图要求投影变形更小时，可采用 3°带投影法。它是从东经 1°30′ 起，自西向东每隔经差 3° 划分一带，将整个地球划分为 120 个带，任意带中央子午线的经度 L_0' 可按下式计算：

$$L_0' = 3 \times n \tag{1-2}$$

式中　n——3°带的带号。

动动脑

6°带和3°带两种划分方法相比，精度孰高孰低？

4. 独立平面直角坐标系

大地水准面虽然是曲面，但当测量区域较小（如半径不大于 10 km 的范围）时，可以用测区中心点 a 的切平面来代替曲面，如图 1-9 所示。地面点在切平面上的投影位置就可以用平面直角坐标来确定。测量工作中采用的平面直角坐标如图 1-10 所示，以两条互相垂直的直线为坐标轴，两轴的垂点为坐标原点，规定南北方向为纵轴，并记为 x 轴，x 轴向北为正，向南为负；以东西为横轴，并记为 y 轴，y 轴向东为正，向西为负。地面上某点 P 的位置可用 x_P 和 y_P 表示。平面直角坐标系中象限按顺时针方向编号。

在测量上，x 轴与 y 轴和数学上的规定是相反的。原点 O 一般选择在测区的西南角，如图 1-10 所示，使测区内各点的坐标均为正值。

指点迷津

测量上的 x 轴、y 轴之所以和数学上的相反，目的是定向方便（测量上以北方向为坐标方位角起始方向），且可以将数学上的公式直接照搬到测量的计算工作中，不需作任何变更。

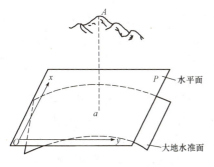

图 1-9　以切平面代替曲面

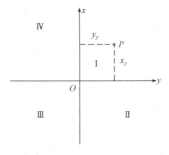

图 1-10　独立平面直角坐标系

1.3.2 地面点的高程

地面点到大地水准面的铅垂距离,称为该点的绝对高程或海拔,通常以 H_i 表示。如图 1-11 所示,H_A 和 H_B 即 A 点和 B 点的绝对高程。

当个别地区引用绝对高程有困难时,可采用假定高程系统,即采用任意假定的水准面作为高程起算的基准面。如图 1-11 所示,地面点到假定水准面的铅垂距离,称为假定高程,如 H'_A 和 H'_B。

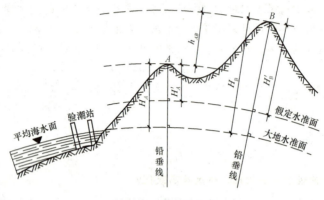

图 1-11 高程和高差

地面上两个点之间的高程差,称为高差,通常用 h_{ij} 表示。如地面点 A 与点 B 之间的高差为 h_{AB},即

$$h_{AB} = H_B - H_A = H'_B - H'_A \tag{1-3}$$

> **注意**
>
> 两点之间的高差与高程起算的基准面无关。

1.4 测量的基本工作及原则

1.4.1 测量工作概述

1. 测绘地形图

要在某一点上测绘该地区所有的地物和地貌是不可能的。如图 1-12 所示,在 A 点只能测绘该点附近的房屋、道路等的平面位置与高程,对于山后面的或较远的地物就观测不到了,因此,必须逐站施测。在测量过程中应遵循先控制后碎部(先进行控制测量,后进行碎部测量)的原则。

控制测量包括平面控制测量和高程控制测量。平面控制测量可分为导线测量和三角测量。如图 1-12(a)所示的 $A—B—C—D—E—F—A$ 连成的折线称为导线,这些点称为导线点。

高程控制测量可分为水准测量和三角高程测量。它们都是直接或间接求得各点间的高差,然后再根据起始点的高程求得各点的高程。碎部测量就是测定地物和地貌的特征点。例如,先在导线点 A 测出房屋的拐点、道路中心线和河岸线的转折点,以及山脊线、山谷线的起点、终点、方向变化点和倾斜变化点等，然后对照实地以相应的符号在图上进行描绘，最后得到用等高线表示的地形图，如图 1-12(b)所示。

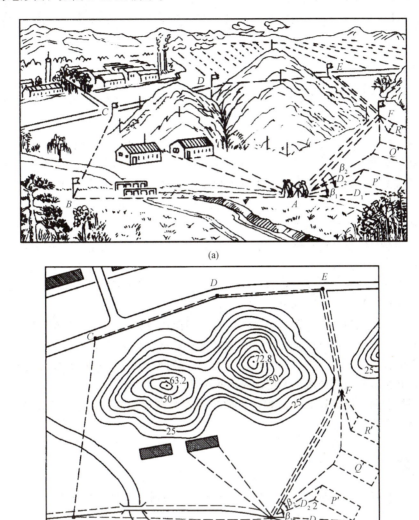

图 1-12　地形和地形图

2. 施工放样

施工放样是把图纸上设计好的工程建筑物的位置测设到地面上。如图 1-12(b)所示，要将地形图上已经设计好的建筑物 P、Q、R 的位置正确地测设到实地上，就要在导线点 A、E 上测设水平角，并沿这些方向测设水平距离，在实地定出点 1、2，这就是设计建筑物的实地位置。

> **小贴士**
>
> 施工放样作为施工的依据，只有进行了正确的放样，才能保证施工顺利完成。

3. 基本工作

无论控制测量、碎部测量和施工测设，其实质都是确定地面点的位置，而地面位置往往又是通过测量水平角（方向）、距离和高差来确定的。因此，高程测量、水平角测量和距离测量是工程测量的基本工作，水平角（方向）、距离和高差是确定地面点位的三个基本要素。

1.4.2 测量工作的原则

测量环境、仪器和测量者都会给测量结果带来误差。在测量实践中，误差是不可避免的。如何控制误差、减小误差是工程测量要解决的核心问题。工程测量中处理误差的基本思想是：对测量结果进行科学的检核，以确知误差在一定的范围内，只要测量结果能满足工程精度的需要，就是可以接受的。为了减小误差，工程测量建立了两条经典的工作原则。

1. 分级原则

分级原则要求：从整体到局部，先控制后碎部。先在测区范围选定一些对测量全局具有控制作用的点，用高一级精度的仪器和方法测定其空间位置信息；然后以这些控制点为后视点（已知点）进行细部点的测定。

本原则的根本目的是减少误差积累，同时，在大测区内建立控制后，即可多小组分别工作，从而加快测量速度。

控制点所组成的几何图形，称为控制网。建立平面控制网，测定控制点平面位置信息的工作，称为平面控制测量。在全国范围内建立的平面控制网，称为国家平面控制网，国家平面控制网按精度不同分为一、二、三、四共四个等级的三角网，其中一等网精度最高，二、三、四等逐级降低，并按由高级到低级的原则逐级加密布设。

建立高程控制网，测定控制点高程信息的工作称为高程控制测量。国家高程控制采用一、二、三、四等水准测量。

> **小贴士**
>
> 国家和城市控制点的已知数据可以作为精度等级低的测量工作的起始数据。

2. 检核原则

检核原则要求：前一步测量工作未作检核，不进行下一步测量。当控制点数据有错误时，以此为基础测定的碎部点位置就必然有错。因此，测量实践中必须进行严格的检核，以防止错误发生，保证测量成果的正确性。

测量中的检核并不是简单地重复前一步工作，而必须采用不同的仪器、方法或技术措施对已得到的测量结果进行检核，以确保误差在一定的范围内。如果测量误差的范围未知，则测量结果将会失去意义。

1.5 测量误差

1.5.1 测量误差及其产生的原因

在测量工作中，大量实践表明，当对某一观测量进行多次观测时，无论测量仪器多么精密，观测进行得多么仔细,也无论外界的环境条件多么有利,观测值之间总是存在着差异,这些现象说明测量结果不可避免地存在误差。

综观整个测量工作,测量误差产生的原因主要有以下三个方面。

1. 仪器设备

测量工作是利用测量仪器进行的,而每一种测量仪器都具有一定的精确度,因此,会使测量结果受到一定的影响。例如,钢尺的实际长度和名义长度总存在差异,由此所测的长度总存在尺长误差。再如,水准仪的视准轴不平行于水准管轴,也会使观测的高差产生 i 角误差。

微课 测量误差基本知识

2. 观测者

由于观测者感觉器官的鉴别能力存在一定的局限性,所以,对于仪器的对中、整平、瞄准、读数等操作都会产生误差。例如,在厘米分划的水准尺上,由观测者估读毫米数,则 1 mm 以下的估读误差是完全有可能产生的。另外,观测者技术熟练程度也会给观测成果带来不同程度的影响。

3. 外界环境

观测时所处的外界环境中的温度、风力、大气折光、湿度、气压等客观情况时刻在变化,也会使测量结果产生误差。例如,温度变化使钢尺产生伸缩,大气折光使望远镜的瞄准产生偏差等。

上述三个方面的因素是引起观测误差的主要来源,因此,将这三个方面因素综合起来称为观测条件。观测条件的好坏与观测成果的质量有着密切的联系。在同一观测条件下的观测称为等精度观测;反之,称为不等精度观测,而相应的观测值称为等精度观测值和不等精度观测值。

1.5.2 测量误差的分类与处理原则

测量误差按其对观测成果的影响性质,可分为系统误差和偶然误差两大类。前者为大误差,多发生于仪器设备;后者属小误差,多由一系列不可抗拒随机扰动所致。

1. 系统误差

在相同的观测条件下,对某一观测量进行一系列的观测,若误差的大小及符号相同,或按一定的规律变化,则这类误差称为系统误差。例如,用一名义为 30 m 长、而实际长度为 30.007 m 的钢尺丈量距离,每量一尺段就要少 7 mm,该 7 mm 误差在数值上和符号上都是固定的,且随着尺段数的增加呈累积性。由于系统误差对测量成果影响具有累积性,应尽可能消除或限制到最低程度。其常用的处理方法有以下几种:

(1)检校仪器。把系统误差降低到最低程度,如校正竖盘指标差等。

(2)加改正数。在观测结果中加入系统误差改正数,如尺长改正等。

(3)采用适当的观测方法,使系统误差相互抵消或减弱。例如,测水平角时采用盘左、盘右观测以消除视准轴误差,测竖直角时采用盘左、盘右观测以消除指标差,采用前后视距相等来消除由于水准仪的视准轴不平行于水准轴带来的 i 角误差等。

2. 偶然误差

在相同的观测条件下,对某一观测量进行一系列的观测,大量的观测数据表明,误差出现的大小及符号在个体上没有任何规律,具有偶然性。但从总体上看,误差的取值范围、大小和符号却服从一定的统计规律,这类误差称为偶然误差,或随机误差。例如,在厘米分划的水准尺上读数，由观测者估读毫米数时，有时估读偏大，有时估读偏小。又如，大气折光使望远镜中目标成像不稳定，使观测者瞄准目标时，有时偏左，有时偏右等。偶然误差是不可避免的，在测量中为了降低偶然误差的影响，提高观测精度，通常采用以下方法：

(1) 提高仪器等级。可使观测值的精度得到有效的提高，从而限制了偶然误差的大小。

(2) 降低外界影响。选择有利的观测环境和观测时机，避免不稳定因素的影响，以减小观测值的波动；提高观测人员的技术修养和实践技能，正确处理观测与影响因子的协调关系和抗外来影响的能力，以稳、准、快地获取观测值；严格按照技术标准和要求操作程序观测等，以达到稳定和减少外界影响，缩小偶然误差的波动范围。

(3) 进行多余观测。在测量工作中进行多于必要观测的观测，称为多余观测。例如，一段距离用往、返丈量，如将往测作为必要观测，则返测就属于多余观测；又如，由三个地面点构成一个平面三角形，在三个点上进行水平角观测，其中两个角度属于必要观测，则第三个角度的观测就属于多余观测。有了多余观测，就可以发现观测值的误差。根据差值的大小可以评定测量的精度，差值如果大到一定程度，就认为观测值中有的观测量的误差超限，应予重测(返工)；差值如果不超限，则按偶然误差的规律加以处理，以求得最可靠的数值。

需要注意的是，观测中应避免出现粗差，即由观测者本身疏忽造成的误差，如读错、记错。

粗差不同于误差，粗差可以避免，而误差是不可避免的。测量时必须遵守测量规范，要认真操作、随时检查，并进行结果校核。

1.5.3 大量偶然误差的特性

测量误差理论主要讨论具有偶然误差的一系列观测值中如何求得最可靠的结果和评定观测成果的精度。为此，需要对偶然误差的性质作进一步的讨论。

设某一量的真值为 X，对此量进行 n 次观测，得到的观测值为 l_1、l_2、$\cdots$、l_n，在每次观测中产生的偶然误差(又称真误差)为 Δ_1、Δ_2、$\cdots$、Δ_n，则定义：

$$\Delta_i = X - l_i \tag{1-4}$$

从单个偶然误差来看，其符号的正负和数值的大小没有任何规律性。但是，如果观测的次数很多，观察其大量的偶然误差，就能发现隐藏在偶然性下面的必然规律。进行统计的数量越大，规律性也越明显。下面结合某观测实例用统计方法进行分析。

在某一测区，于相同的观测条件下共观测了 217 个三角形的全部内角。由于每个三角形内角之和的真值(180°)为已知，因此，可以按式(1-4)计算每个三角形内角之和的偶然误差 Δ_i(三角形内角和闭合差)，将它们分为负误差、正误差和误差绝对值，按绝对值由小到大排列次序；以误差区间 $d\Delta = 3''$ 进行误差个数 n_i 的统计，并计算其相对个数 $n_i/n(n=217)$，n_i/n 称为误差出现的频率。偶然误差的分布统计见表 1-1。

表 1-1 偶然误差分布统计表

误差区段 dΔ/(″)	负误差			正误差			备注
	个数 n_i	频率 n_i/n	$\dfrac{n_i}{n}/d\Delta$	个数 n_i	频率 n_i/n	$\dfrac{n_i}{n}/d\Delta$	
0～3	30	0.138	0.046	29	0.134	0.045	
3～6	21	0.097	0.032	20	0.092	0.031	
6～9	15	0.069	0.023	18	0.083	0.028	
9～12	14	0.065	0.022	16	0.074	0.025	dΔ=3″等于区段左端值的误差列于该区段内
12～15	12	0.055	0.018	10	0.046	0.015	
15～18	8	0.039	0.012	8	0.037	0.012	
18～21	5	0.023	0.008	6	0.028	0.009	
21～24	2	0.009	0.003	2	0.009	0.003	
24～27	1	0.005	0.002	0	0.000	0.000	

从表 1-1 的统计中，可以归纳出偶然误差的特性如下：
(1) 有界性：在一定观测条件下，偶然误差的绝对值不会超过一定的限值；
(2) 显小性：绝对值较小的误差出现频率大，绝对值较大的误差出现的频率小；
(3) 对称性：绝对值相等的正、负误差出现的频率大致相等；
(4) 抵消性：当观测次数无限增大时，偶然误差的算术平均值 $\bar{x}$ 趋近于零，即偶然误差具有抵偿性。用公式表示为

$$\lim_{n\to\infty}\frac{\Delta_1+\Delta_2+\cdots+\Delta_n}{n}=\lim_{n\to\infty}\frac{[\Delta]}{n}=0 \tag{1-5}$$

式中，[ ] 表示取括号中数值的代数和。

动动脑

偶然误差的这四点特性，符合数学中的哪种分布曲线图？

高斯在实验数据处理方面，发展了概率统计中的误差理论，发明最小二乘法，引入高斯误差曲线。根据偶然误差的四个特性，推导出偶然误差分布的概率密度函数为

$$f(\Delta)=\frac{1}{\sqrt{2\pi}\sigma}e^{-\frac{\Delta^2}{2\sigma^2}} \tag{1-6}$$

式中 e——自然对数的底（e=2.718 3）；
σ——标准差，标准差的平方 σ^2 为方差。
方差为偶然误差平方的理论平均值：

$$\sigma^2=\lim_{n\to\infty}\frac{\Delta_1^2+\Delta_2^2+\cdots+\Delta_n^2}{n}=\lim_{n\to\infty}\frac{[\Delta\Delta]}{n} \tag{1-7}$$

标准差为

$$\sigma = \pm \lim_{n \to \infty} \sqrt{\frac{\Delta\Delta}{n}} \tag{1-8}$$

式(1-6)表明,偶然误差的出现服从标准正态分布,如图 1-13 所示,这就为偶然误差的处理奠定了坚实的理论基础。测量实践中可以根据偶然误差的特性合理地处理观测数据,以减少偶然误差对测量成果的影响。

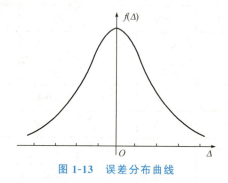

图 1-13　误差分布曲线

1.5.4　无真值条件下的最或是值

在实际测量工作中,只有极少数观测量的理论值或真值是可以预知的,一般情况下,由于测量误差的影响,观测量的真值是很难测定的。为了提高观测值的精度,测量上通常采用有限的多余观测,通过计算观测值的算术平均值 $\bar{x}$ 来代替观测量的真值 X,用改正数 v_i 代替真误差 Δ_i,以解决实际问题。

1. 算术平均值

在等精度观测条件下,对某未知量进行了 n 次观测,其观测值分别为 l_1、l_2、$\cdots$、l_n,将这些观测值取算术平均值 $\bar{x}$,作为该量的最可靠值,称为该量的"最或是值":

$$\bar{x} = \frac{l_1 + l_2 + \cdots + l_n}{n} = \frac{[l]}{n} \tag{1-9}$$

多次获得观测值而取算术平均值的合理性与可靠性,可以通过偶然误差的特性来证明。

设某一量的真值为 X,对此量进行 n 次观测,得到的观测值为 l_1、l_2、$\cdots$、l_n,在每次观测中产生的真误差为 Δ_1、Δ_2、$\cdots$、Δ_n,则由式(1-4)有:

$$\left.\begin{aligned}\Delta_1 &= X - l_1 \\ \Delta_2 &= X - l_2 \\ &\vdots \\ \Delta_n &= X - l_n\end{aligned}\right\} \tag{1-10}$$

将上述等式相加,并除以 n 得到:

$$\frac{[\Delta]}{n} = X - \frac{[l]}{n} \tag{1-11}$$

根据偶然误差的第(4)个特性,当观测次数无限增多时,$\frac{[\Delta]}{n}$ 就会趋近于零,即 $\lim\limits_{n \to \infty} \frac{[\Delta]}{n} = 0$,从而有:$\frac{[l]}{n} = X$。

也就是说,当观测次数无限增多时,观测值的算术平均值 $\bar{x}$ 趋近于该量的真值 X。

> **小贴士**
>
> 在实际测量中,不可能对某一量进行无限次观测,因此,就把有限个观测值的算术平均值作为该量的最或是值,也称为观测值的最可靠值。

2. 观测值的改正数

算术平均值 $\bar{x}$ 与观测值 $l_i(i=1,2,\cdots,n)$ 之差,称为观测值的改正数 v_i:

$$\left.\begin{array}{l} v_1 = \bar{x} - l_1 \\ v_2 = \bar{x} - l_2 \\ \vdots \\ v_n = \bar{x} - l_n \end{array}\right\} \tag{1-12}$$

将上述等式相加得到:

$$[v] = n\bar{x} - [l]$$

结合式(1-9)则有:

$$[v] = n\frac{[l]}{n} - [l] = 0 \tag{1-13}$$

> **提示**
>
> 一组观测值取算术平均值后,其改正数之和恒等于零。利用这一结论可以作为计算中的校核。

1.5.5 观测值精度评价指标

在等精度观测条件下,若偶然误差较集中于零附近,可以称其误差分布的离散度小,表明该组观测质量较好,也就是观测精度高;反之称其误差分布离散度大,表明该组观测质量较差,也就是观测精度低。所谓精度,就是指误差分布的离散程度。衡量精度的指标有多种,我国目前采用的有以下几种。

1. 中误差

为了统一衡量在一定观测条件下观测结果的精度,取标准差 σ 作为依据是比较理想的。不同的 σ 对应着不同形状的分布曲线,σ 越小,曲线越陡;σ 越大,曲线越缓。σ 的大小能反映精度的高低,故多用标准差来衡量精度的高低。但是,在实际测量工作中,不可能对某一量做无限多次观测,因此,定义按有限次数观测值的真误差求得标准差 σ 的估值为"中误差",通常以 m 表示。

(1) 用真误差来确定中误差。在等精度观测条件下,对真值为 X 的某一量进行 n 次观测,其观测值为 l_1、l_2、$\cdots$、l_n,则每次观测中产生的真误差为 Δ_1、Δ_2、$\cdots$、Δ_n,取各真误差平方和的平均值的平方根,作为观测值的中误差,即

$$m = \pm\sqrt{\frac{\Delta_1^2 + \Delta_2^2 + \cdots + \Delta_n^2}{n}} = \pm\sqrt{\frac{[\Delta\Delta]}{n}} \tag{1-14}$$

【例 1-2】 对 10 个三角形的三个内角进行了两组观测,根据两组观测值的偶然误差(三角形的角度闭合差),求得中误差,见表 1-2。

表 1-2　按观测值的真误差计算中误差

次序	第一组观测			第二组观测		
	观测值 l_i/(° ′ ″)	真误差 Δ_i/(″)	$\Delta\Delta$	观测值 l_i/(° ′ ″)	真误差 Δ_i/(″)	$\Delta\Delta$
1	180 00 03	−3	9	180 00 00	0	0
2	180 00 02	−2	4	179 59 59	+1	1
3	179 59 58	+2	4	180 00 07	−7	49
4	179 59 56	+4	16	180 00 02	−2	4
5	180 00 01	−1	1	180 00 01	−1	1
6	180 00 00	0	0	179 59 59	+1	1
7	180 00 04	−4	16	179 59 52	+8	64
8	179 59 57	+3	9	180 00 00	0	0
9	179 59 58	+2	4	179 59 57	+3	9
10	180 00 03	−3	9	180 00 01	−1	1
∑		24	72		24	130
中误差	$m_1=\pm\sqrt{\dfrac{[\Delta\Delta]}{n}}=\pm\sqrt{\dfrac{72}{10}}=\pm 2.7''$			$m_2=\pm\sqrt{\dfrac{[\Delta\Delta]}{n}}=\pm\sqrt{\dfrac{130}{10}}=\pm 3.6''$		

由计算得出，第二组观测值的中误差 m_2 大于第一组观测值的中误差 m_1，说明第二组观测值相对来说精度较低。

强调

中误差越大，表示观测精度越低。

(2)用观测值的改正数来确定中误差。在实际测量工作中，观测值的真值 X 往往是不知道的，因此，真误差 Δ_i 也无法求得，此时，就不能用式(1-14)求中误差，而是通过计算观测值的算术平均值 $\bar{x}$ 来代替观测量的真值 X，用观测值的改正数 v_i 代替真误差 Δ_i。在此情况下，中误差的计算公式为(在此不做推导)

$$v_i=\bar{x}-l_i \quad (i=1,2,\cdots,n)$$

$$m=\pm\sqrt{\dfrac{[vv]}{n-1}} \tag{1-15}$$

【例 1-3】 对于某一水平角，在等精度的条件下进行了 5 次观测，求其算术平均值及观测值的中误差，见表 1-3。

表 1-3　按观测值的改正数计算中误差

观测次序	观测值 l_i/(° ′ ″)	改正数 v_i/(″)	vv	计算算术平均值 $\bar{x}$ 和中误差 m
1	35 42 49	−4	16	
2	35 42 40	+5	25	
3	35 42 42	+3	9	算术平均值：$\bar{x}=\dfrac{[l]}{n}=35°42'45''$
4	35 42 46	−1	1	观测值中误差：$m=\pm\sqrt{\dfrac{[vv]}{n-1}}\pm\sqrt{\dfrac{60}{4}}=\pm 3.9''$
5	35 42 48	−3	9	
∑		0	60	

2. 容许误差

由偶然误差的第(1)特性得到，在等精度观测条件下，偶然误差的绝对值不会超过某一极限值。实践表明，在大量同精度观测的一组误差中，误差 Δ 落在 $(-\sigma, +\sigma)$、$(-2\sigma, +2\sigma)$、$(-3\sigma, +3\sigma)$ 的概率分别为

$$P(-\sigma < \Delta < +\sigma) \approx 68.3\%$$
$$P(-2\sigma < \Delta < +2\sigma) \approx 95.4\%$$
$$P(-3\sigma < \Delta < +3\sigma) \approx 99.7\%$$

可见，绝对值大于三倍中误差的偶然误差出现的概率仅有 0.3%，绝对值大于两倍中误差的偶然误差出现的概率约为 4.6%，因此，通常以两倍中误差作为偶然误差的极限值 $\Delta_{限}$，并称为极限误差或容许误差。即

$$\Delta_{限} = 2m \tag{1-16}$$

> **注意**
>
> 在测量工作中，如某观测量的误差超过了容许误差，则其观测值应舍去重测。

3. 相对误差

真误差和中误差都是指绝对误差的大小，与被测值的大小没有建立关系，仅用这两种精度指标显然无法完全反映精度的高低。如测量两段距离，一段 100 m，另一段 200 m，中误差同样是 0.02 m，试问两段测量精度一样吗？为了在精度指标中考虑被测值本身的大小，引入相对误差的概念。

> **小贴士**
>
> 一般来说，相对误差更能反映测量的可信程度。

相对误差是用误差的绝对值与观测值之比来衡量精度高低的指标，是个无名数，在实际应用中一般将比值的分子化为 1，用 1/N 表示。即

$$K = \frac{|m|}{L} = \frac{1}{L/|m|} = \frac{1}{N} \tag{1-17}$$

式中　K——相对误差；

　　　m——观测误差（中误差）；

　　　L——观测量的值；

　　　N——相对误差分母。

相对误差分母 N 越大，精度越高。

如对于上述两段距离，其相对误差分别是：

$$K_1 = \frac{0.02}{100} = \frac{1}{5\,000}$$

$$K_2 = \frac{0.02}{200} = \frac{1}{10\,000}$$

也说明第二段距离的丈量结果比第一段的丈量结果精度高。

> **提示**
>
> 相对误差是无名数,而真误差、中误差、容许误差是带有测量单位的数值。

能力训练

一、填空题

1. 测量学的任务包括_____和_____。
2. 参考椭球的元素有_____、_____和_____。
3. 测量工作的基准面是_____,基准线是_____。
4. _____称为绝对高程;_____称为相对高程。
5. 确定地面点位的三个基本要素是_____、_____、_____;三项基本测量工作是_____、_____、_____。
6. 某地假定水准面的绝对高程为 67.758 m,测得一地面点的相对高程为 243.168 m,试推算该点的绝对高程为_____。

二、选择题

1. 我国目前采用的椭球元素值是( )。
   A. 长半轴 $a=6\,370.140$ km,短半轴 $b=6\,300.755$ km,扁率 $\alpha=1/298.257$
   B. 长半轴 $a=6\,300.755$ km,短半轴 $b=6\,370.141\,0$ km,扁率 $\alpha=1/289.257$
   C. 长半轴 $a=6\,378.140$ km,短半轴 $b=6\,356.755$ km,扁率 $\alpha=1/298.257$
   D. 长半轴 $a=6\,378.140$ km,短半轴 $b=6\,356.755$ km,扁率 $\alpha=1/289.257$

2. 测量工作的基本原则是( )。
   A. 分级原则
   B. 检核原则
   C. 分级原则和检核原则
   D. 分级原则或检核原则

三、简答题

1. 简述测量工作在公路工程建设中的作用。
2. 地球的形状近似于怎样的形体?大地体与参考椭球有什么区别?
3. 什么是水准面?什么是大地水准面?测绘中的点位计算及绘图能否投影到大地水准面上进行?为什么?
4. 测量中的独立平面直角坐标系与数学中的平面直角坐标系有什么区别?为什么要这样规定?
5. 简述高斯投影的基本概念。
6. 高斯投影如何分带?为什么要进行分带?
7. 什么是测量误差?产生测量误差的原因有哪些?
8. 什么是系统误差?什么是偶然误差?在测量中应如何消除或减弱其对测量结果的影响?
9. 偶然误差具有哪些特性?
10. 何为观测条件?什么是等精度观测和非等精度观测?试举例说明。
11. 什么是多余观测?多余观测有什么实际意义?
12. 什么是容许误差?为什么规定容许误差为中误差的 2 倍或 3 倍?

四、判断题

1. 若把地球看作圆球，其半径约为 6 371 km。（　　）
2. 确定地球表面上点的位置常用大地坐标系、地心坐标系、高斯平面直角坐标系。（　　）
3. 按有限次数观测值的真误差求得标准差的估值称为中误差。（　　）
4. 相对误差是用观测值与误差的绝对值之比来衡量精度高低的指标，是个带有测量单位的数值。（　　）
5. 真误差、中误差、容许误差是带有测量单位的数值，相对误差是无单位数。（　　）

五、计算题

1. 设某地面点的经度为东经 $130°25'32''$，问该点位于 6°投影带和 3°投影带时分别为第几带？其中央子午线的经度各为多少？
2. 若我国某处地面点 A 的高斯平面直角坐标值 $x = 3\ 230\ 568.55$ m，$y = 38\ 432\ 109.87$ m，问 A 点位于第几带？该带中央子午线的经度是多少？A 点在该带中央子午线的哪一侧？距离中央子午线多少？
3. 对某段距离用钢尺丈量 6 次，观测值列于表 1-4 中。计算其算术平均值 $\bar{x}$、算术平均值的中误差 $m_{\bar{x}}$ 及其相对误差 K。

表 1-4　钢尺量距记录计算表

次序	观测值 l/m	Δl/cm	改正数 v/cm	vv	计算 $\bar{x}$、$m_{\bar{x}}$、K
1	246.52				
2	246.48				
3	246.56				
4	246.46				
5	246.40				
6	246.58				

六、填表题

就表 1-5 所列误差来源，分析判定误差的性质（指系统误差或偶然误差），并简述消除或减小误差的方法。

表 1-5　测量误差性质与处理方法

测量工作	误差名称	误差的性质
钢尺量距	尺长不准	
	定线不准	
	尺弯曲	
	温度变化的影响	
	拉力不匀	
	读数不准	
	测钎投点不准	

续表

测量工作	误差名称	误差的性质
水准测量	存在有视差	
	附合气泡不居中	
	水准尺不直	
	前、后视距不等	
	估读mm数不准	
	水准尺下沉	
	水准仪下沉	
	水准管轴不平行于视准轴	
	地球曲率	
水平角测量	对中不准	
	仪器未完全整平	
	目标倾斜	
	瞄准误差	
	读数不准	
	照准部偏心	
	水准管轴不垂直于竖轴	
	水平度盘刻画不均	

 考核评价

考核评价表

考核评价点	评价等级与分数				学生自评	小组互评	教师评价	小计（自评30％＋互评30％＋教师评价40％）
	较差	一般	较好	好				
测量基础工作相关知识认知	4	6	8	10				
测量误差相关特性认识	4	6	8	10				
高斯投影平面直角坐标系计算方法掌握	4	6	8	10				
误差产生原因分析方法掌握	4	6	8	10				
中误差、相对误差相关计算方法掌握	8	12	16	20				
团结合作、规范操作	8	12	16	20				
一丝不苟、认真分析处理	4	6	8	10				
科学严谨、精益求精	4	6	8	10				
总分	100							
自我反思提升								

模块 2　测量基本工作

子模块 1　高程测量

知识目标

1. 了解水准仪检验校正，水准仪的基本结构；
2. 理解水准测量原理，水准测量的误差来源；
3. 掌握水准仪操作方法，水准测量的实测方法，观测数据的内业成果计算。

技能目标

1. 能熟练操作各种类型的水准仪；
2. 能熟练进行水准测量的外业观测；
3. 能熟练完成水准仪检验；
4. 能熟练进行水准测量的内业成果计算。

素养目标

1. 养成团结协作、规范操作水准仪进行水准测量的习惯；
2. 养成规范记录、精准计算水准测量数据的优良品质；
3. 发扬严谨细致、善于分析水准测量误差的工作作风。

学习引导

高程测量作为测量三项基本工作之一，是使用水准仪等仪器测量地面两点之间的高差，进而计算地面点高程的工作。本模块主要介绍各种水准仪的操作使用、水准测量的实施方法、三角高程测量方法等。

本模块的主要内容结构如图 2-1 所示。

趣味阅读——水准仪的发展

水准仪是在 17—18 世纪发明了望远镜和水准器后出现的。20 世纪初，在内调焦望远镜和符合水准器的基础上生产出微倾水准仪。20 世纪 50 年代初出现了自动安平水准仪；60 年代研制出激光水准仪；90 年代出现电子(数字)水准仪。

高程测量是测量地球表面上点的高程的工作，是测量三项基本工作之一。高程测量的方法按使用的仪器和施测的方法不同分为水准测量、三角高程测量、气压高程测量和 GPS 高程测量等。水准测量是高程测量中精度较高且最常用的一种方法，一般适用于平坦地区。三角高程测量是利用全站仪(经纬仪)通过距离和角度测量按三角函数关系计算得到地面点位的高程，精度较低，适用于山区。气压高程测量是根据大气压力随地面高程变化而改变的原理，利用气压计测定地面点位高程的方法。GPS 高程测量是利用卫星导航定位原理确定地面点的高程。

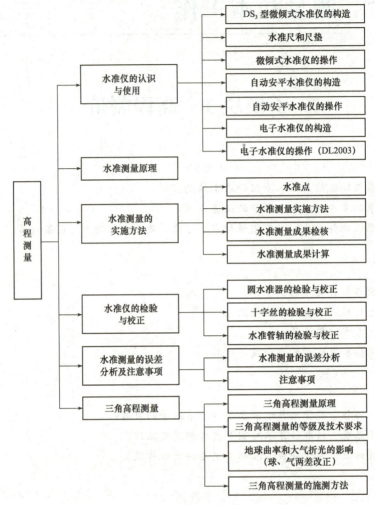

图 2-1　主要内容结构图

为了统一全国的高程系统，我国采用与黄海平均海水面相吻合的大地水准面作为全国高程系统的基准面，设该面上的各点的绝对高程（海拔）为零。1987 年我国国测〔1987〕365 号文规定采用的"1985 国家高程基准"，即用青岛验潮站 1953—1979 年的验潮资料推算的黄海平均海水面作为高程基准面，其高程起算点是位于青岛的"中华人民共和国水准原点"，其高程值为 72.2604 m。目前全国均应以此水准原点高程为准。

1.1　水准仪的认识与使用

水准测量使用的仪器有水准仪、水准尺和尺垫。水准仪按精度可分为 $DS_{0.5}$、DS_1、DS_3 和 DS_{10} 等几个等级。代号中的"D"和"S"是"大地"和"水准仪"的汉语拼音的第一个字母，其下标数值表示仪器的精度等级，即该仪器每千米往返测高差中数的中误差，以毫米计。在水准仪的系列中，一般将 $DS_{0.5}$、DS_1 级水准仪称为精密水准仪，DS_3、DS_{10} 水准仪一般称为工程水准仪或普通水准仪。

> 小贴士
>
> 工程测量中常用的水准仪是 DS_3 级。

1.1.1　DS_3 型微倾式水准仪的构造

如图 2-2 所示为 DS_3 型微倾式水准仪构造图。它主要由望远镜、水准器和基座三部分组成。

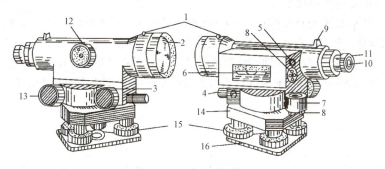

动画　微倾式水准仪外观

微课　微倾式水准仪及水准尺

图 2-2　DS_3 型微倾式水准仪构造图

1—准星；2—物镜；3—微动螺旋；4—制动螺旋；5—符合水准器观测镜；
6—水准管；7—水准盒；8—校正螺丝；9—照门；10—目镜；
11—目镜对光螺旋；12—物镜对光螺旋；13—微倾螺旋；
14—基座；15—脚螺旋；16—连接板

1. 望远镜

水准仪的望远镜是用来瞄准水准尺进行读数的，它主要由物镜、目镜、对光螺旋、对光透镜和十字丝分划板组成，如图 2-3 所示。

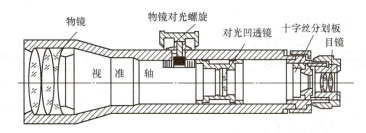

图 2-3　望远镜构造图

物镜的作用是使远处的目标在望远镜的焦距内形成一个倒立的缩小的实像。当目标处在不同距离时，可调节物镜对光螺旋，带动凹透镜使成像始终落在十字丝分划板上，此操作称为物镜对光。目镜的作用是把十字丝和物像同时放大为虚像，以便观测者利用十字丝来瞄准目标读数，转动目镜对光螺旋可调节十字丝的清晰程度。

十字丝分划板由光学平面玻璃制成，安装在十字丝环上，再用固定螺丝固定在望远镜筒内。分划板上面刻有两条相互垂直的十字丝，竖直的一条称为纵丝或竖丝，水平的一条称为横丝或中丝，与横丝平行的上、下两条对称的短丝称为视距丝，用以测定距离。

知识宝典

物镜光心与十字丝交点的连线称为视准轴,视准轴的延长线也称为视线。望远镜的放大率一般在 20 倍以上。

2. 水准器

DS_3 型微倾式水准仪水准器分为圆水准器(水准盒)和管水准器(水准管)两种,它们都是整平仪器用的,保证视准轴在测量过程中处于水平位置。

(1)圆水准器(水准盒)。圆水准器(也称水准盒)安装在水准仪基座上,用于粗略整平,如图 2-4 所示。圆水准器是一个玻璃圆盒,装有酒精和乙醚的混合液。圆水准器顶面的玻璃内表面研磨成球面,球面的正中刻有一个小圆圈,它的圆心 O 是圆水准器的零点,通过零点和球心的连线(O 点的法线)$L'L'$,称为圆水准器轴。当气泡居中时(气泡中点与圆水准器零点重合),圆水准器轴即处于铅垂位置。

提示

圆水准器的分划值一般为$(5'\sim10')/2$ mm,灵敏度较低,只能用于粗略整平仪器,使水准仪的竖轴大致处于铅垂位置。

(2)管水准器(水准管)。管水准器(也称水准管)用于精确整平仪器,如图 2-5 所示,它由玻璃圆管制成,其纵向内壁研磨成一定半径的圆弧形,管内注满酒精和乙醚的混合液,经过加热、封闭、冷却后,管内形成一个气泡。水准管内表面的中点 O 称为零点,通过零点作圆弧的纵向切线 LL 称为水准管轴。自零点向两侧每隔 2 mm 刻一个分划,当气泡居中时(气泡两端位置相对于水准管零点 O 对称),水准管就处于水平位置。

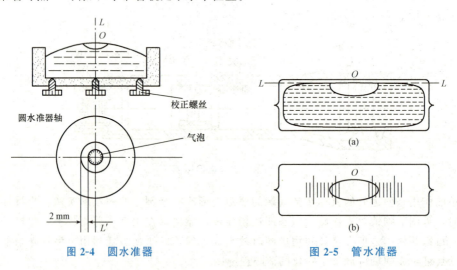

图 2-4　圆水准器　　　　图 2-5　管水准器

每 2 mm 弧长所对的圆心角称为水准管分划值(或灵敏度):

$$\tau=\frac{2\rho''}{R} \tag{2-1}$$

式中,$\rho''=206\ 265''$;R 为水准管圆弧半径(mm)。

分划值的实际意义可以理解为当气泡移动 2 mm 时,水准管轴所倾斜的角度,如图 2-6 所示。

指点迷津

分划值越小则水准管灵敏度越高,用它来整平仪器就越精确,保证水准测量中视准轴处于水平位置。DS_3型水准仪的水准分划值为$20''/2\ mm$。

为了提高观察水准管气泡居中的精度,在水准管上方都装有符合棱镜,如图2-7(a)所示。通过棱镜的反射作用可使水准管气泡两端的半个气泡影像反射到望远镜旁的水准管气泡观察窗内。当两端的半个气泡影像错开时,如图2-7(b)所示,表示气泡没有居中,这时旋转微倾螺旋可使气泡居中,气泡居中后两端的半个气泡影像将对齐,如图2-7(c)所示。这种水准管上不需要刻分划线,这种具有棱镜装置的水准管又称为符合水准管,它能提高气泡居中的精度。

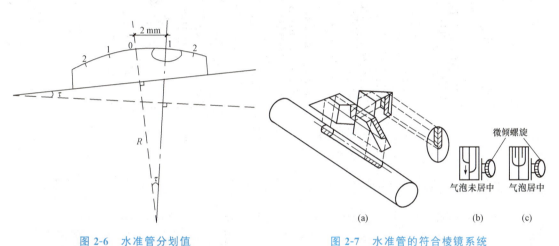

图2-6 水准管分划值　　　　　图2-7 水准管的符合棱镜系统

3. 基座

基座的作用是用来支撑仪器的上部,并通过架头连接螺旋将仪器与三脚架连接。基座主要由轴座、脚螺旋、底板和三角压板构成。基座有三个可以升降的脚螺旋,转动脚螺旋可以使圆水准器的气泡居中,将仪器粗略整平。

1.1.2 水准尺和尺垫

水准尺由干燥的优质木材、玻璃钢或铝合金等材料制成。水准尺有双面尺和塔尺两种。

(1)双面尺[图2-8(a)]多用于三、四等水准测量,其长度有2 m和3 m两种,为不能伸缩和折叠的板尺,且两根尺为一对,尺的两面均有刻画,尺的正面是黑色注记,反面是红色注记,故又称红黑面尺。

动画　水准尺刻划

 强调

一对双面尺的黑面起点都是0,而红面的起点一根是4.687 m,另一根是4.787 m。

（2）塔尺[图 2-8(b)]一般用于等外水准测量，其长度有 2 m 和 5 m 两种，可伸缩，尺面分划为 0.5 cm 和 1 cm 两种，每分米处注有数字，每米处也注有数字或以红黑点表示数，尺底为零。

尺垫为一个三角形的铸铁（也有用较厚铁皮制作的），上部中央有一凸起的半球体，如图 2-9 所示。为保证在水准测量过程中转点的高程不变，应将水准尺放在半球体的顶端。

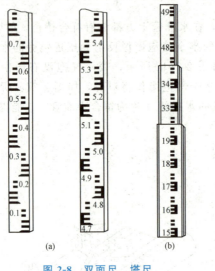
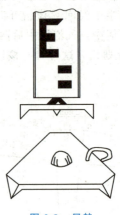

图 2-8 双面尺、塔尺

(a)双面尺；(b)塔尺

图 2-9 尺垫

1.1.3 微倾式水准仪的操作

微倾式水准仪在一个测站上使用的基本操作程序：架设仪器、粗略整平、瞄准水准尺、精平和读数。

1. 架设仪器

在要架设仪器处，打开三脚架，通过目测，使架头大致水平且其高度适中（约在观测者的胸颈部），然后从仪器箱中取出水准仪，放在三脚架头上，用一只手握住仪器，另一只手将三脚架上的连接螺旋旋入水准仪基座的螺孔内，用连接螺旋将水准仪固定在三脚架上。

微课 微倾式水准仪的操作

操作视频 微倾式水准仪的操作

> **提示**
>
> 在较松软的泥土地面，为防止仪器因自重而下沉，还要把三脚架的架腿踩实。

2. 粗略整平

（1）通过调节脚螺旋使圆水准器气泡居中来实现粗略整平仪器。具体操作步骤：为使仪器的竖轴大致铅垂，转动基座上的三个脚螺旋，使圆水准器的气泡居中，即视准轴粗略整平。整平方法：如图 2-10(a)所示，气泡未居中，双手按相反方向同时转动两个脚螺旋 1、2，使气泡移动到与圆水准器零点的连线垂直于 1、2 两个脚螺旋的连线处，也就是气泡、圆水准器零点、脚螺旋 3 三点共线，即图 2-10(b)所示的状态，再用左手转动另一个脚螺旋 3，使气泡居中。

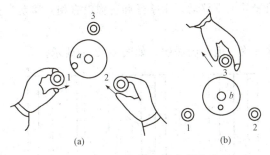

图 2-10 圆水准气泡居中的方法

> **强调**

在转动脚螺旋时,气泡的移动方向始终与左手大拇指的运动方向一致。

(2)通过移动一个三脚架架腿使圆水准器气泡居中,来实现粗略整平仪器。具体操作步骤:根据气泡的偏离情况,移动手边的三脚架一个架腿,同时观察气泡的移动情况,直到气泡居中。

> **小贴士**

气泡偏向哪边即表明哪边高。

3. 瞄准水准尺

仪器粗略整平后,即可用望远镜瞄准水准尺。基本操作步骤如下:

(1)目镜对光。将望远镜对向较明亮处,转动目镜对光螺旋,使十字丝调至最为清晰为止。

(2)初步瞄准。松开制动螺旋,利用望远镜上部的照门和准星,对准水准尺,然后拧紧制动螺旋。

(3)物镜对光。转动望远镜物镜对光螺旋,使水准尺成像清晰。

(4)精确瞄准。调节望远镜的调焦螺旋使水准尺像清晰。调节微动螺旋,使十字丝的竖丝对准水准尺的中间,如图 2-11 所示。

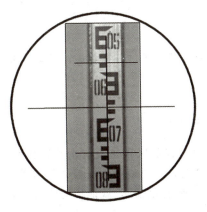

动画 微倾式水准仪照准

图 2-11 照准水准尺与读数

(5)消除视差。当瞄准目标时,眼睛在目镜处上下移动,若发现十字丝和物像有相对移动,即横丝处的水准尺读数有变动,这种现象称为视差,它将影响读数的精确性,必须加以消除。消除视差的方法是再仔细反复调节目镜对光螺旋和物镜对光螺旋,直至物像与十字丝分划板平面重合为止,即眼睛在目镜处上下移动,十字丝和物像没有相对移动为止。

4. 精平、读数

转动微倾螺旋,使水准管气泡精确居中,如图 2-12(a)所示。

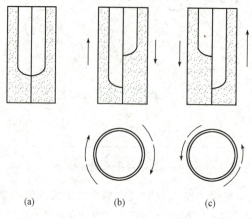

图 2-12 精确整平

 动动脑

微倾螺旋的转动方向与水准管气泡的移动方向有什么关系?

当水准管气泡居中并稳定后,说明视准轴已成水平,此时,应迅速用十字丝中丝在水准尺上截取读数。由于水准仪的生产厂家或型号的不同,导致望远镜有的成正像,有的成倒像。在读数时无论成倒像还是成正像,都应按从小数往大数的方向读,即若望远镜成正像应从下往上读;反之,若望远镜成倒像则应从上往下读,准确读米、分米、厘米,估读毫米。如图 2-11 所示,读数为 0.676 m。

动画 微倾式水准仪精平

小贴士

读数后,还需要检查气泡是否移动了,若有偏离,则需用微倾螺旋调整气泡居中后再重新读数。否则,读数误差较大。

1.1.4 自动安平水准仪的构造

自动安平水准仪与微倾式水准仪的区别是没有水准管和微倾螺旋,只有一个圆水准器,在安置仪器时,只要使圆水准器的气泡居中后,借助装置在望远镜光学系统中的一种"补偿器",就能使视线自动处于水平状态。

由于无须精平,使用自动安平水准仪不仅可以缩短水准测量的观测时间,而且对于施工场地地面的微小振动、松软土地的仪器下沉及大风吹刮等因素引起的视线微小倾斜,也能迅速调整自动安平仪器,从而提

微视 自动安平水准仪

高了水准测量的观测精度。

图 2-13 所示为 DSZ2 型自动安平水准仪。DSZ2 型自动安平水准仪可用于国家三、四等水准测量，每公里往返测量高程的精度：使用标准水准尺时为 ±1.5 mm，使用标准铟钢尺时为 ±1.0 mm。

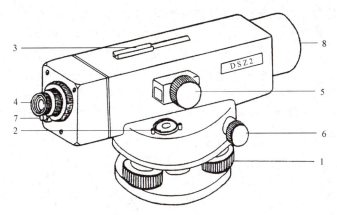

图 2-13　DSZ2 型自动安平水准仪

1—脚螺旋；2—圆水准器；3—瞄准器；4—目镜调焦螺旋；
5—物镜调焦螺旋；6—微动螺旋；7—补偿器检查按钮；8—物镜

1. 自动安平水准仪的基本原理

自动安平水准仪的基本原理为：在水准仪望远镜的光学系统中，设置一种自动补偿器以改变光路，使视准轴水平时在水准尺上的读数为 a，如图 2-14(a)所示。

如图 2-14(b)所示，当视准轴倾斜了一个小角度 α 时，此时按视准轴读数为 a'，显然 a' 不是水平视线的读数。为了能使十字丝中丝的读数仍为视准轴水平时的读数 a，需在望远镜的光路中加一补偿器，使通过物镜光心的水平视线经过补偿器的光学元件后偏转一个 β 角，使成像仍然位于十字丝中心。由于 α、β 都是很小的角度，如果下式成立，即能达到补偿的目的：

$$f \cdot \alpha = d \cdot \beta \tag{2-2}$$

式中　f——物镜到十字丝的距离；

　　　d——补偿器到十字丝的距离。

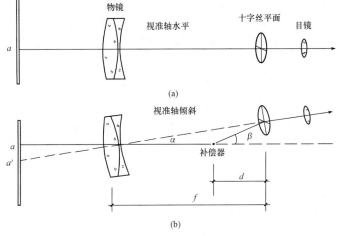

图 2-14　自动水准仪的安平原理

2. 自动安平水准仪补偿器的结构

自动安平水准仪补偿器，目前比较常见的有两种：一种是悬挂的十字丝板；另一种是悬挂的棱镜组。

图 2-15 所示为自动安平补偿器的结构原理示意。在该仪器望远镜内部的物镜和十字丝分划板之间安装一个补偿器，这个补偿器的补偿镜在固定的支点下，用 4 根吊丝自由悬挂着，借助重力作用，使其重心始终保持在铅垂方向，转向棱镜固定在望远镜镜筒内，二者组合。当视准轴水平时，如图 2-15(a)所示，水平视线经过转向棱镜和补偿棱镜的反射，最后不改变原来的方向，射向十字丝的中心，即水平视线与视准轴重合。当视准轴有微小倾斜时，如图 2-15(b)所示，水平视线原来与视准轴不重合，但是，经过转向棱镜和受重力作用而改变原来位置的补偿棱镜的反射，最后仍能恢复到与视准轴相重合的方向，达到自动整平的目的。

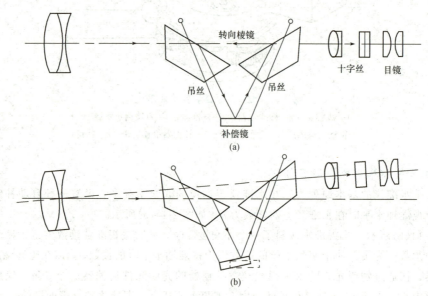

图 2-15　自动安平水准仪补偿器的结构原理
(a)视准轴水平；(b)视准轴倾斜

补偿器必须灵敏地反映出望远镜倾斜的变化，又能使视准轴迅速地稳定，便于读数。补偿器通常由以下三部分组成：

(1)补偿元件。当望远镜视准轴倾斜后，为使水平视线的目标物像经折射后仍落在十字丝分划板中心的一组光学元件，称为补偿元件。也就是确定 α 和 β 关系的一组棱镜、透镜、光楔和平面镜等。

(2)灵敏元件。在望远镜倾斜时，能使补偿元件作相应倾斜或位移的元件，称为灵敏元件。常用的有吊丝、弹簧片、扭丝和滚珠轴承等。

(3)阻尼元件。补偿器通常是悬挂式，在微倾时产生摆动，为尽快使其稳定，采用制动系统进行快速制动，这种快速制动系统称为阻尼器。

> **小贴士**
>
> 一般自动安平水准仪补偿器的稳定时间在 2 s 以内。

1.1.5 自动安平水准仪的操作

自动安平水准仪的操作方法与微倾式水准仪的操作方法基本相同，不同之处为自动安平水准仪不需要"精确整平"。自动安平水准仪只有圆水准器，因此，安置自动安平水准仪后，只要转动脚螺旋，使圆水准器气泡居中，补偿器即能起自动安平的作用，然后进行照准、读数的操作。

微视　自动安平水准仪操作

1.1.6 电子水准仪的构造

1. 电子水准仪

电子水准仪是一种集电子、光学、编码、图像处理及计算机存贮与数据的传输技术于一体的自动化智能水准仪，其主要优点是整个测量工作过程（测尺读数、数据记录、计算处理）都是自动完成的，可以消除人为误差，从而大大减少了（读数、记录、计算）错误和误差。在测量过程中，都是由设置菜单来进行操作，具有测量速度快、精度高、操作简单、作业劳动强度小、易实现内外业一体化等特点，可大大提高工作效率。

微课　电子水准仪操作

电子水准仪的构造与一般的自动安平水准仪基本相同，它由望远镜、圆水准器、操作键盘、数据显示屏和基座等部分组成。其主要特点是采用 RAB 随机双向编码技术（即相位法条码识别）和最优化的数字处理算法，可以快速获取稳定可靠的观测值；机载的水准测量程序，符合国家水准测量规范要求，可以完成各种水准测量和计算。内存中的观测数据可以直接下载到计算机进行计算处理，也可以消除数据记录过程中的人为错误。

(1) 图 2-16 所示为拓普康（Topcon）DL－500 系列电子数字水准仪的外形。

(2) 图 2-17 所示为科力达电子水准仪 DL2003。

图 2-16　拓普康（Topcon）DL－500 系列电子数字水准仪

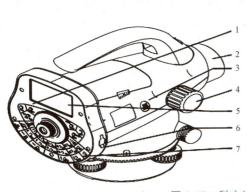
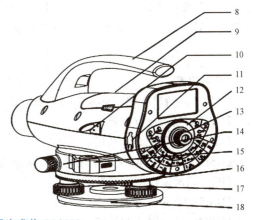

图 2-17　科力达电子水准仪 DL2003

1—开关按钮；2—物镜；3—测量键；4—调焦手轮；5—液晶显示屏；6—通信接口；
7—键盘；8—提柄；9—电池；10—圆水准器反射镜；11—MICRO SD 卡；12—目镜护罩；
13—目镜；14—无限位水平螺旋；15—圆水准器；16—水平度盘；17—脚螺旋；18—基座

2. 条码水准尺

条码水准尺是与电子水准仪配套使用的专用水准尺，它是由玻璃纤维塑料制成的，或用钢钢制成尺面镶嵌在尺基上形成的，常用的有 2 m 和 3 m 两种。尺面上刻有宽度不同、黑白相间的码条，称为条码。该条码相当于普通水准尺上的分划和注记，如图 2-18 所示。条码水准尺附有安平水准器和扶手，在尺的顶端留有撑杆固定螺丝，以便用撑杆固定条码尺。

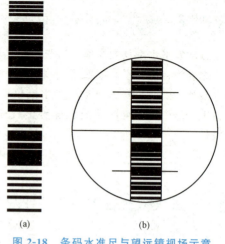

(a)　　　　(b)

图 2-18　条码水准尺与望远镜视场示意

小贴士

电子水准仪测量时，当镜头摄入条形编码后，经处理器转变为相应的数字，再通过信号转换和数据化，在显示屏上直接显示中丝读数和视距。

1.1.7　电子水准仪的操作(DL2003)

1. 操作键盘

(1)基本操作键。

开机：短暂按压【ON/OFF】。

关机：按压 1 秒。

测量按钮：轻轻按压启动测量按钮【MEAS】。

操作视频　电子水准仪操作

动画　电子水准仪操作

指点迷津

如果按键的力度太大会引起仪器的震动，进而影响到补偿器的补偿，最终会影响到测量的精度。当外界震动大时，用户可以通过多次测量取平均来提高测量的稳定性。

(2)功能键。

【↑↓←→】导航键，光标移动。

【INT】切换到逐点测量。

【MODE】设置测量模式键。

【USER】根据 FNC 菜单定义的任意功能键。

【PROG】测量程序，主菜单键。

【DATA】数据管理器键。

【ESC】一步步退出测量程序、功能或编辑模式，取消/停止测量键。

【SHIFT】开关第二功能键(SET OUT，INV，FNC，MENU，LIGHTING，PgUp，PgDn)和转换输入数字或字母。

【CE】删除字符或信息。

【ENT】确认键。

(3)组合按键。

【SET OUT】启动放样。按【SHIFT】【INT】进入。

【INV】测量翻转标尺(标尺 0 刻度在上)，只要反转功能被激活，仪器就显示“T”符号，再按【INV】键恢复测量正常标尺状态，反转标尺测量值为负。按【SHIFT】【MODE】进入。

【FNC】完成测量的一些功能。按【SHIFT】【USER】进入。

【MENU】仪器设置。按【SHIFT】【PROG】进入。

【☼】显示照明。按【SHIFT】【DATA】开关切换。

【PgUp】若显示内容含有多页，【Page Up】为翻到前一页。按【SHIFT】【↑】进入。

【PgDn】若显示内容含有多页，【Page Down】为翻到下一页。按【SHIFT】【↓】进入。

(4)导航键。

【↑】【↓】【→】【←】导航键有多种功能，执行何种功能，取决于使用导航键的模式：

光标控制。

导航选择相应功能。

选择及确认输入的参数。

(5)输入键。

“0…9”输入数字，字母和特殊字符。

“. ”输入小数点和特殊字符。

“±”触发正、负号输入；输入特殊字符。

在字母模式中：

●取消连续按压调出下一个符号(字母/特殊字符)。

●0～5 秒钟接受输入的符号，指针跳到下一位置。

2. 主菜单界面

如图 2-19 所示为主菜单界面。启动功能：用 【↑ ↓】键将光标移动到所选功能按【ENT】进入，或者直接按数字①～⑥快捷启动。

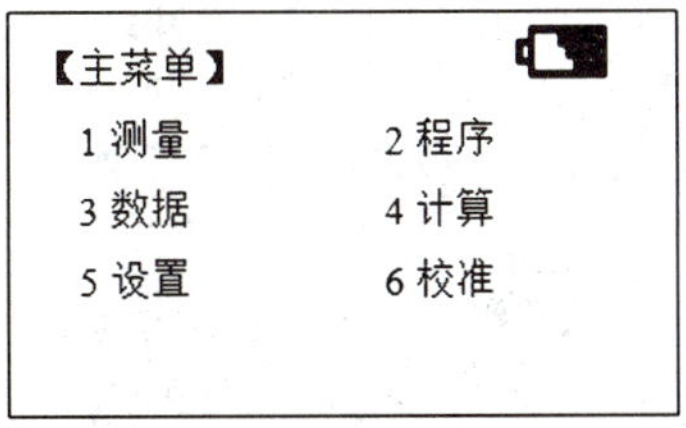

【主菜单】
1 测量
2 程序
3 数据
4 计算
5 设置
6 校准

图 2-19　主菜单界面

3. 设置界面

在 MENU 中，可进行仪器设置：按压【MENU】打开菜单，如图 2-20 所示。

【设置】
1 快速设置
2 完全设置
返回

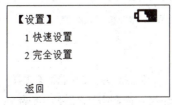

图 2-20　设置界面

在 MENU 中，如图 2-21 和图 2-22 所示，分别为快速设置和完全设置界面。

图 2-21 快速设置界面

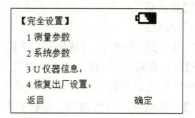

图 2-22 完全设置界面

4. 高程测量操作界面

打开主菜单，选择【测量】模式，在测量模式下选择"高程测量"进入"高程测量"模式，如图 2-23 所示。瞄准后视条码尺，按【MESA】键，屏幕显示后视尺信息，如图 2-24 所示；瞄准前视条码尺，按【MESA】键，屏幕显示前视尺信息，同时显示两点"高差"，如图 2-25 所示。

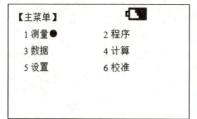

图 2-23 高程测量模式界面

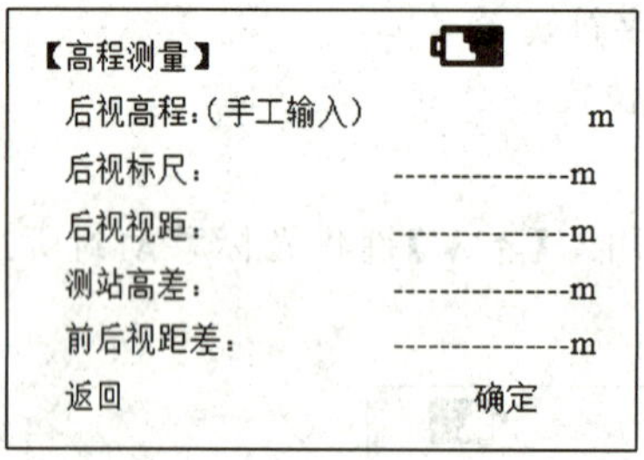

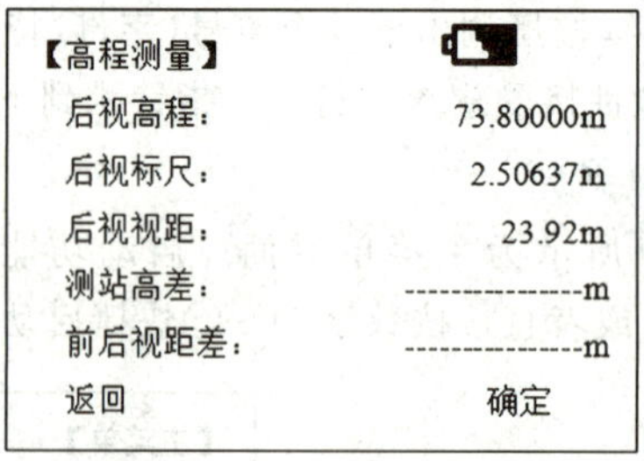

图 2-24 后视尺信息显示界面

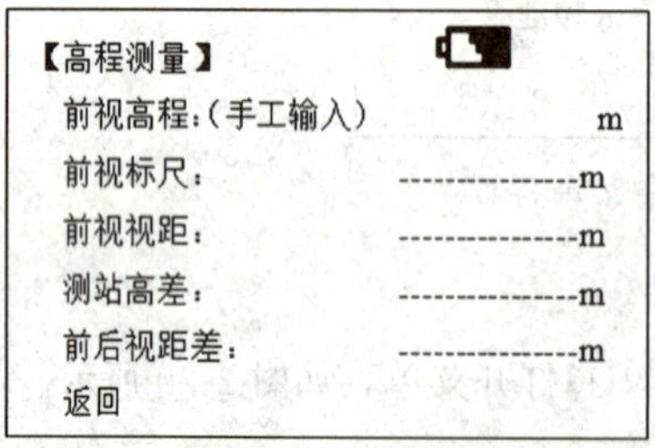

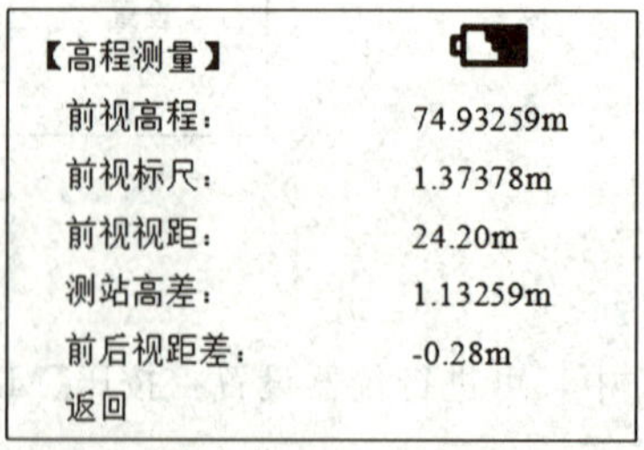

图 2-25 前视尺信息显示界面

5. 高程放样操作界面

打开主菜单，选择【测量】模式，在测量模式下选择【放样测量】进入【放样测量】模式。输入后视已知点的高程，瞄准后视条码尺，按【MESA】键，屏幕显示后视尺信息，如图 2-26 所示。

按【回车】键确定，进入【输入放样点】界面，输入或调用放样点的点号和高程，如图 2-27 所示，瞄准前视条码尺，按【MESA】键，屏幕显示前视尺信息，同时显示两点当前高程与设计高程的差值，即【挖方】或【填方】，如图 2-28 所示。

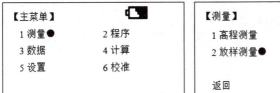

图 2-26　高程放样及后视尺信息显示界面

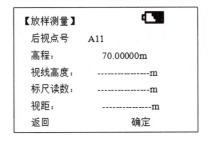

图 2-27　放样点信息界面

图 2-28　高程放样结果信息显示界面

6. 电子水准仪操作

电子水准仪的操作步骤与自动安平水准仪一样，在人工完成架设仪器、粗略整平、瞄准目标（条形编码水准尺）后，按下测量键后 2~4 s 显示出测量结果。其测量结果可储存在电子水准仪内或通过电缆连接存入机内记录器中。

现以科力达 DL2003 电子水准仪为例，介绍高差测量的方法与步骤。

（1）测前的准备工作。

1）电池装入。在测量前首先检查内部电池充电情况。如电量不足，要及时充电。

2)开启电源准备观测。仪器架设好后,即可打开电源开关,并根据测量的具体要求,选择设置参数。

(2)高差测量。

1)在主菜单界面选择测量模式。

2)在测量模式后选择高程测量模式。

3)瞄准后视条形编码尺(调焦距,成像不清晰水准仪屏幕不显示读数),按【MEAS】键,屏幕显示后视条码尺信息。

电子水准仪照准水准尺同样需要调焦距、消除视差,否则界面显示测量错误。

4)瞄准前视条形编码尺,按【MEAS】键,屏幕显示前视条码尺信息和高差。

5)将观测数据记录下来。

> **知识宝典**
>
> 电子水准仪屏幕显示标尺读数即中丝读数,视距即仪器到水准尺之间水平距离。

1.2 水准测量原理

水准测量的原理是利用水准仪提供的水平视线,根据竖立在两点水准尺上的读数,测定两点的高差,从而由已知点的高程,推算未知点的高程。

如图 2-29 所示,已知地面上 A 点的高程为 H_A,欲求 B 点的高程 H_B,则必先测出 A、B 两点之间的高差 h_{AB}。在 A、B 两点竖立水准尺,将水准仪安置在 A、B 两点之间,利用水准仪建立一条水平视线,在测量时该视线截取 A 尺上的读数 a,称为后视读数;截取 B 尺上的读数 b,称为前视读数。

微视　水准测量原理　　动画　水准测量原理

> **指点迷津**
>
> 观测是从已知高程的 A 点向未知高程的 B 点进行,则称 A 点为后视点,B 点为前视点。

由图 2-29 可知,A、B 两点之间的高差 h_{AB} 为

$$h_{AB} = a - b \tag{2-3}$$

当 $a > b$ 时,h_{AB} 为正;当 $a < b$ 时,h_{AB} 为负。

$$H_B = H_A + h_{AB} = H_A + a - b \tag{2-4}$$

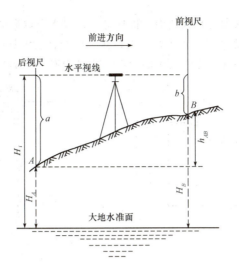

图 2-29　水准测量原理

1.3　水准测量的实施方法

1.3.1　水准点

表示地面点高程的点称为水准点（Bench Mark），简记为 BM。为了统一全国高程系统并满足各种测量的需要，测绘部门在全国各地设立一定数量的水准点，并用水准测量方法测定其高程。水准点标志有永久性标志和临时性标志两种。永久性水准点一般用石料或混凝土制成标石，标石的顶部嵌有半球形的金属标志，其顶部标记着该点的高程，即半球形标志的顶点表示水准点的高程位置。水准点标石的埋设处应选在地质稳定牢固、便于长期保存又便于观测的地方。标石的顶部一般露出地面，如图 2-30 所示。但等级较高的水准点的标石顶面应埋于地表下，使用时，按指示标记挖开，用后再盖土，如图 2-31 所示。

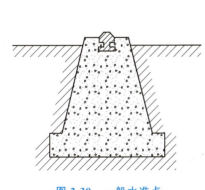

图 2-30　一般水准点

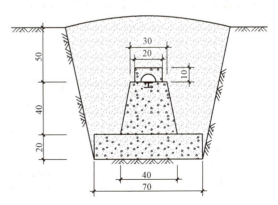

图 2-31　高等级水准点标石及埋设
（尺寸单位：cm）

永久性水准点也可以用金属标志将其埋设在坚固稳定的永久性建筑物的基角上，称为墙上水准点，如图 2-32 所示。

临时性水准点可以用大木桩打入地面，桩顶钉入顶部为半球形的铁钉，如图 2-33 所示。也可以利用地面上凸出的坚硬岩石，或建筑物的棱角、电线杆、大枯树，以及其他固定的、明显的、不易破坏的地物，并用红油漆作出点的标志："BM_i"或"$\odot BM_i$"。

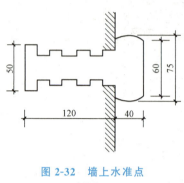
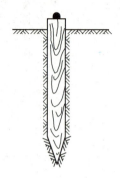

图 2-32　墙上水准点
（尺寸单位：cm）

图 2-33　临时水准点

> **小贴士**
>
> 为了便于寻找和使用，水准点标记后，还应在记录簿上绘制"点之记"，即绘记水准点附近的草图或对点周围的情形加以说明，注明水准点的编号 i，并在编号前加 BM 作为水准点的代号，如 BM_i。

1.3.2　水准测量实施方法

如图 2-34 所示，已知 A 点高程 H_A，现要计算 B 点高程 H_B。因两点的距离较远或高差较大，若安置一次仪器无法测出 A 点与 B 点的高差 h_{AB}，此时可在两点之间加设若干个临时立尺点，称为转点（以符号 ZD 表示）。然后连续多次安置水准仪，测定两相邻点之间的高差，最后取各个高差的代数和，即可得到 A、B 两点的高差，进而求出 B 点高程 H_B。

微课　普通水准测量

动画　普通水准测量实施

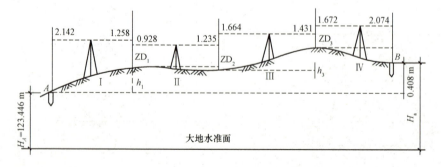

图 2-34　水准测量的实施

1. 观测步骤

（1）在已知高程 H_A＝123.446 m 的 A 点前方适当的距离（根据水准测量的等级及地形情况而定）处选定一转点，即 ZD_1。

(2)两立尺员分别在 A、ZD_1 两点上立水准尺,观测员在距 A 和 ZD_1 点约等距离处(目估图中Ⅰ处)安置水准仪。

 动动脑

为何将水准仪安置在距离前后视点相等的位置处?

(3)观测员整平仪器后,先照准 A 点后视尺读后视读数 $a_1=2.142$,再照准 ZD_1 点前视尺读前视读数 $b_1=1.258$,同时,记录员立刻记录在水准测量手簿的相应表格中。

注意

记录员应边复诵读数边记录,以便观测员校核,防止听错、记错。

(4)观测员默认记录准确后,计算出 A 点和 ZD_1 点之间的高差:$h_1=a_1-b_1=2.142-1.258=+0.884$ m,到此,完成一个测站的工作。

(5)当第一测站完成后,在转点 1(ZD_1)前方适当位置处,设置第二个转点(ZD_2),并将 A 点处的水准尺移到 ZD_2 点立好,ZD_1 上的水准尺不动,只需将尺面反转过来,便于仪器观测,仪器安置在距 ZD_1、ZD_2 约等距离的Ⅱ处,进行观测、记录、计算,得出 ZD_1 和 ZD_2 的高差 h_2,完成第二个测站的工作。

(6)依次进行第三、第四个测站的观测。各测站的后视读数和前视读数分别记入表 2-1 中。

表 2-1 水准测量记录表

工程名称:_____ 地点:_____ 仪器型号:_____
日　　期:_____ 天气:_____ 观　测　员:_____ 记录员:_____

测站	测点	水准尺读数		高差 /m	高程 /m	备注
		后视读数/m	前视读数/m			
1	A	2.142		0.884	123.446	
	ZD_1	0.928	1.258		124.330	
2	ZD_2	1.664	1.235	−0.307	124.023	
3	ZD_3	1.672	1.431	0.233	124.256	A 点高程为已知
4	B		2.074	−0.402	123.854	
Σ		6.406	5.998	0.408		

2. 记录、计算及检核

(1)记录、高差及高程计算。根据水准测量原理,每一测站的高差 h_1 的计算如下:

$$h_1=a_1-b_1=0.884$$
$$h_2=a_2-b_2=-0.307$$

$$h_3 = a_3 - b_3 = 0.233$$
$$h_4 = a_4 - b_4 = -0.402$$

由 A 点的高程推算出 ZD_1 的高程 H_1，由 ZD_1 的高程推算出 ZD_2 的高程 H_2，依此类推，直至计算出 B 点的高程 H_B：

$$H_1 = H_A + h_1 = 123.446 + 0.884 = 124.330$$
$$H_2 = H_1 + h_2 = 124.330 - 0.307 = 124.023$$
$$H_3 = H_2 + h_3 = 124.023 + 0.233 = 124.256$$
$$H_B = H_3 + h_4 = 124.256 - 0.402 = 122.854$$

小贴士

在水准测量中，转点(ZD)上既有前视读数，又有后视读数，起传递高程的作用。

由图 2-34 可看出，将各测站的高差相加，便得到 A 至 B 的高差 h_{AB}，即

$$h_{AB} = h_1 + h_2 + h_3 + \cdots + h_n = \sum h_i = \sum a_i - \sum b_i \tag{2-5}$$

则地面 B 点的高程为

$$H_B = H_A + h_{AB} = H_A + \sum h_i = H_A + (\sum a_i - \sum b_i) \tag{2-6}$$

(2)计算检核。

1)高差检核。为校核各测站高差计算有无错误，计算后视读数总和与前视读数总和之差数，应等于高差的代数和，见表 2-1。

$$\sum h_i = +0.408$$
$$\sum a_i - \sum b_i = +0.408$$

上两式相等说明高差计算无误，反之说明某测站的高差计算有误。

2)高程检核。高程计算是否有误可通过下式检核：

$$H_B - H_A = \sum h_i = h_{AB} \tag{2-7}$$

表 2-1 中：$123.854 - 123.446 = +0.408$ 计算结果与前相等，说明各测站高程计算无误。

(3)水准测量测站检核。在连续水准测量中，只进行计算检核，还无法保证每一个测站的高差的准确性。因此，对每一站的高差，还应采取相应的措施进行检核，以保证每个测站高差的正确性。通常采用下面两种方法进行测站检核：

指点迷津

计算检核无法查出测量过程中是否读错、听错、记错水准尺上的读数。

1)双仪高法。双仪高法又称变动仪器高法，是在同一个测站上用两次不同的仪器高度，测得两次高差并进行检核。第一次仪器高度观测高差 $h' = a' - b'$。然后重新安置仪器，改变仪器高度，观测第二次高差 $h'' = a'' - b''$。

当两次高差满足下列条件时：

$$h' - h'' = \Delta h \leqslant \pm 5 \text{ mm}$$

可取平均值 $h = (h' + h'')/2$ 作为该测站高差，否则须重测。当满足条件后，才允许搬站。

2)双面尺法。双面尺法是在同一测站用同一仪器高分别在红黑面水准尺读数，然后进行红黑面读数和高差的检核(见模块 3 中三、四等水准测量的内容)。

1.3.3 水准测量成果检核

水准测量的精度是用高差闭合差来衡量的。在水准测量中,高差的观测值与理论值之差称为高差闭合差,一般以 f_h 表示。高差闭合差的计算,随着水准路线形式的不同而不同,现分述如下。

> **指点迷津**
>
> 水准路线起点和终点的已知高程之差,为高差的理论值。

1. 闭合水准路线

如图 2-35(a)所示,BM_1 为已知高程的水准点,1、2、3…为未知高程点。从已知水准点 BM_1 出发,经过若干个未知高程点 1、2、3…进行水准测量,最后又回到已知水准点 BM_1 上,这样的水准路线称为闭合水准路线。在闭合水准路线中,高差的总和理论上应等于零,即

$$\sum h_{理} = 0$$

微课 水准测量检核

若实测高差的总和不等于零,即高差闭合差 f_h:

$$f_h = \sum h_{测} \tag{2-8}$$

2. 附合水准路线

如图 2-35(b)所示,BM_1、BM_2 为已知高程的水准点,从已知水准点 BM_1 点出发,经过 1、2、3…若干个未知高程点进行水准测量,最后附合到另一已知水准点 BM_2 上,这样的水准路线

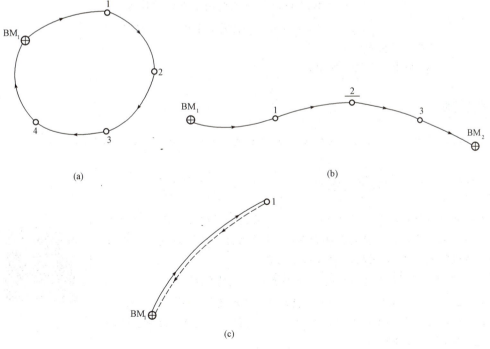

图 2-35 水准路线的形式

称为附合水准路线。在附合水准路线中，高差的总和理论上应与 BM_1、BM_2 两点的已知高差相等，如果不等，其差值为高差闭合差 f_h：

$$f_h = \sum h_{测} - (H_2 - H_1) \tag{2-9}$$

或

$$f_h = \sum h_{测} - (H_{终} - H_{始}) \tag{2-10}$$

3. 支水准路线

支水准路线又称为往返水准路线。如图 2-35(c) 所示，BM_1 为已知高程的水准点，从已知水准点 BM_1 出发，沿选定的路线施测到高程未知的水准点 1，其最终既不闭合也不附合，这样的水准路线，称为支水准路线。支水准路线应进行往测（已知高程点到未知高程点）和返测（未知高程点到已知高程点），从理论上讲，往返测高差的绝对值应相等而符号相反。若往返测高差的代数和不等于零即为高差闭合差 f_h，也称较差。

即

$$f_h = \sum h_{往} + \sum h_{返} = |\sum h_{往}| - |\sum h_{返}| \tag{2-11}$$

 小贴士

支水准路线不能过长，一般为 1～2 km。

为了评定水准测量成果的精度，应对其成果进行检核，即进行高差闭合差的检核。当高差闭合差在容许误差范围内时，即 $f_h \leqslant f_{h容}$（$f_{h容}$ 为容许高差闭合差），认为精度合格，成果可用。若超过容许值，应查明原因，进行重测，直到符合要求为止。

水准测量的容许高差闭合差（$f_{h容}$），是在研究误差产生的规律和总结实践经验的基础上提出来的，不同等级的水准测量，其高差闭合差的容许值是不同的。如等外水准测量的容许高差闭合差规定为

$$f_{h容} = \pm 40\sqrt{L} \,(\text{mm})（一般适用于平原微丘区）$$
$$f_{h容} = \pm 12\sqrt{n} \,(\text{mm})（一般适用于山岭重丘区） \tag{2-12}$$

式中　L——水准路线长度（km）；
　　　n——水准路线所设的测站总数。

 提示

对于往返水准路线来说，式(2-12)中路线长度 L 或测站数 n 均按单程计算。

1.3.4 水准测量成果计算

水准测量的外业测量数据经检核后，如果满足了精度要求，就可以进行内业成果计算，即调整高差闭合差（将高差闭合差按误差理论合理分配到各测段的高差中），最后求出未知点的高程。

1. 附合水准路线高差闭合差的调整及各点高程的计算

如图 2-36 所示，BM_1、BM_2 为两个已知高程的水准点，$H_1=204.286$ m，$H_2=208.579$ m，各测段的高差分别为 h_1、h_2、h_3 和 h_4。表 2-2 为图 2-36 附合水准路线成果计算的实例。

微课　水准测量成果计算

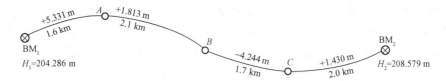

图 2-36 附合水准路线观测成果略图

表 2-2 水准测量成果整理

测段编号	点名	距离 L(测站数 n)/km	实测高差/m	改正数/m	改正后的高差/m	高程/m	备注
1	2	3	4	5	6	7	8
1	BM$_1$	1.6	+5.331	−0.008	+5.323	204.286	已知
2	A	2.1	+1.813	−0.011	+1.802	209.609	
3	B	1.7	−4.244	−0.008	−4.252	211.411	
4	C	2.0	+1.430	−0.010	+1.420	207.159	
	BM$_2$					208.579	已知
Σ		7.4	+4.330	−0.037	+4.293		
辅助计算		$f_h = +37$ mm $\Sigma L = 7.4$ km $-f_h/\Sigma L = -5$ mm/km $f_{h容} = \pm 40\sqrt{L} = \pm 109$ mm					

表中按距离进行调整计算(一般适用于平坦地区)的具体步骤如下：

(1)高差闭合差的计算。水准路线高差闭合差：

$$f_h = \sum h_{测} - (H_3 - H_1) = 4.330 - (208.579 - 204.286) = +0.037(\text{m}) = +37 \text{ mm}$$

容许高差闭合差：$f_{h容} = \pm 40\sqrt{L} = \pm 40\sqrt{7.4} = \pm 109(\text{mm})$

因 $f_h < f_{h容}$，符合精度要求，可进行调整。

(2)高差闭合差调整。高差闭合差调整可将高差闭合差反符号按测段长度(平原微丘区)或测站数(山岭重丘区)成正比进行分配。设 v_i 为第 i 个测段的高差的改正数，L_i 和 n_i 分别代表该测段长度和测站数，则

$$v_i = -\frac{f_h}{\sum L} \times L_i = v_{每千米} \times L_i \tag{2-13}$$

或

$$v_i = -\frac{f_h}{\sum n} \times n_i = v_{每站} \times n_i$$

为方便计算可先计算每公里(或每站)的改正数 $v_{每千米}$ 或 $v_{每站}$，然后乘以各测段的长度(或站数)，就得到各测段的改正数(表 2-2 的第 5 栏)。

在该实测中每千米的高差改正数为

$$v_{每千米} = -\frac{f_h}{\sum L} = -\frac{37}{7.4} = -5(\text{mm/km})$$

各段高差的改正数 $v_i = v_{每千米} \times L_i$。

> **小贴士**
>
> 改正数的总和应与高差闭合差大小相等、符号相反。

(3)改正后的高差。改正后的高差应等于实测高差与高差改正数之和,即表2-2中第6栏等于第4栏加第5栏。改正后的高差代数和应与理论值($H_{终}-H_{始}$)相等,否则说明计算有误。

(4)高程的计算。从已知点 BM_1 的高程,按式(2-4)依次推算 A、B、C 各点高程,填入表2-2第7栏,最后计算出 BM_2 点的高程,应与其已知值相等,否则说明高程推算有误。

2. 闭合水准路线高差闭合差的调整及各点高程的计算

闭合水准路线高差闭合差的调整及各点高程的计算,均与附合水准路线相同,此处不再赘述。

3. 支水准路线高差闭合差的调整及各点高程的计算

因支水准路线只求一个点的高程,如图2-35(c)所示的1点,其高差闭合差见式(2-11),故只取往返高差的平均值即可。平均高差的符号与往测的高差值的符号相同,即

$$h = (\sum h_{往} - \sum h_{返})/2 \tag{2-14}$$

1.4 水准仪的检验与校正

根据水准测量原理,在进行水准测量时,水准仪必须提供一条水平视线,才能正确地测量出两点的高差。为此,水准仪必须满足下列条件,如图2-37所示。

(1)圆水准器轴 $L'L'$ 平行于竖轴 VV;
(2)十字丝横丝垂直于竖轴;
(3)水准管轴 LL 平行于视准轴 CC。

仪器在出厂前都经过严格检校,均能满足上述条件,但由于仪器在长期使用和运输过程中受到震动和碰撞等原因,使上述各轴线之间的关系可能发生变化。为保证测量成果的质量,必须对水准仪进行检验与校正。

1.4.1 圆水准器的检验与校正

检校目的是使圆水准器轴平行于仪器的竖轴,当圆水准器气泡居中时,竖轴竖直。

1. 检验方法

架设仪器,转动脚螺旋使圆水准器气泡居中,此时,圆水准器轴 $L'L'$ 处于垂直位置。然后将仪器绕竖轴旋转180°,如果圆水准器气泡仍然居中,则表明条件满足,否则条件不满足,需要校正。

2. 校正方法

如果圆水准器轴 $L'L'$ 不平行于竖轴,如图2-38(a)所示。当圆水准器气泡居中时,圆水准器轴处于竖直位置,而竖轴却偏离竖直方向 α 角,将仪器绕竖轴转180°,此时圆水准器轴偏离竖直方向,如图2-38(b)所示。校正时先拧松圆水准器下部中间的固定螺丝,然后调整圆水准器下部的三个校正螺丝,如图2-39所示,使气泡向中心位置移动到偏离量的一半,如图2-40(a)所示,偏离量的另一半用三个脚螺旋调整,最终使气泡居中,如图2-40(b)所示,这种检验校正需要重复数次,直到圆水准器旋转到任何位置气泡都居中为止,最后应注意拧紧、固紧螺丝。

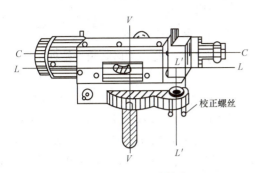

图 2-37 水准仪的轴线

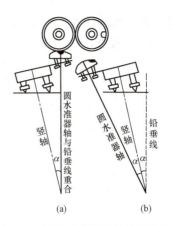

图 2-38 圆水准器轴不平行于竖轴

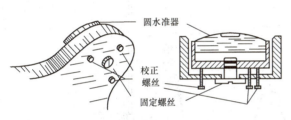

图 2-39 圆水准器校正螺丝

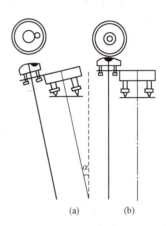

图 2-40 圆水准器校正原理

1.4.2 十字丝的检验与校正

检校目的是当水准仪整平后,十字丝的横丝应该水平,竖丝应该铅垂,即十字丝横丝应垂直于竖轴。

1. 检验方法

整平仪器,在望远镜中用十字丝交点照准一明显且固定的目标 M,拧紧水平制动螺旋,慢慢转动水平微动螺旋,从目镜中观察目标 M 移动,若目标 M 始终在十字丝横丝上移动,则条件满足,不需校正;若目标 M 不在横丝上移动,而发生偏离,如图 2-41 所示,则说明条件不满足需要校正。

图 2-41 圆水准器校正螺丝

2. 校正方法

由于十字丝装置的形式不同,校正方法也有所不同。通常是卸下目镜处十字丝环外罩,松开十字丝环固定螺丝,按横丝倾斜的反方向,微微转动十字丝环,再作检验,直到满足要求为止,最后再旋紧被松开的固定螺丝。

1.4.3 水准管轴的检验与校正

检校目的是使水准管轴平行于望远镜的视准轴,当水准管气泡居中时,视准轴处于水平。

1. 检验方法

在平坦的地面上选择 A、B、C 三点,并使其大致在同一条直线上,且使 $AC=CB$,A、B 相距为 $60\sim80$ m,如图 2-42 所示。在 A、B 两点处分别打下木桩或安放尺垫,并在木桩或尺垫上竖立水准尺。先将水准仪架设于 C 点,经过精平后,分别对 A、B 两点上的水准尺读数,为 a_1、b_1,则 A、B 两点的高差 $h_{AB}=a_1-b_1$(一般应用两次仪器高法,所测结果满足要求,取高差平均值)。假设此时水准仪的视准轴不平行于水准管轴,即视线倾斜了 i 角(此误差又称为 i 角误差),分别引起 A、B 两尺的读数误差为 Δa 和 Δb,由于此时的仪器距两尺的距离相等,则根据几何原理可知:

$$\Delta a = \Delta b$$

由图 2-42 可得

$$h_{AB}=a_1-b_1=(a+\Delta a)-(b+\Delta b)=a-b \tag{2-15}$$

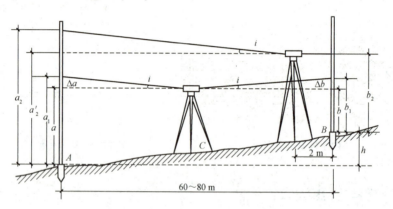

图 2-42 水准管轴平行于视准轴的检验

这说明无论视准轴与水准管轴平行与否,当水准仪架设在两点中间时,测出的两点高差都是不受 i 角误差影响的正确高差。然后将水准仪搬到靠近 B 点(或 A 点),架设在距 B 点水准尺 2 m 左右,如图 2-42 所示,精平仪器后,分别读取 A 尺读数 a_2 和 B 尺读数 b_2,由于仪器距 B 尺很近,故仪器对 B 尺的读数可以忽略 i 角的影响,即将 b_2 看作视线水平时的读数,这时可求得视线水平时 A 尺上应有的读数 $a_2'=b_2+h_{AB}$。如果实际读出的读数 a_2 与应有的读数 a_2' 相等,则条件满足,若不相等,则水准管轴不平行于视准轴,存在 i 角,其值为

$$i=\frac{a_2-a_2'}{D_{AB}}\rho'' \tag{2-16}$$

式中 D_{AB}——A、B 两点间的距离;
ρ''——$\rho''=206\,265''$。

> **小贴士**
>
> 当 DS_3 型水准仪 $i>20''$ 时,必须进行校正。

2. 校正方法

保持仪器不动，转动微倾螺旋使十字丝横丝对准 A 尺上应有的读数 a_2'，此时视准轴处于水平位置，而水准管气泡不居中了，用校正拨针旋松水准管一端的左侧或右侧的一个固定螺丝，然后拨动水准管的上、下校正螺丝，如图 2-43 所示，直至气泡居中为止。最后要拧紧前面松开的固定螺丝。在拨动校正螺丝时，首先要弄清楚是抬高还是降低靠近目镜一端的水准管。如图 2-44 所示，图 2-44(a)是要抬高靠近目镜一端的水准管；图 2-44(b)是要降低靠近目镜一端的水准管。

> **提示**
>
> 对待成对的校正螺丝，在拨动时应"先松后紧"，否则容易损坏校正螺丝。

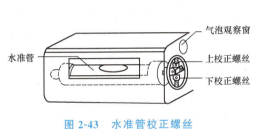

图 2-43　水准管校正螺丝

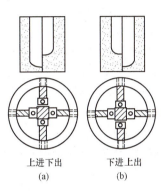

图 2-44　水准管的校正

1.5　水准测量的误差分析及注意事项

1.5.1　水准测量的误差分析

水准测量中产生的误差包括仪器误差、观测误差及外界条件影响的误差三个方面。

1. 仪器误差

（1）望远镜视准轴与水准管轴不平行误差。仪器经过校正后，还会留有残余误差。仪器长期使用或受震动，也会使两轴不平行，这种误差属于系统误差，误差大小与仪器至水准尺的距离成正比。因此，只要在观测时，将仪器安置在距前、后两测点距离相等处，即可消除该项误差的影响。

（2）水准尺误差。水准尺误差包括尺长误差、分划误差、尺身弯曲和底部零点磨损的误差。观测前应对水准尺检验后方可使用，水准尺零点误差可通过在每个测段中设偶数站的方法来消除。

2. 观测误差

（1）整平误差。在水准尺上读数时，水准管轴应处于水平位置，如果精平仪器时，水准管气泡没有精确居中，则水准管轴有一微小倾角，从而引起视准轴倾斜而产生误差。例如，设水准管分划值 $\tau = 20''/2$ mm，视线长度为 100 m，如果气泡偏离中央 0.5 格，则引起的读数误差为

$$0.5 \times 20 \times 100 \times 10^3 / 206\,265 = 5 \text{(mm)}$$

（2）读数误差。即估读毫米数的误差，其与人眼的分辨力、望远镜的放大倍数及视线的长度有关，所以，要求望远镜的放大倍率在 20 倍以上，视线长度一般不得超过 100 m，具体应遵循不同等级水准测量对望远镜放大倍率和最大视线长度的规定，以保证估读精度。

（3）水准尺倾斜误差。测量时水准尺应扶直，当水准尺倾斜时，其读数总比尺子竖直时的读数大，而且视线越高，水准尺倾斜引起的读数误差越大，所以在高差大、读数大时，应特别注意将尺扶直。测量时可以采用"摇尺法"读数，即在读数时，扶尺者将尺子缓缓向前后俯、仰摇动，尺上的读数也会缓缓改变，观测者读取尺上的最小读数，即尺子竖直时的读数。

 动动脑

为何水准尺倾斜时的读数总比尺子竖直时的读数大？

3. 外界条件影响的误差

（1）仪器下沉影响的误差。由于测站处土质松软使仪器下沉，视线降低，从而引起高差误差。减小这种误差的方法：一是尽可能将仪器安置在坚硬的地面处，并将脚架踏实；二是加快观测速度，尽量缩短前、后视读数时间差；三是采用后、前、前、后的观测程序。

（2）转点下沉影响的误差。仪器搬到下一站尚未读后视读数的一段时间内，转点下沉，使该站后视读数增大，从而引起高差误差。所以，应将转点设在坚硬的地方，或用尺垫。

（3）地球曲率和大气折光影响的误差。不考虑地球曲率，用水平面代替大地水准面产生的误差，称为地球曲率影响的误差，简称球差。其改正数 c 用式（2-17）计算：

$$c=\frac{D^2}{2R} \tag{2-17}$$

式中　D——地面两点间的水平距离；
　　　R——地球曲率半径，近似取 6 371 km。

一般情况下，越靠近地面空气密度越大，而视线通过不同密度的介质时会产生折射，所以，实际上视线并不水平而呈弯曲状，从而产生的误差，称为大气折光影响的误差，简称气差。其改正数 γ 可用式（2-18）近似计算：

$$\gamma=-K\frac{D^2}{R} \tag{2-18}$$

式中　K——大气折光系数。

大气折光受到所在地区的高程、地形条件、气候、季节、时间、地面覆盖物及光线离地面高度等诸多因素的影响，要想精确地确定折光系数是比较困难的。在公路高程测量中，K 值参照表 2-3 选取，一般情况下可取平均值，即 $K=0.14$。

表 2-3　大气折光系数

地面	沙漠	平原、山区	森林	沼泽	水网、湖泊
平均 K 值	0.095	0.115	0.143	0.148	0.157

综合地球曲率和大气折光的影响，用 f 表示球气两差改正数，即

$$f=c+\gamma=(1-K)\frac{D^2}{R} \tag{2-19}$$

 小贴士

要消除地球曲率及大气折光对测量高差的影响，应采用前、后视距相等的方法。

(4)温度影响。水准管受热不均匀,使气泡向温度高的方向移动。因此,观测时应注意给仪器撑伞遮阳,防止阳光直接照射仪器。

1.5.2 注意事项

为了使水准测量精度达到要求,避免返工,同时保证仪器安全,要求测量人员认真负责并按要求细心操作,具体应注意以下事项。

1. 观测

(1)观测前,应对仪器进行认真的检验和校正;

(2)仪器放到三脚架上后,应立即把连接螺旋旋紧,以免仪器从脚架上摔下来,并做到人员不离开仪器;

(3)仪器应安置在土质坚硬的地方,并应将三脚架踏实,防止仪器下沉;

(4)水准仪至前、后视水准尺的距离应尽量相等;

(5)每次读数前,应严格消除视差,水准管气泡要严格居中,读数时要仔细、迅速、果断,大数(米、分米、厘米)不要读错,毫米数要估读正确;

(6)在晴天有阳光的情况下,应撑伞保护仪器;

(7)迁站时,将三脚架合拢,用一只手抱住脚架,另一只手托住仪器,稳步前进,远距离迁站时,仪器应装箱,扣上箱盖,防止仪器受到意外损伤。

2. 记录

(1)记录员在听到观测员读数后,要正确记入相应的栏目中,并要边记边回报数字,得到观测员的默许,方可确定,记录资料不得转抄;

(2)字体要清晰、端正,如果记录有误,不准用橡皮擦拭,应在错误数据上画斜线后再重新记录;

(3)每站高差应当场计算,检核合格后,方可通知观测员迁站。

3. 立尺

(1)立尺员必须将尺立在土质坚硬处,若用尺垫必须将尺垫踏实;

(2)水准尺必须立直,当尺上读数在1.5 m以上时,应采用"摇尺法"读数;

(3)水准仪迁站时,作为前视点的立尺员,在活动尺子时,切记不能改变转点的位置。

1.6 三角高程测量

在丘陵地区或山区,由于地面高低起伏较大,或当水准点位于较高建筑物上,用水准测量作高程控制时困难大且速度也慢,甚至无法施用,这时可考虑采用三角高程测量。根据所采用的仪器不同,三角高程测量分为光电测距三角高程测量和经纬仪三角高程测量。目前大多采用光电测距三角高程测量。

微课 三角高程测量

1.6.1 三角高程测量原理

三角高程测量是根据地面上两点之间的水平距离 D 和测得的竖直角 α 来计算两点之间的高差 h。如图2-45所示,已知 A 点高程为 H_A,现欲求 B 点高程 H_B。则在 A 点安置经纬仪,同时量测出 A 点至经纬仪横轴的高度 i,称为仪器高。在 B 点立觇标,其高度为 l,称为觇标高。

用望远镜的十字丝交点瞄准觇标顶端,测出竖直角 α,另外,若已知(或测出)A、B 两点之

间的水平距离 D_{AB}，则可求得 A、B 两点之间的高差 h_{AB} 为

$$h_{AB} = D_{AB} \cdot \tan\alpha + i - l \tag{2-20}$$

由此得到 B 点的高程为

$$H_B = H_A + h_{AB} = H_A + D_{AB} \cdot \tan\alpha + i - l \tag{2-21}$$

> **注意**
>
> 用式（2-21）计算时，当竖直角 α 为仰角时取正号，为俯角时取负号。

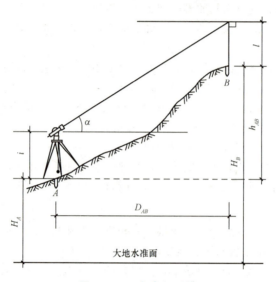

图 2-45 三角高程测量

1.6.2 三角高程测量的等级及技术要求

对于光电测距三角高程测量，一般分为两级，即四等和五等三角高程测量，它们可作为测区的首级控制。光电测距三角高程测量的主要技术要求和观测的主要技术要求应符合表 2-4 和表 2-5 的规定。对仪器和反射棱镜高度应使用仪器配置的测尺和专用测杆于测前、测后各测量一次，两次之差不得大于 2 mm。

表 2-4 光电测距三角高程测量的主要技术要求

测量等级	测回内同向观测高差之差 /mm	同向测回间高差之差 /mm	对向观测高差之差 /mm	附合或环线闭合差 /mm
四等	$\leqslant 8\sqrt{D}$	$\leqslant 10\sqrt{D}$	$\leqslant 40\sqrt{D}$	$\leqslant 20\sqrt{\sum D}$
五等	$\leqslant 8\sqrt{D}$	$\leqslant 15\sqrt{D}$	$\leqslant 60\sqrt{D}$	$\leqslant 30\sqrt{\sum D}$

注：D 为测距边长度，以 km 为单位。

表 2-5 光电测距三角高程测量观测的主要技术要求

测量等级	仪器	测距边测回数	边长 /m	垂直角测回数（中丝法）	指标差之差 /(″)	垂直角之差 /(″)
四等	DJ$_2$	往返均≥2	≤600	≥4	≤5	≤5
五等	DJ$_2$	≥2	≤600	≥2	≤10	≤10

1.6.3 地球曲率和大气折光的影响(球、气两差改正)

在三角高程测量时，一般情况下，需要考虑地球曲率和大气折光对所测高差的影响，即要进行地球曲率和大气折光的改正，简称球、气两差改正。具体内容见式(2-19)。

球、气两差在单向三角高程测量中，必须进行改正，即式(2-20)应写为

$$h_{AB} = D_{AB} \cdot \tan\alpha + i - l + f \tag{2-22}$$

对于双向三角高程测量(又称对向观测或直、反觇观测)，即先在已知高程的 A 点安置仪器，在另一 B 点立觇标，测得高差 h_{AB}(称为直觇)；然后再在 B 点安置仪器，A 点立觇标，测得高差 h_{BA}(称为反觇)，若将双向测得的高差值取平均值，则可抵消球、气两差的影响。

三角高程测量一般都采用对向观测，且宜在较短的时间内完成。

1.6.4 三角高程测量的施测方法

三角高程测量的观测与计算应按下述步骤进行：
(1)安置仪器于测站上，量出仪器高 i，觇标立于测点上，量出觇标高 l，读数至 mm。
(2)采用测回法观测竖直角 α，取平均值作为最后结果。
(3)采用对向观测，方法同前两步。
(4)应用式(2-20)和式(2-21)计算高差及高程。
以上观测与计算，均应满足表2-4和表2-5的要求。

一、填空题

1. 水准路线的布设形式有_____、_____和_____。
2. 水准仪主要由_____、_____、_____三部分组成。
3. 水准仪的操作分为四步，依次为_____；_____；_____；_____。
4. 水准测量的测站检核有两种方法，分别为_____、_____。
5. 水准测量的误差主要来源于_____、_____、_____三个方面。

二、简答题

1. 绘图叙述水准测量原理。
2. 为了保证水准测量的精度，水准仪各轴应该满足的三个几何条件是什么？
3. 水准仪检校的三个项目是什么？
4. 简述自动安平水准仪和微倾式水准仪的区别。
5. 什么是视准轴？什么是水准管轴？圆水准器和管水准器各有什么作用？
6. 什么是视差？如何检查和消除视差？
7. 水准仪由哪些主要部分构成？它们各起什么作用？
8. 什么是水准测量的高差闭合差？如何计算水准测量的容许高差闭合差？
9. A 为后视点，B 为前视点，A 点的高程为252.018 m，观测的后视读数为1.135 m，前视读数为1.536 m，问 A、B 两点之间的高差是多少？A、B 两点哪点高？B 点的高程是多少？试绘图说明。

10. 什么是水准点？什么是转点？在水准测量中转点的作用是什么？
11. 水准测量中共有哪几项检核？各有什么作用？
12. 在水准测量中，前、后视距相等可消除或减少哪些误差的影响？

三、计算题

1. 把图 2-46 中观测的数据填入表 2-6 中，完成高差、高程及检核计算。

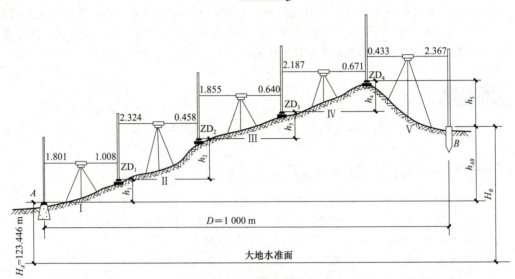

图 2-46　计算题 1 图

表 2-6　水准测量记录表

测站	测点	水准尺读数		高差 /m	高程 /m	备注
		后视读数/m	前视读数/m			
						A 点高程为已知
Σ						

2. 图 2-47 所示为某一等外附合水准路线的观测成果，已知 A 点的高程 $H_A=309.543$，B 点的高程 $H_B=306.248$，点 1、2、3 为待测水准点，各测段高差、测站数如图 2-47 所示。试列表进行成果检核计算，并求出 1、2、3 各点高程。

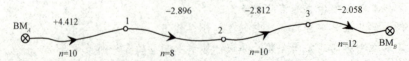

图 2-47　附合水准路线观测成果略图

表 2-7　水准测量成果整理表

测段编号	点名	距离 L(测站数 n)/(km·站$^{-1}$)	实测高差/m	改正数/m	改正后的高差/m	高程/m	备注
1	2	3	4	5	6	7	
Σ							
辅助计算							

3. 某闭合等外水准路线,其观测成果列于表 2-8 中。由已知点 BM_A 的高程计算 1、2、3 点的高程。

表 2-8　水准测量成果整理

测段编号	点名	距离 L(测站数)/(km·站$^{-1}$)	实测高差/m	改正数/m	改正后的高差/m	高程/m	备注
1	2	3	5	6	7	8	9
		4					
1	BM_A	2.2	+4.626			185.289	
	1						
2		1.8	−2.123				BM_A 已知高程点
	2						
3		1.6	−5.278				
	3						
4	BM_A	2.1	+2.870				
Σ							
辅助计算							

考核评价

考核评价表

考核评价点	评价等级与分数				学生自评	小组互评	教师评价	小计(自评30%+互评30%+教师评价40%)
	较差	一般	较好	好				
水准测量相关知识认知	4	6	8	10				
各种水准仪操作使用方法掌握	4	6	8	10				
水准测量实测方法掌握	6	9	12	15				
水准测量外业观测实施	8	12	16	20				
水准测量成果计算处理	6	9	12	15				
团结协作、规范操作	4	6	8	10				
规范记录、精准计算	4	6	8	10				
严谨细致、善于分析	4	6	8	10				
总分	100							
自我反思提升								

子模块 2　角度测量

知识目标

1. 了解经纬仪和全站仪的结构组成；
2. 理解角度观测的误差及注意事项；
3. 掌握水平角的观测方法、竖直角的观测方法。

技能目标

1. 能熟练操作经纬仪、全站仪；
2. 能熟练进行测回法和方向法观测水平角；
3. 能熟练进行竖直角观测。

素养目标

1. 养成团队合作、规范操作全站仪进行角度测量的良好习惯；
2. 养成认真细致、善于计算分析角度测量数据的优良品质；
3. 发扬科学严谨、一丝不苟的工作作风。

学习引导

角度测量是工程测量三项基本工作之一，角度测量分为水平角测量与竖直角测量，水平角测量用于确定地面点的平面位置，竖直角测量用于确定地面两点之间的高差或将倾斜距离换算成水平距离。

本模块的主要内容结构如图 2-48 所示。

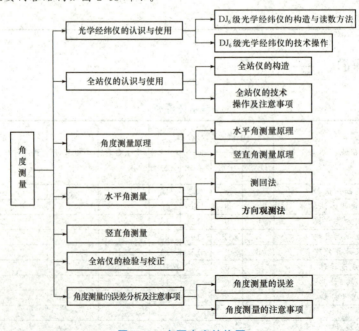

图 2-48　主要内容结构图

> **趣味阅读——经纬仪的发展史**

经纬仪是角度测量所使用的仪器。1730 年，英国机械师西森（Sisson）研制成世界第一台游标经纬仪。1923 年，德国蔡司光学仪器厂生产出全球第一台光学经纬仪，光学经纬仪比早期的游标经纬仪大大提高了测角精度，而且体积小、质量轻、操作方便。1963 年 FENNEL 厂研制出第一台编码电子经纬仪，20 世纪 80 年代，电子测角技术从编码度盘发展到光栅度盘测角和动态法测角，电子测角精度大大提高。

2.1 光学经纬仪的认识与使用

国产光学经纬仪的代号是"DJ"，"D"和"J"分别是"大地测量"和"经纬仪"的汉语拼音第一个字母。光学经纬仪按其精度分为：$DJ_{0.7}$、DJ_1、DJ_2、DJ_6、DJ_{15} 和 DJ_{20} 等几个等级，代号下标的数字是以秒为单位的精度指标，表示该仪器一测回方向的观测中误差值，数字越小，其精度越高。例如，"6"表示一测回方向的中误差为 ±6″。

> **小贴士**
>
> 经纬仪因其精度等级不同或生产厂家不同，其具体的结构可能不尽相同，但它们的基本构造是相同的。

2.1.1 DJ_6 级光学经纬仪的构造与读数方法

1. DJ_6 级光学经纬仪的构造

如图 2-49 所示为我国北京光学仪器厂生产的 DJ_6 级 TDJ_6 型光学经纬仪，它主要由照准部、水平度盘和基座三部分组成，如图 2-50 所示。

（1）照准部。照准部是指位于水平度盘上方的可转动部分，主要由望远镜、竖直度盘、读数设备、水准器和光学对中器等组成。

1）望远镜。望远镜的构造与水准仪的望远镜基本相同，主要用于照准目标，但为了照准目标，经纬仪的十字丝分划板与水准仪稍有不同。望远镜和横轴固连在一起安置在支架上，望远镜可绕横轴旋

微课 DJ_6 经纬仪的构造

动画 经纬仪外观

转，并要求望远镜视准轴垂直于横轴，当横轴水平时，望远镜绕横轴旋转的视准面是一个铅垂面。为控制望远镜的转动以便快速准确地照准目标，照准部上设有望远镜制动螺旋和微动螺旋，以及照准部制动螺旋和微动螺旋(或称为水平制动螺旋和水平微动螺旋)。

2）竖直度盘。竖直度盘固定在横轴的一端，当望远镜转动时，竖直度盘也随之转动。与竖直度盘配套的有自动归零装置。

3）读数设备。读数设备是经纬仪上负责读取观测结果的设备。

读数显微镜——即读数窗口，经纬仪通过内部棱镜的折射，把水平度盘和竖直度盘的刻度投影到读数显微镜上，以便于观测读数。读数显微镜可以旋转，用来调整读数目镜的焦距。

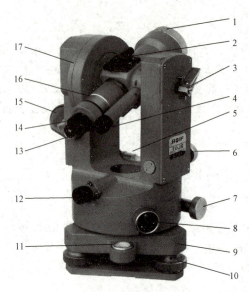
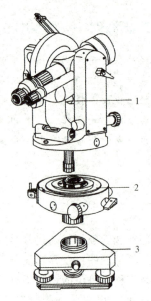

图 2-49 DJ$_6$ 级 TDJ$_6$ 型光学经纬仪的构造

1—望远镜物镜；2—照准器；3—望远镜制动螺旋；4—读数显微镜；
5—照准部水准管；6—望远镜微动螺旋；7—水平微动螺旋；
8—拨盘手轮；9—基座；10—脚螺旋；11—圆水准器；12—光学对中器；
13—自动归零装置；14—望远镜目镜及目镜对光螺旋；15—反光镜；
16—物镜对光螺旋；17—竖直度盘

图 2-50 DJ$_6$ 级 TDJ$_6$ 型光学
经纬仪的组成

1—照准部；2—水平度盘；
3—基座

反光镜——由于水平度盘和竖直度盘均在望远镜内部，打开反光镜盖并调整到合适的角度，即可为读数装置提供足够的亮度。

自动归零装置——竖直度盘补偿器的开关，竖直度盘读数时打开，其余时间关闭。

拨盘手轮——压下拨盘手轮，可调整水平度盘的读数，主要用于置盘。

4) 水准器。照准部上的管水准器，也称为水准管，是用来精确整平仪器的；圆水准器是用来粗略整平仪器的。

5) 光学对中器。光学对中器是在架设仪器时，保证水平度盘的中心与地面上待测角的顶点（通常称为测站点）位于同一铅垂线上的装置。在一些新型的测量仪器中，已采用激光对点装置。

(2) 水平度盘。水平度盘是用光学玻璃制成的圆盘，圆盘上刻有 0°～360° 的等间隔分划线，并按顺时针方向进行注记，有的还在两分划线之间加刻一短分划线。两相邻分划线之间的弧长所对的圆心角，称为度盘分划值，通常为 1°或 30′。

(3) 基座。基座是支撑仪器的底座。基座上有三个脚螺旋，转动脚螺旋可使照准部水准管气泡居中，从而使水平度盘水平。基座上还有连接板和基座孔，将基座和三脚架头用中心螺旋连接，可将仪器固定在三脚架上，在中心螺旋下有一挂钩可悬挂垂球，测角时用于仪器对中，即将水平度盘的中心安置在测站点的铅垂线上。另外，基座上还有固定螺丝，拧紧固定螺丝，经纬仪的三部分就连为一个整体。

> 提示
>
> 使用时要特别注意，切莫随意松动基座上的固定螺丝，以免仪器脱落摔坏。

光学经纬仪三部分之间的相互关系是：水平度盘旋转轴套在轴套外边，照准部旋转轴插入空心轴套之中，上紧照准部连接螺丝后，再将轴套插入基座的轴套座孔内，因此，照准部绕轴套内的竖轴旋转时，是不会带动水平度盘旋转的，只有通过拨盘手轮，才能使水平度盘转动。

2. DJ$_6$级光学经纬仪的读数方法

DJ$_6$级光学经纬仪大多采用分微尺读数设备，把度盘和分微尺的影像通过一系列透镜的放大与棱镜的折射，反映到读数显微镜内进行读数，即在读数显微镜内就能看到度盘和分微尺的影像。如图2-51所示，上面注有"水平"或"H"的窗口为水平度盘读数窗；下面注有"竖直"或"V"的窗口为竖直度盘读数窗，其中，长刻画线和大号数字为度盘刻画线及其注记，度盘分划值为1°，看到两条长线标注214和215，表示214°和215°；短刻画线和小号数字为分微尺刻画线及其注记，"0～6"的部分即分微尺。分微尺分为6大格，每大格又分为10小格，共60小格，其总长与度盘分划值相等为1°，则每小格格值为1′。读数时，以分微尺的0和6刻画线为指标线，先读出落在分微尺上的度盘刻画线读数，称为度盘读数，即"度"数。如图2-51所示的水平度盘215°的长线落在"0～6"分微尺之间，则读215°。再在分微尺上读出该度盘刻画线与指标线（0刻画线）之间的小格数，称为分微尺读数，即"分"数，并估读至0.1小格(0.1′)。如图2-51所示的水平度盘为7.5小格，其读数为7.5′，即7′30″。度盘读数加分微尺读数即为完整读数，例如图2-51所示的水平度盘读数为215°07′30″；竖直度盘读数为78°52′42″。

微课　DJ$_6$经纬仪的读数方法

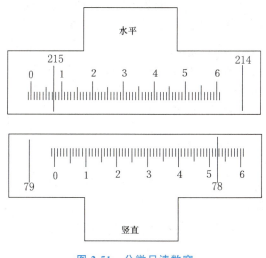

图2-51　分微尺读数窗

> **注意**
>
> DJ$_6$级光学经纬仪秒位的读数应估读为6的倍数。

2.1.2　DJ$_6$级光学经纬仪的技术操作

经纬仪的技术操作包括对中、整平、照准和读数四项。

1. 对中

对中的目的是使经纬仪水平度盘的中心（仪器的竖轴）与测站点位于同一铅垂线上，常用的对中方法有垂球对中、光学对中和激光对中等。垂球对中一般适用于地势起伏较大的坡地上，光学对中适用于光学经纬仪和等级较低的电子经纬仪与全站仪,等级高的电子经纬仪和全站仪配有激光对中装置。

动画 全站仪(经纬仪)对中整平

(1)垂球对中。垂球对中的方法是:先张开脚架,在脚架中心螺旋的小挂钩上挂好垂球,目估使脚架顶面大致水平,前后、左右平移脚架使垂球尖尽可能地对准测站点,然后分别踩实三只架腿。将仪器从箱中取出,用连接螺旋将其固定在脚架上,如果垂球尖尚未完全对准测站点,可旋松连接螺旋,在脚架顶面孔径内移动仪器直至完全对准为止,再轻轻拧紧连接螺旋。但是,若垂球尖偏离测站点较大而无法对中,则须将三脚架作平行移动。

(2)光学对中。光学对中的方法是:先张开脚架,安置在测站点上,使架头大致水平,并尽可能使架头中心位于测站点的铅垂线上,同时高度要适中,以方便观测。然后踩实脚架腿,装上仪器,注意使三个脚螺旋的高度适中(使其在中间位置最好),转动光学对中器的目镜调光螺旋,使分划板的中心圈(有的经纬仪采用十字丝)清晰,再拉出或推进对中器镜筒作物镜调焦,使测站点标志成像清晰。观察光学对中器,看测站点是否偏离分划板中心,如果偏离较多,以一个脚架腿为支点,移动另两个脚架腿使分划板中心对准测站点;如果偏离较少,稍微松开连接螺旋,在架头上移动仪器,分划板中心对准测站点后旋紧连接螺旋,至此完成对中。

(3)激光对中。激光对中的方法和光学对中方法大致相同,区别是需要打开激光对中器,照射到地面的激光点显示水平度盘的中心,操作起来相对简单。

2. 整平

整平的目的是使仪器的竖轴位于铅垂线方向上,也即使水平度盘处于水平位置。整平分为粗略整平和精确整平。粗略整平是通过伸缩两个架腿的高度,使圆水准器气泡居中;精确整平是通过调整三个脚螺旋,使水准管气泡居中。

 指点迷津

整平时,仪器的圆水准器气泡和水准管气泡在哪个方向,说明哪个方向高。

精平操作具体过程:第一步,先使水准管平行于任意两个脚螺旋①、②的连线,如图2-52(a)

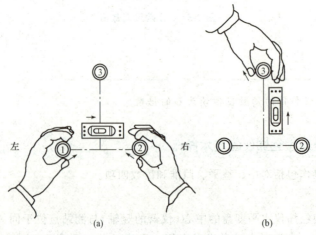

(a) (b)

图 2-52 照准部水准管整平方法

所示，两手同时以相反方向转动①、②两个脚螺旋，使水准管气泡居中；第二步，将照准部水平旋转90°，如图2-52(b)所示，用左手转动另一个脚螺旋③使水准管气泡居中。精平的两步操作要反复进行，直到照准部水平旋转至任意位置，水准管气泡均居中为止。

> **提示**

精平时，气泡移动方向与左手大拇指转动方向一致。

对中和整平是在测站点上安置经纬仪的基本工作。目前生产的光学经纬仪大多采用光学对中器，在采用光学对中器进行对中时，应与整平仪器结合进行，具体操作步骤如下：

(1) 先张开脚架，安置在测站点上，使架头大致水平，并尽可能使架头中心位于测站点的铅垂线上，同时高度要适中，以方便观测。

(2) 装上仪器，注意使三个脚螺旋的高度适中（使其在中间位置最好）。

(3) 转动光学对中器的目镜调光螺旋，使分划板的中心圈（有的经纬仪采用十字丝）清晰，再拉出或推进对中器镜筒作物镜调焦，使测站点标志成像清晰。

(4) 观察光学对中器，看测站点是否偏离分划板中心，如果偏离较多，以一个脚架腿为支点，移动另两个脚架腿使分划板中心对准测站点；如果偏离较少，稍微松开连接螺旋，在架头上移动仪器，使分划板中心对准测站点后旋紧连接螺旋。

(5) 伸缩两个三脚架腿的高度，使圆水准器气泡居中。

(6) 用三个脚螺旋精确整平水准管。

(7) 观察光学对中器，若测站点偏离分划板中心，则松开连接螺旋，在架头上移动仪器，使分划板中心对准测站点。

(8) 观察仪器是否整平，若不平，则重新整平仪器。

> **强调**

对中和整平是相互影响的，应反复进行直至对中和整平同时满足要求为止。

3. 照准

照准的目的是使要照准的目标点的影像与十字丝的交点重合。照准时，先调节望远镜目镜对光螺旋，使十字丝清晰。然后，利用望远镜上的瞄准器粗略照准目标点，拧紧望远镜制动螺旋和水平制动螺旋，进行物镜对光，使目标点影像清晰，并消除视差。最后，转动水平微动螺旋和望远镜微动螺旋，使十字丝的交点与目标点重合。

> **注意**

测量水平角时，应尽量照准目标的底部。

4. 读数

读数的目的是读出指标线所指的度盘读数。读数时，先将采光镜张开成适当的角度，调节镜面朝向光源，照亮读数窗，调节读数显微镜对光螺旋，使读数窗影像清晰，然后，按前述的读数方法读取度盘读数。

2.2 全站仪的认识与使用

2.2.1 全站仪的构造

1. 概述

电子全站仪是由光电测距仪、电子经纬仪和数据处理系统组合而成的测量仪器。其能够在一个测站上完成角度（水平角、垂直角）测量、距离（斜距、平距、高差）测量等基本测量工作，同时，还能够进行各种程序测量及数据处理工作。由于只要一次安置仪器，便可以完成在该测站上所有的测量工作，故被称为全站型电子速测仪，简称全站仪。

全站仪主要由测量、中央处理单元、输入、输出及电源等部分组成。其结构原理如图 2-53 所示。

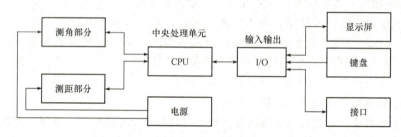

图 2-53 全站仪结构原理框图

全站仪各部分的作用如下：

(1)测角部分相当于电子经纬仪，可以测定水平角、竖直角和设置方位角。

(2)测距部分相当于光电测距仪，一般采用红外光源，测定仪器至目标点（设置反光棱镜或反光片）的斜距，并可归算为平距及高差。

(3)中央处理单元接受输入指令，分配各种观测作业，进行测量数据的运算，如多测回取平均值、观测值的各种改正、极坐标法或交会法的坐标计算，还包括运算功能更为完备的各种软件，在全站仪的数字计算机中还提供有程序存储器。

(4)输入、输出部分包括键盘、显示屏和接口。从键盘可以输入操作指令、数据和设置参数；显示屏可以显示出仪器当前的工作方式、状态、观测数据和运算结果；接口使全站仪能与磁卡、磁盘、计算机交互通信，传输数据。

(5)电源部分有可充电式电池，供给其他各部分电源，包括望远镜十字丝和显示屏的照明。

2. 全站仪的构造及辅助设备

(1)全站仪的构造。全站仪作为光电技术的最新产物、智能化的测量产品，在现代工程测量中已经得到普及。世界上许多测绘仪器厂商均生产各种型号的全站仪。各种不同品牌、型号的全站仪其外貌和结构各不相同，但功能上大同小异，具体操作方法也有一定差异。下面以南方 NTS—660 系列全站仪为例，介绍其构造、基本操作和功能。图 2-54 所示为 NTS—660 型全站仪的构造。

动画 全站仪外观

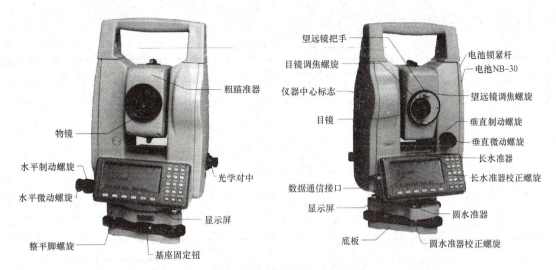

图 2-54 NTS—660 型全站仪的构造

（2）全站仪显示屏显示符号及键盘上各键的基本功能。全站仪显示屏及操作键盘如图 2-55 所示。

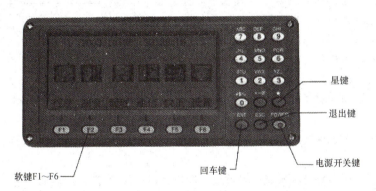

图 2-55 全站仪显示屏及操作键盘

1) 显示屏显示符号含义。显示屏上一般上面几行显示观测数据，底下显示软件功能，它随测量模式的不同而变化，见表 2-9。

表 2-9 显示屏符号含义

符号	含义	符号	含义
V	垂直角	*	电子测距正在进行
V%	百分度	m	以米为单位
HR	水平角（右角）	ft	以英尺为单位
HL	水平角（左角）	F	精测模式
HD	平距	T	跟踪模式（10 mm）
VD	高差	R	重复测量
SD	斜距	S	单次测量
N	北向坐标	N	N 次测量
E	东向坐标	ppm	大气改正值
Z	天顶方向坐标	psm	棱镜常数值

· 63 ·

2)操作建功能(表 2-10)。

表 2-10　操作键功能

按键	名称	功能
F1～F6	软键	功能参见所显示的信息
0～9	数字键	输入数字
A～/	字母键	输入字母
ESC	退出键	退回到前一个显示屏或前一个模式
★	星键	用于仪器若干常用功能的操作
ENT	回车键	数据输入结束并认可时按此键
POWER	电源键	控制电源的开/关

(3)全站仪的模式及其内容。全站仪主菜单如图 2-56 所示，主要有程序模式、测量模式、管理模式、通信模式、校正模式和设置模式，每种模式下又有相应的内容，具体内容如下：

1)程序模式：包括标准测量、设置水平方向角、导线测量、悬高测量、对边测量、角度复测、坐标放样、线高测量、偏心测量等。

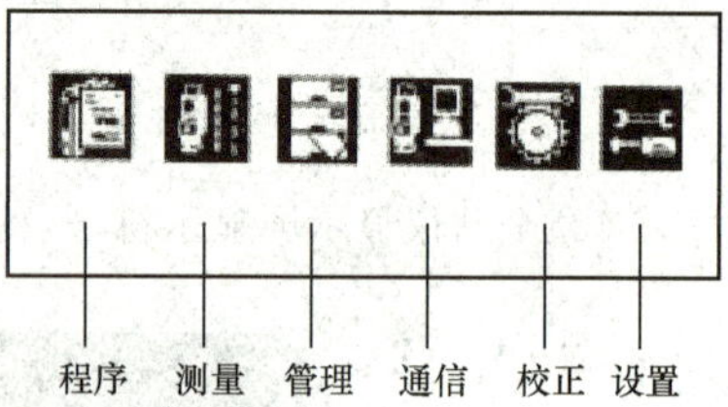

图 2-56　全站仪主菜单显示

2)测量模式：包括角度测量、距离测量、坐标测量等。

3)管理模式：即存储管理模式，包括显示存储状态、保护/删除/更名、格式化内存等。

4)通信模式：即数据通信模式，包括设置与外部仪器进行数据通信的参数，数据文件的输入、输出等。

5)校正模式：用于仪器检验与校正，包括指标差的校正、设置仪器常数、设置日期和时间、调节液晶对比度等。

6)设置模式：即参数设置模式，参数设置即使关机也会被存入存储器。

(4)全站仪的辅助设备。全站仪要完成预定的测量工作，必须借助必要的辅助设备。全站仪常用的辅助设备有三脚架、反射棱镜或反射片、垂球、管式罗盘、打印机连接电缆、温度计和气压表、数据通信电缆、阳光滤色镜、电池及充电器等。

1)三脚架。用于测站上架设仪器，其操作与经纬仪相同。

2)反射棱镜或反射片。用于测量时立于测点，供望远镜照准。其形式如图 2-57 所示。其中，图 2-57(a)所示为在三脚架上安置棱镜；图 2-57(b)所示为测杆棱镜。在工程测量中，根据测程的不同，可选用三棱镜、九棱镜等。

3)垂球。在无风天气下，垂球可用于仪器的对中，使用同经纬仪。

4)管式罗盘。供望远镜照准磁北方向，使用时，将其插入仪器提柄上的管式罗盘插口即可，松开指针的制动螺旋，旋转全站仪照准部，使罗盘指针平分指标线，此时望远镜指向磁北方向。

5)打印机连接电缆。用于连接仪器和打印机，可直接打印输出仪器内数据。

6)温度计和气压表。提供工作现场的温度和气压，用于仪器参数设置。

7)数据通信电缆。用于连接仪器和计算机进行数据通信。

8)阳光滤色镜。对着太阳进行观测时，为了避免阳光造成对观测者视力的伤害和仪器的损坏，可将翻转式阳光滤色镜安装在望远镜的物镜上。

9)电池及充电器。为仪器提供电源。

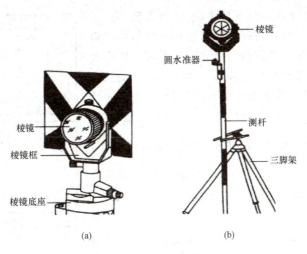

图 2-57 反射棱镜
(a)在三脚架上安置棱镜；(b)测杆棱镜

2.2.2 全站仪的技术操作及注意事项

1. 技术操作

全站仪的技术操作和经纬仪的技术操作方式一致，也包括对中、整平、照准、读数四项，其中对中、整平、照准和经纬仪的操作方法一致，读数则更简单，直接读取显示屏的数字内容即可，具体的测量工作选择进入不同的菜单开始。

微课 全站仪的技术操作　　操作视频 全站仪技术操作

(1)全站仪角度测量中的菜单操作。

1)选择水平角显示方式。水平角显示具有左角(逆时针角)和右角(顺时针角)两种形式可供选择，使全站仪在测量模式——角度测量模式下的屏幕显示出 R/L 功能键。若水平角以"HR"形式显示，如图 2-58 所示，说明此时水平角是以右角(顺时针角)显示的。按下 R/L ，水平角显示由【HR】形式转换成【HL】形式，说明此时水平角是以左角(逆时针角)显示的。若再按下 R/L ，则显示方式又转换成右角(顺时针角)形式。通常习惯选择右角模式。

2)水平角左角和右角的关系。水平角左角和右角的关系为
$$HL = 360° - HR$$

(2)水平度盘读数设置。

1)水平方向置零。测定两条直线间的夹角，可将其中任一点作为起始方向，并将望远镜照准该方向时水平度盘的读数设置为 0°00′00″，简称水平方向置零。设置方法如下：

使全站仪在测量模式-角度测量模式下的屏幕显示出 置零 功能键，照准目标点，按 置零 键，屏幕上显示水平角读数 0°00′00″，然后按设置键进行设置，则水平度盘的读数便被设置为 0°00′00″，如图 2-59 所示。

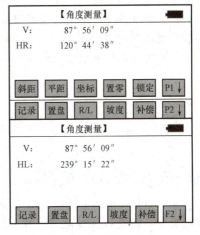

图 2-58 水平角显示

2)方位角设置(水平度盘读数的设置)。当在已知点上设站,照准另一已知点时,则该方向的坐标方位角是已知量,此时可设置水平度盘的读数为已知方位角值,称为水平度盘定向。此后,照准其他方向时,水平度盘显示的读数即为该方向的方位角值。设置方法如下:全站仪照准已知目标后,使全站仪在测量模式下的屏幕显示出 置盘 功能键(可通过按【P1】键翻页查找)。按 置盘 键后,显示屏提示:"HR"。然后,通过键盘的数字键和小数点键输入已知方位角值,输入完成后按回车键。此时,显示屏显示输入的已知值。

2. 注意事项

(1)日光下测量应避免将物镜直接对准太阳。建议使用太阳滤光镜以减弱这一影响。

(2)避免在高温和低温下存放仪器,也应避免温度骤变(使用时气温变化除外)。

(3)不使用仪器时,应将其装入箱内,置于干燥处,并注意防震、防尘和防潮。

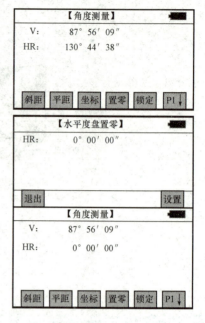

图 2-59 水平方向置零

(4)若仪器工作处的温度与存放处的温度差异太大,应先将仪器留在箱内,直至适应环境温度后再使用。

(5)若仪器长期不使用,应将电池卸下分开存放。并且电池应每月充电一次。

(6)运输仪器时应将其装于箱内进行,运输过程中要小心,避免挤压、碰撞和剧烈震动。长途运输最好在箱子周围使用软垫。

(7)架设仪器时,尽可能使用木脚架。因为使用金属脚架可能会引起震动影响测量精度。

(8)外露光学器件需要清洁时,应用脱脂棉或镜头纸轻轻擦净,切不可用其他物品擦拭。

(9)仪器使用完毕后,应用绒布或毛刷清除仪器表面灰尘。仪器被雨水淋湿后,切勿通电开机,应用干净软布擦干并在通风处放一段时间。

(10)作业前应仔细全面检查仪器,确定仪器各项指标、功能、电源、初始设置和改正参数均符合要求时再进行作业。

(11)若发现仪器功能异常,非专业维修人员不可擅自拆开仪器,以免发生不必要的损坏。

2.3 角度测量原理

2.3.1 水平角测量原理

水平角是指地面上从一点出发的两条直线在水平面上的投影所形成的夹角,通常以 β 表示。如图 2-60 所示,A、O、B 为地面上的三点,O 为测站点,A、B 为两个目标点,OA、OB 两条方向线在水平面上的投影 O_1A_1、O_1B_1 的夹角 β 就是 OA、OB 两直线所组成的水平角。换而言之,水平角 β 就是过 OA、OB 方向的两个竖直平面所夹的二面角。

微课 水平角测量原理

> **注意**
>
> 水平角的取值范围是 $0°\sim 360°$。

为了测定水平角,需安置一个带有刻度的水平圆盘。如图 2-60 所示,圆盘上有 $0°\sim 360°$ 的刻线,圆盘的中心位于角顶点 O 的铅垂线上,并在圆盘的中心位置上安置一个既能水平转动,又能在竖直面内做仰俯运动的照准设备,使之能在通过 OA、OB 的竖直平面内照准目标,并在水平度盘上读得照准目标时的相应读数 a、b,则两读数之差即水平角 β:

$$\beta = b - a (当 b > a 时)$$

或

$$\beta = b - a + 360° (当 b < a 时)$$

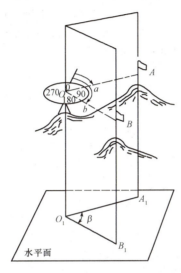

图 2-60　水平角测量原理

2.3.2　竖直角测量原理

竖直角是指在同一竖直平面内倾斜视线与水平线之间的夹角,通常以 α 表示。当倾斜视线在水平线的上方时,称为仰角,其值为正,如图 2-61 中的 α_A;当倾斜视线在水平线的下方时,称为俯角,其值为负,如图 2-61 中的 α_B。

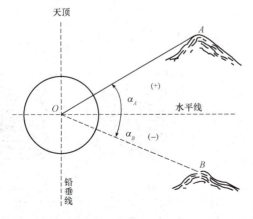

图 2-61　竖直角测量原理

微课　竖直角测量原理

> **注意**
>
> 竖直角的取值范围是 $-90°\sim+90°$。

为了测定竖直角，需在 O 点设置一个带有刻度的竖直圆盘（称为竖直度盘），视线方向与水平方向在竖直度盘上的读数之差，即所求的竖直角。

2.4　水平角测量

水平角的观测方法有多种，一般根据测角精度、所使用的仪器及观测方向的数目而定。工程上最常用的是测回法和方向观测法（也称全圆测回法）。在水平角观测中，为发现错误并提高测角精度，一般要用盘左和盘右两个位置进行观测。

> **知识宝典**
>
> 当观测者面对望远镜目镜时竖直度盘位于望远镜的左侧，称为盘左位置，又称为正镜；当观测者面对望远镜目镜时竖直度盘位于望远镜的右侧，称为盘右位置，又称为倒镜。

2.4.1　测回法

测回法是水平角观测的基本方法，适用于两个方向之间水平角的观测。

如图 2-62(a)所示，设 O 点为测站点（待测水平角的顶点），A、B 为观测目标点，用测回法观测 OA、OB 所成水平角的步骤如下。

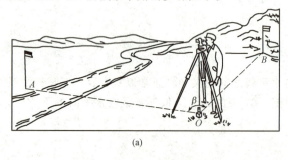
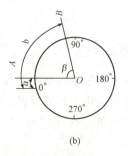

微课　测回法观测水平角

图 2-62　测回法

1. 安置仪器

在测站点 O 上安置全站仪，进行对中、整平。同时，在 A、B 点分别设置观测标志，一般是竖立棱镜、花杆、测钎或觇标。

2. 盘左观测

全站仪开机选择测量——角度测量模式，设置水平角顺时针显示方式，如图 2-62(b)所示。

使仪器处于盘左状态，先照准待测角左方目标点 A，置零操作，然后读取水平度盘读数，记为 $a_左$（如 $0°00'00''$），并记入测回法观测记录表（表 2-11）

操作视频　测回法观测水平角　　动画　测回法观测水平角

中，然后，松开照准部制动螺旋，顺时针转动照准部照准右方目标点 B，读取水平度盘读数，记为 $b_{左}$（如 $60°50'34''$），并记入表 2-11 中。以上观测称为盘左半测回观测，又称为上半测回观测，其观测角值按下式计算：

$$\beta_{左}=b_{左}-a_{左} \tag{2-23}$$

3. 盘右观测

纵转望远镜，使仪器处于盘右状态，先照准右方目标点 B，读取水平度盘读数，记为 $b_{右}$（如 $240°50'31''$），并记入表 2-11 中，然后，松开照准部制动螺旋，逆时针转动照准部照准左方目标点 A，读取水平度盘读数，记为 $a_{右}$（如 $180°00'07''$），并记入表 2-11 中。以上观测称为盘右半测回观测，又称为下半测回观测，其观测角值按下式计算：

$$\beta_{右}=b_{右}-a_{右} \tag{2-24}$$

> **注意**
>
> 在应用式(2-23)和式(2-24)时，若计算出的 $\beta_{左}$ 或 $\beta_{右}$ 为负值，则应在结果加上 $360°$。

表 2-11　测回法观测记录表

测站	盘位	目标	水平度盘读数 /(° ′ ″)	半测回角值 /(° ′ ″)	一测回角值 /(° ′ ″)	备注
O	左	A	0 00 00	60 50 34	60 50 29	$\Delta\beta=|\beta_{左}-\beta_{右}|=10''<18''$
		B	60 50 34			
	右	A	180 00 07	60 50 24		
		B	240 50 31			

4. 取平均值，求水平角

盘左、盘右两个半测回合称为一个测回。在测量中，通常要求两个半测回观测角值之差，即 $\Delta\beta=|\beta_{左}-\beta_{右}|$，不得超过规定的限值，对于精度不同的仪器和不同等级的观测限值不同。本例按二级导线 $2''$ 级全站仪的限差为 $18''$，即要求 $\Delta\beta\leqslant18''$，否则应重测。在满足要求的情况下，可取两个半测回角值的平均值作为一个测回的角值，即

$$\beta=\frac{\beta_{左}+\beta_{右}}{2} \tag{2-25}$$

> **注意**
>
> 一个测回的测角观测程序应是先盘左再盘右。
>
> 当测角精度要求较高时，需要对一个角进行多个测回的观测，各个测回之间观测角值之差也应满足一定的限差要求。

> **知识宝典**
>
> 为了减小水平度盘分划不均匀的误差影响，应在各测回之间进行水平度盘的配置，即当观测 n 个测回时，将度盘位置依次变换为 $\dfrac{180°}{n}$，设置度盘起始读数。例如，若观测三个测回，$180°/3=60°$，即第一测回盘左照准左方目标点时，将水平度盘读数配置为 $0°00'00''$；第二测回盘左照准左方目标点时，将水平度盘读数配置为 $60°00'00''$；第三测回盘左照准左方目标点时，将水平度盘读数配置为 $120°00'00''$。

2.4.2 方向观测法

方向观测法通常适用于一个测站上两个以上方向之间水平角的观测。如图2-63所示，O为测站点，A、B、C、D为目标点，观测各方向之间的水平角。

微课　方向法观测水平角

动画　方向法观测水平角

1. 方向观测法的观测步骤

（1）安置仪器。在测站点O上安置全站仪，进行对中、整平。

（2）盘左观测。使仪器处于盘左状态，先照准起始方向（或称零方向）A，将水平度盘配置为$0°00'00''$，读数，并记入方向观测法观测记录表（表2-12）中。然后按顺时针方向旋转照准部，依次照准目标点B、C、D，分别读取水平度盘读数（如$60°18'42''$、$116°40'20''$、$185°17'33''$），并记入表2-12中；继续顺时针转动望远镜，再次照准零方向A，并读取水平度盘的读数（如$0°00'09''$），记入表2-12中，再次照准A称为归零（注意：三个方向时不用归零）。此次零方向的水平度盘读数与开始照准零方向的水平度盘读数之差称为归零差，归零差不能超过限差要求（对于精度不同的仪器和不同等级的观测限差值不同，本例按二级导线2″级全站仪限差要求为12″）。以上观测称为盘左半测回观测，又称为上半测回观测。

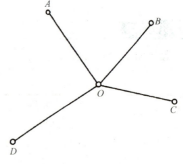

图2-63　方向观测法

（3）盘右观测。纵转望远镜使仪器处于盘右状态，按逆时针方向依次照准目标A、D、C、B、A，分别读取水平度盘读数，记入表2-12中，并计算归零差，归零差也不能超过限差要求，以上观测称为盘右半测回观测，又称为下半测回观测。盘左、盘右半测回合称一个测回。

表2-12　方向观测法观测记录表

测站点	测回数	目标点	水平度盘读数		2C (″)	平均读数 /(° ′ ″)	归零方向值 /(° ′ ″)	各测回平均归零方向值 /(° ′ ″)	水平角值 /(° ′ ″)
			盘左 /(° ′ ″)	盘右 /(° ′ ″)					
1	2	3	4	5	6	7	8	9	10
O	1	A	00 00 00	180 00 02	−2	(00 00 07) 00 00 01	00 00 00	00 00 00	
		B	60 18 42	240 18 32	+10	60 18 31	60 18 28	60 18 28	60 18 28
		C	116 40 20	296 40 15	+5	116 40 18	116 40 11	116 40 15	56 21 47
		D	185 15 03	05 15 01	+2	185 15 02	185 14 55	185 15 00	68 34 45
		A	00 00 09	180 00 17	−8	00 00 13			
	2	A	90 00 00	270 00 06	−6	(90 00 09) 90 00 03	00 00 00		
		B	150 18 36	330 18 30	+6	150 18 33	60 18 24		
		C	206 40 34	26 40 22	+8	206 40 28	116 40 19		
		D	275 15 13	95 15 13	0	275 15 13	185 15 04		
		A	90 00 11	270 00 17	−6	90 00 14			

> **小贴士**
>
> 为了提高测量精度,方向观测法需要进行多个测回,各测回的观测方法相同,同测回法一样,各测回需要配置水平度盘。

2. 方向观测法的计算步骤

观测完成后,需进行角值计算,以下结合表2-12说明方向观测法的计算步骤。

(1)计算两倍照准误差2C值。

$$2C=盘左读数-(盘右读数\pm180°) \tag{2-26}$$

式(2-26)中,盘左读数大于180°时取"+"号,盘左读数小于180°时取"-"号。按各方向计算出2C值后,填入表2-12中的第6栏。在同一测回中各方向2C误差(也就是盘左、盘右两次照准误差)的差值,即2C互差不能超过限差要求(本例按二级导线2″级全站仪限差要求为18″)。

(2)计算各目标的方向值的平均读数。照准某一目标时,水平度盘的读数称为该目标的方向值。

$$方向值的平均读数=[盘左读数+(盘右读数\pm180°)]/2 \tag{2-27}$$

式(2-27)中加减号的取法同上,计算结果填入表2-12中的第7栏。

> **强调**
>
> 起始方向有两个平均值,应将这两个平均值再次平均,所得值作为起始方向的方向值的平均读数,填入表2-12中第7栏的上方,并括以括号,如本例中的0°00′07″和90°00′09″。

(3)计算归零后的方向值(又称归零方向值)。将起始方向的方向值作为0°00′00″,此时其他各目标对应的方向值称为归零方向值。计算方法可将各目标方向值的平均读数减去起始方向的方向值的平均读数(即括号内的数),即得各方向的归零方向值,填入表2-12中的第8栏。

(4)计算各测回归零方向值的平均值。当测回数为两个或两个以上时,从理论上讲,不同测回的同一方向归零后的方向值应相等,但由于误差的原因导致各测回之间有一定的差数,该差数要求必须在限差之内(本例按二级导线2″级全站仪限差要求为12″),可取其平均值作为该方向的最后方向值,填入表2-12中的第9栏。

(5)计算各目标间的水平角值。在表2-12中的第9栏中,显然,后一目标的平均归零方向值减去前一目标的归零方向值,即为两目标之间的水平角值,填入表2-12中的第10栏。

2.5 竖直角测量

1. 竖直角计算方法

根据竖直角的定义可知,竖直角的大小可由倾斜视线的竖盘读数与水平视线的竖盘读数相减求得(全站仪当视线水平时,竖盘读数是固定的,通常为盘左90°、盘右270°),全站仪的竖盘注记形式为顺时针。竖直角按式(2-28)和式(2-29)计算,即

$$\alpha_{左}=90°-L \tag{2-28}$$

$$\alpha_{右}=R-270° \tag{2-29}$$

式中 L——盘左状态照准目标点所对应的竖盘读数;

R——盘右状态照准目标点所对应的竖盘读数。

微课 竖直角观测

强调

按式(2-28)、式(2-29)计算竖直角时,如计算结果为正值,说明所测竖直角为仰角;若计算结果为负值,则为俯角。

2. 竖盘指标差

上述竖直角的计算公式是认为竖盘指标处在正确位置时得出的,是一种理想的情况,即当视线水平时,竖盘读数为90°或270°。但实际上这种情况往往是无法实现的,竖盘指标差是由于固定指示光栅安装不正确引起的,是指当视准轴水平时,竖直度盘读数不为90°或270°而是与90°或270°这个整数相差一个 x 角,此 x 角称为竖盘指标差。若竖盘指标的偏移方向与竖盘注记增加方向一致,x 为正值;反之,x 为负值。

由于竖盘指标差的存在,则计算竖直角的式(2-28)和式(2-29)应改写为

$$\alpha_{左}=90°-L+x \tag{2-30}$$

$$\alpha_{右}=R-270°-x \tag{2-31}$$

 强调

从式(2-30)、式(2-31)可以看出,在计算竖直角时,若取盘左、盘右测得的竖直角的平均值,则可以自动消除竖盘指标差的影响。因此,在竖直角观测时,一般取盘左、盘右测得的竖直角的平均值作为最后结果。

$$\alpha=\frac{\alpha_{左}+\alpha_{右}}{2} \tag{2-32}$$

若在式(2-30)和式(2-31)中,令 $\alpha_{左}=\alpha_{右}$,即可得竖盘指标差的计算公式:

$$x=\frac{L+R-360°}{2} \tag{2-33}$$

3. 竖直角的观测

由于望远镜视准轴水平时的竖盘读数为已知常数(90°或270°),故竖直角观测不必观测视线水平方向,只需观测目标点,并读得该倾斜视线方向的竖盘读数,即可按前述公式求得竖直角。因此,竖直角的观测步骤如下:

(1)安置仪器。将全站仪安置在测站点上,对中、整平。

(2)盘左观测。盘左精确照准目标,使十字丝的中丝与目标相切,读取竖盘读数 L(如73°44′12″),并记入表2-13中,称为盘左半测回观测,又称为上半测回观测。

(3)盘右观测。盘右精确照准目标,使十字丝的中丝与目标相切,读取竖盘读数 R(如286°16′12″),并记入表2-13中,称为盘右半测回观测,又称为下半测回观测。至此,一测回观测结束。

(4)计算竖直角。将 L、R 代入相应公式,取盘左、盘右观测的平均值便可计算出竖直角。

注意

竖盘指标差属于仪器本身的误差,一般情况下,竖盘指标差的变化很小,可视为定值,如果观测各目标时计算的竖盘指标差变动较大,说明观测质量较差。通常规定2″级全站仪竖盘指标差的变动范围应不超过±15″。

表 2-13 竖直角观测记录表

测站点	目标点	盘位	竖盘读数/(° ′ ″)	半测回竖直角/(° ′ ″)	指标差/(″)	一测回竖直角/(° ′ ″)	备注
O	A	左	73 44 12	+16 15 48	+12″	+16 16 00	竖盘为顺时针注记
		右	286 16 12	+16 16 12			
	B	左	114 03 42	−24 03 42	+18″	−24 03 24	
		右	245 56 54	−24 03 06			

2.6 全站仪的检验与校正

由于仪器经过长期使用或长途运输及外界环境影响等,其内部结构会受到一些影响。因此,新购买本仪器及到测区后在作业之前均应对仪器进行各项检验与校正,以确保作业成果精度。

1. 管水准器的检验与校正

(1)检验。

1)将全站仪安置好,粗略整平。

2)松开水平制动螺旋、转动照准部,使管水准器平行于任意一对脚螺旋 A、B 的连线,再旋转脚螺旋 A、B,使管水准器气泡居中,如图 2-64 所示。

3)将仪器绕竖轴旋转 180°,若管水准器气泡居中,说明满足条件,不需要校正,若管水准器气泡不居中,气泡偏移超出了允许范围则需要校正。

(2)校正。

1)先用与管水准器平行的脚螺旋进行调整,使气泡向中心移近一半的偏离量,如图 2-64 所示。剩余的一半用校正针转动水准器校正螺丝(在水准器右边)进行调整至气泡居中。

2)将仪器旋转 180°,检查气泡是否居中。如果气泡仍不居中,重复上述步骤,直至气泡居中。

(3)重复检验与校正步骤,直至照准部转至任何位置气泡均居中为止。

2. 圆水准器的检验与校正

(1)检验。管水准器检校正确后,若圆水准器气泡也居中就不必校正。

(2)校正。若气泡不居中,用校正针或内六角扳手调整气泡下方的校正螺丝使气泡居中,如图 2-65 所示。校正时,应先松开气泡偏移方向对面的校正螺丝(1或2个),然后拧紧偏移方向

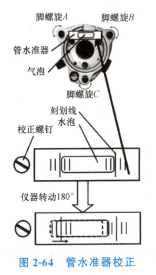

图 2-64 管水准器校正

图 2-65 圆水准器校正

的其余校正螺丝使气泡居中。气泡居中时，三个校正螺丝的紧固力均应一致。

3. 望远镜分划板的检验与校正

(1)检验。

1)整平仪器后在望远镜视线上选定一目标点 A，用分划板十字丝中心照准 A 并固定水平和垂直制动螺旋。

2)转动望远镜垂直微动螺旋，使 A 点移动至视场的边沿(A'点)。

3)若 A 点是沿十字丝的竖丝移动，即 A' 点仍在竖丝之内的，则十字丝不倾斜不必校正。如图 2-66(a)所示，A' 点偏离竖丝中心，则十字丝倾斜，需对分划板进行校正。

(2)校正。

1)首先取下位于望远镜目镜与调焦螺旋之间的分划板座护盖，便看见 4 个分划板座固定螺丝，如图 2-66(b)所示。

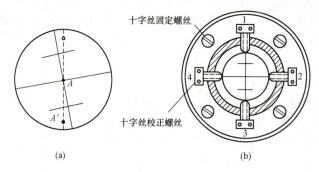

图 2-66　望远镜分划板的检验与校正

2)用螺丝刀均匀地旋松该 4 个固定螺丝，绕视准轴旋转分划板座，使 A' 点落在竖丝的位置上。

3)均匀地旋紧固定螺丝，再用上述方法检验校正结果。

4)将护盖安装回原位。

4. 视准轴与横轴的垂直度(2C)的检验与校正

(1)检验。

1)距离仪器同高的远处设置目标 A，精确整平仪器并打开电源。

2)在盘左位置将望远镜照准目标 A，读取水平角(如水平角 $L=10°13'10''$)。

3)松开垂直及水平制动螺旋纵转望远镜，旋转照准部盘右照准同一 A 点(照准前应旋紧水平及垂直制动螺旋)读取水平角(如水平角 $R=190°13'40''$)。

4)$2C=L-(R\pm180°)=-30''\geqslant\pm20''$，需校正。

(2)校正。

1)用水平微动螺旋将水平角读数调整到消除 C 后的正确读数：
$$R+C=190°13'40''-15''=190°13'25''$$

2)取下位于望远镜目镜与调焦螺旋之间的分划板座护盖，调整分划板上水平左右两个十字丝校正螺丝，先松一侧后紧另一侧的螺丝，移动分划板使十字丝中心照准目标 A。

3)重复检验步骤，校正至 $|2C|<20''$ 符合要求为止。

4)将护盖安装回原位。

5. 竖盘指标零点自动补偿的检验

(1)安置和整平仪器后，使望远镜的指向和仪器中心与任一脚螺旋 X 的连线相一致，旋紧水平制动螺旋。

(2)开机后指示竖盘指标归零,旋紧垂直制动螺旋,仪器显示当前望远镜指向的竖直角值。

(3)朝一个方向慢慢转动脚螺旋 X 至 10 mm 圆周距左右时,显示的竖直角由相应随着变化到消失出现"b"信息,表示仪器竖轴倾斜已大于 $3'$,超出竖盘补偿器的设计范围。当反向旋转脚螺旋复原时,仪器又复现竖直角,在临界位置可反复试验观其变化,表示竖盘补偿器工作正常。

当发现仪器补偿失灵或异常时,应送厂检修。

6. 竖盘指标差(i 角)和竖盘指标零点设置的检验与校正

(1)检验。

1)安置整平仪器后开机,盘左状态将望远镜照准任一清晰目标 A,得竖直角盘左读数 L。

2)盘右状态转动望远镜再照准 A,得竖直角盘右读数 R。

3)若竖直角天顶为 $0°$,则 $i=(L+R-360°)/2$,若竖直角水平为 $0°$,则 $i=(L+R-180°)/2$ 或 $(L+T-540°)/2$。

4)若 $|i| \geqslant 10''$ 则需对竖盘指标零点重新设置。

(2)校正。进入校正菜单进行操作,见表 2-14。

1)整平仪器后进入仪器常数设置,选择垂直角零基准设置(或指标差设置)。

2)选择垂直角零基准校正(或指标差设置),转动仪器盘左精确照准与仪器同高的远处任一清晰稳定目标 A,按"是"键。

3)再旋转望远镜,盘右精确照准同一目标 A,按"是"键,设置完成,仪器返回测角模式。

4)重复检验步骤重新测定指标差(i 角)。若指标差仍不符合要求,则应检查校正(指标零点设置)的三个步骤的操作是否有误,目标照准是否准确等,按要求再重新进行设置。

5)经反复操作仍不符合要求时,检查补偿器补偿是否超限或补偿失灵或异常等,应送厂检修。

表 2-14 校正菜单

操作步骤	按键	显示
①整平仪器后,按住 POWER 键开机,按【F5】(校正)进入仪器校正菜单	POWER +【F5】	【校正】 F1 指标差 F2 仪器常数 F3 日期时间 F4 液晶对比度
②选择【F1】(指标差),屏幕显示如右图所示	【F1】	【垂直角零基准校正】 <第一步> 正镜 盘左 V: 9 242' 19″ 是 否
③在正镜(盘左)位置精确照准目标,按【F5】(是)键	【F5】	【垂直角零基准校正】 <第二步> 倒镜 盘右 V: 26 718' 19″ 是 否

续表

操作步骤	按键	显示
④旋转望远镜,在倒镜(盘右)位置精确照准同一目标,按【F5】(是)键。设置完成,屏幕显示如右图所示,几秒钟后自动返回校正菜单	【F5】	【垂直角零基准校正】 设置! V: 26 718′09″

7. 光学对中器检验与校正

(1)检验。

1)将仪器安置在三脚架上,在一张白纸上画一个十字交叉并放在仪器正下方的地面上。

2)调整好光学对中器的焦距后,移动白纸使十字交叉位于视场中心。

3)转动脚螺旋,使对中器的中心标志与十字交叉点重合。

4)旋转照准部,每转90°,观察对中点的中心标志与十字交叉点的重合度。

5)如果照准部旋转时,光学对中器的中心标志一直与十字交叉点重合,则不必校正。否则需按下述方法进行校正。

(2)校正。

1)将光学对中器目镜与调焦螺旋之间的改正螺丝护盖取下。

2)固定好十字交叉白纸并在纸上标记出仪器每旋转90°时对中器中心标志落点,如图2-67所示的 A、B、C、D 点。

3)用直线连接对角点 AC 和 BD,两直线交点为 O。

4)用校正针调整对中器的4个校正螺丝,使对中器的中心标志与 O 点重合。

5)重复检验步骤,检查校正至符合要求,将护盖安装回原位。

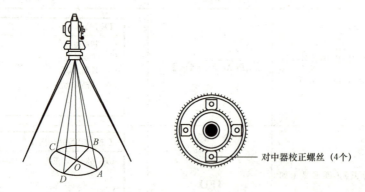

图2-67 光学对中器的检验与校正

8. 横轴误差的检验与校正一

(1)检验。

1)安置并精确整平好仪器,盘左精确照准距仪器约50 cm处一目标 A。

2)垂直转动望远镜 $i(10°<i<45°)$,精确照准另一目标 B。

3)转动仪器,盘右精确照准同一目标 A,同样垂直转动望远镜 i,检查十字丝距 B 的距离 D,$D \leqslant 15″$。如 $D > 15″$ 则需要进行校正。

(2)校正。
1)用螺丝旋具调整望远镜下方三颗校正螺丝。
2)重复检验步骤,检查并调整校正螺丝,至 $D \leqslant 15''$。

2.7 角度测量的误差分析及注意事项

在角度测量中,仪器误差和各作业环节中产生的误差会对角度观测的精度产生影响,为了获得符合要求的角度测量成果,必须分析这些误差的影响,采取相应的措施,将其消除或控制在容许范围之内。

2.7.1 角度测量的误差

与水准测量类似,角度测量误差也来自仪器误差、观测误差和外界条件影响三个方面。

1. 仪器误差

仪器误差体现在以下两个方面:

(1)仪器制造、加工不完善所引起的误差。主要包括视准轴误差、横轴误差、竖轴误差、照准部偏心差和度盘刻画误差等。

1)视准轴误差是视准轴与横轴不垂直,存在 C 角误差,这种误差可采取盘左、盘右取平均值的方法来消除。

2)横轴误差是横轴与竖轴不垂直,这种误差也可采取盘左、盘右取平均值的方法来消除。

3)竖轴误差是竖轴不平行垂线而形成的误差,这种误差不能采取盘左、盘右取平均值的方法来消除,只能严格整平仪器,特别在测回之间发现水准气泡偏离一定的限差,必须重新整平仪器,以便削弱竖轴误差的影响。

4)照准部偏心差是指照准部旋转中心与水平度盘中心不重合,导致指标在刻度盘上读数时产生误差,这种误差可采取盘左、盘右取平均值的方法来消除。

(2)仪器检校不完善的残余误差。经纬仪和全站仪各部件(轴线)之间,如果不满足应有的几何条件,就会产生仪器误差,即使经过严格的校正,也难免存在残余误差。例如,视准轴不垂直于横轴、横轴不垂直于竖轴的残余误差对水平角观测的影响,以及竖盘指标差的残余误差对竖直角观测的影响等,均可采用盘左、盘右观测,然后取平均值的方法来消除;十字丝竖丝不垂直于横轴的误差影响,可采用十字丝交点照准目标的观测方法予以消除;对于照准部水准管轴不垂直于竖轴的误差影响,无法用观测方法消除,可在观测前进行严格的校正,来尽量减弱其对观测的影响。

2. 观测误差

观测误差是指观测者在观测操作过程中产生的误差。其主要包括对中误差、整平误差、标杆倾斜误差、照准误差和读数误差等。

(1)对中误差。在测站点上安置全站仪后,仪器的中心未位于测站点铅垂线上的误差,称为对中误差。

> **小贴士**
>
> 对中误差对水平角观测的影响与待测水平角边长成反比,所以,当要测水平角的边长较短时,尤应注意仔细对中。

(2)整平误差。仪器安置未严格水平而产生的误差。整平误差导致水平度盘不能严格水平,竖盘及视准面不能严格竖直。它对测角的影响与目标的高度有关,若目标与仪器同高,其影响很小;若目标与仪器高度不同,其影响将随高差的增大而增大。

> **小贴士**
>
> 在丘陵、山区观测时,必须精确整平仪器。

(3)标杆倾斜误差(或称目标偏心误差)。标杆倾斜误差是指在观测中,实际瞄准的目标位置偏离地面标志点而产生的误差。如图 2-68 所示,O 为测站点,A 为目标点(地面标志点),边长为 d,在目标点 A 处竖立标杆作为照准标志。若标杆倾斜,测角时未能照准标杆底部 A 而照准了 B 点,设 B 点至标杆底端 A 的长度为 l,则照准点偏离目标而引起目标偏心差:

$$e = l \cdot \sin\alpha$$

它对观测方向的影响为

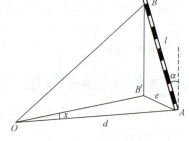

图 2-68 标杆倾斜误差

$$x = \frac{e}{d} = \frac{l \cdot \sin\alpha}{d} \tag{2-34}$$

由式(2-34)可知:x 与 l 成正比,与边长 d 成反比。所以,为了减小该项误差对水平角观测影响,应尽量照准标杆的根部,标杆应尽量竖直,边长较短时,宜采用垂球对点,照准时以垂球线替代标杆。

标杆倾斜误差对竖直角观测的影响与标杆倾斜的角度、方向、距离及竖直角大小等因素有关。由于竖直角观测时通常均照准标杆顶部,当标杆倾斜角大时,其影响不容忽略,故在观测竖直角时应特别注意竖直标杆。

(4)照准误差。影响照准精度的因素很多,如人眼的分辨角,望远镜的放大率,十字丝的粗细,目标的形状及大小,目标影像的亮度、清晰度、稳定性和大气条件等。所以,尽管观测者已经尽力照准目标,但仍不可避免地存在程度不同的照准误差。此项误差无法消除,只能选择适宜的照准目标,在其形状、大小、颜色和亮度的选择上多下功夫,改进照准方法,仔细完成照准操作。这样,方可减小此项误差的影响。

3. 外界条件影响

外界条件的影响很多,也比较复杂。如大风会影响仪器和标杆的稳定,温度变化会影响仪器的正常状态,大气折光会导致光线改变方向,地面辐射又会加剧大气折光的影响,雾气使目标成像模糊,烈日暴晒会使仪器轴系关系发生变化,地面土质松软会影响仪器的稳定等,都会给测量带来误差。要想完全避免这些因素的影响是不可能的,为了削弱此类误差的影响,应选择有利的观测环境和观测时机,避开不利因素。例如,选择雨后多云的微风天气下观测最为适宜,在晴天观测时,要撑伞遮住阳光,防止仪器被暴晒。

2.7.2 角度测量的注意事项

鉴于以上分析,为了保证测角的精度,满足测量要求,观测时必须注意以下事项。

(1)观测前应先检验仪器,发现仪器有误差应立即进行校正,并在观测中采用盘左、盘右取平均值和用十字丝中心照准等方法,消除或减小仪器误差对观测结果的影响。

(2)安置仪器要稳定,脚架应踩牢,对中整平应仔细,短边时应特别注意对中,在地形起伏较大的地区观测时，应严格整平。

(3)目标处的标杆应竖直，并根据目标的远近选择不同粗细的标杆。

(4)观测时应严格遵守各项操作规定。

(5)水平角观测时，应以十字丝交点照准目标根部。竖直角观测时，应以十字丝交点照准目标顶部。

(6)读数应准确，观测时应及时记录和计算。

(7)各项误差值应在规定的限差以内，超限必须重测。

拓展阅读

拓普康 GTS－330N 系列全站仪介绍

(1)外观结构。拓普康 GTS－330N 系列全站仪的外观和结构如图 2-69 所示。该仪器属于整体式结构的经典型全站仪，测角、测距等使用同一望远镜和同一微处理系统，盘左和盘右各设一组键盘和液晶显示屏，以方便操作。在基座下方设有串行信号接口，用于仪器和外部设备之间的数据传输。

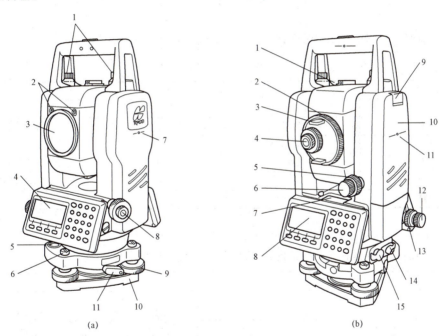

图 2-69　拓普康 GTS－330N 系列全站仪

(a) 1—握手固定螺旋；2—定线点指示器(仅适用于有定线点指示器类型)；3—物镜；4—显示屏(GTS－322N/335N)；5—圆水准器；6—圆水准器校正螺旋；7—仪器中心标志；8—光学对中器；9—脚螺旋；10—底板；11—机座固定钮

(b) 1—粗瞄准器；2—望远镜调焦螺旋；3—望远镜把手；4—目镜；5—垂直制动螺旋；6—垂直微动螺旋；7—管水准器；8—显示屏；9—电池锁紧杆；10—机载电 BT－50QA；11—仪器中心标志；12—水平微动螺旋；13—水平制动螺旋；14—外接电源接口；15—串行信号接口

(2)显示。

1)显示屏。显示屏采用点阵式液晶显示(LCD)，可显示 4 行，每行 20 个字符，通常前三行显示测量数据，最后一行显示随测量模式变化的按键功能。

2)显示示例。如图 2-70 所示，在角度测量模式和距离测量模式下，显示屏所示内容不同，而该仪器也可选择不同的显示单位。

```
V:      90°10′20″              HR:     120°30′40″
HR:    120°30′40″              HD*     65.432 m
置零 锁定 置盘 P1↓              VD:     12.345 m
                                测量 模式 S/A P1↓
```

角度测量模式   距离测量模式
垂直角：90°10′20″   水平角：120°30′40″
水平角：120°30′40″   水平距离：65.432 m
                                    高差：12.345 m

英尺单位   英尺与英寸单位

```
HR:     120°30′40″              HR:     120°30′40″
HD*     123.45 f                HD*     123.04.6 f
VD:     12.34 f                 VD:     12.34 f
测量 模式 S/A P1↓               测量 模式 S/A P1↓
```

水平角：120°30′40″   水平角：120°30′40″
水平距离：123.45 ft   水平距离：123 ft 4 in 6/8 in
高差：12.34 ft   高差：12 ft 3 in 4/6 in

图 2-70 显示示例

3)显示符号。仪器上显示符号所代表的含义见表 2-15。

表 2-15 显示屏符号含义

显示	内容	显示	内容
V	竖直角(坡度显示)	N	北向坐标
HR	水平角(右角)	E	东向坐标
HL	水平角(左角)	Z	高程
HD	水平距离	*	电子测距正在进行
VD	高差	m	以米为单位
SD	倾斜距离	f	以英尺为单位

(3)操作键。在仪器显示屏的右侧和下方分布按键 24 颗。如图 2-71 所示，显示屏下方的 4 颗按键称为功能键；屏幕右侧虚线框内的 12 颗按键称为字母数字键。

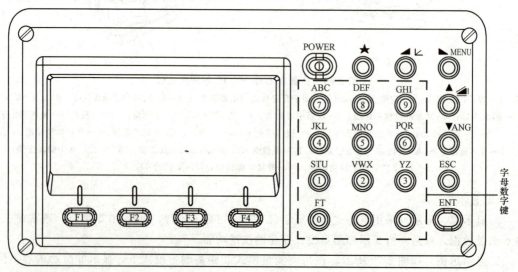

图 2-71 操作键分布

1)按键功能(表 2-16)。

表 2-16　操作键功能

键	名　称	功　　能
★	星键	用于项目的设置或显示：①显示屏对比度；②十字丝照明；③背景光；④倾斜改正；⑤定线点指示器；⑥设置音响模式
⌐	坐标测量键	坐标测量模式
◁	距离测量键	距离测量模式
ANG	角度测量键	角度测量模式
POWER	电源键	电源开关
MENU	菜单键	①在菜单模式和测量模式之间切换；②在菜单模式下可设置应用测量与照明调节、系统误差改正
ESC	退出键	①返回测量模式或上一层模式；②从正常测量模式直接进入数据采集模式或放样模式；③也可用作正常测量模式下的记录键
ENT	确认输入键	在输入值末尾按此键
F1—F4	功能键(软键)	对应于显示的软键功能信息

2)功能键(软键)。如图 2-72 所示，软键信息显示在显示屏幕的最底行，各软键的功能见相应的显示信息。

```
    角度测量模式                    距离测量模式                    坐标测量模式
V:          90°10′20″        HR:         120°30′40″        N:              123.456 m
HR:        120°30′40″        HD*[r]            <<m         E:               34.567 m
                              VD:                  m        Z:               78.912 m
置零  锁定  置盘  P1↓         测量  模式  S/A  P1↓         测量  模式  S/A  P1↓
———————————————              ———————————————              ———————————————
倾斜  复测  V%   P2↓         偏心  放样  m/f/i  P2↓        镜高  仪高  测站  P2↓
———————————————                                            ———————————————
H-蜂鸣 R/L 竖角  P3↓                                       偏心        m/f/i P3↓

 [F1]   [F2]   [F3]   [F4]
```

图 2-72　不同测量模式下的软键信息

能力训练

一、选择题

1. 地面上两相交直线的水平角是这两条直线(　　)的夹角。
   A. 实际　　　　　　　　　　B. 在同一侧面上的投影
   C. 在同一竖面上的投影　　　D. 在同一水平面上的投影线

2. 用盘左、盘右观测水平角的方法可以消除(　　)误差。
   A. 对中　　　　　　　　　　B. 十字丝竖丝不铅垂
   C. 2C　　　　　　　　　　　D. 照准

3. 测回法观测水平角，测完上半测回后，发现水准管气泡偏离两格多，在此情况下应(　　)。
   A. 继续观测下半测回　　　　B. 整平后观测下半测回
   C. 整平后全部重测　　　　　D. 调回一格多继续测

4. 全站仪操作，利用水平角（　　）功能，可以将任何方向的水平角度设置为零度。
   A. 重复测量　　　　　　　　　　B. 锁定
   C. 置零　　　　　　　　　　　　D. 变化

5. 将经纬仪安置在 O 点，盘左照准左测目标 A 点，水平盘读数为 $0°01'30''$，顺时针方向瞄准 B 点，水平盘读数为 $68°07'12''$，则水平夹角为（　　）。
   A. $58°05'32''$　　　　　　　　　B. $68°05'42''$
   C. $78°15'42''$　　　　　　　　　D. $68°15'42''$

6. 用一台全站仪观测目标，盘左、盘右竖盘读数 $L=124°03'30''$，$R=235°56'54''$，则算得竖直角及指标差为（　　）。
   A. $+34°03'18''$，$-12''$　　　　B. $-34°03'18''$，$+12''$
   C. $-34°03'18''$，$-12''$　　　　D. $+34°03'18''$，$-24''$

7. 用测回法观测水平角，若右方目标的方向值 $α_右$ 小于左方向目标的方向值 $α_左$ 时，水平角 $β$ 的计算方法是（　　）。
   A. $β=α_左-α_右$　　　　　　　　B. $β=α_右+180°-α_左$
   C. $β=α_右+360°-α_左$　　　　　D. $β=α_左+180°-α_右$

8. 在方向观测法（全圆测回法）的观测中，同一盘位起始方向的两次读数之差叫作（　　）。
   A. 半测回归零差　　　　　　　　B. 测回差
   C. 半测回互差　　　　　　　　　D. 半测回照准差

二、简答题

1. 什么是水平角？绘图说明用经纬仪（全站仪）测量水平角的原理。
2. 用经纬仪（全站仪）瞄准同一竖直面内不同高度的两点，水平度盘上的读数是否相同？测站点与此不同高度的两点相连，两连线所夹角度是不是水平角？为什么？
3. 什么是竖直角？用经纬仪（全站仪）瞄准同一竖直面内不同高度的两个点，在竖盘上的读数差是否就是竖直角？
4. 光学经纬仪由哪些主要部分构成？各起什么作用？
5. 试分别叙述测回法与方向观测法观测水平角的步骤，并说明两者的适用情况。
6. 欲使望远镜瞄准某一目标时，水平度盘的读数为 $0°00'00''$，全站仪应如何操作？
7. 观测水平角时，为何有时要测多个测回？若测回数为 4，则各测回的起始读数应为多少？
8. 安置经纬仪（全站仪）时，为什么必须进行对中、整平？如何操作？
9. 简述竖直角观测的步骤。
10. 什么是竖盘指标差？指标差的正、负是如何定义的？怎样求出竖盘指标差？
11. 测量竖直角时，为什么最好用盘左、盘右进行观测？如果只用盘左（或盘右）测量竖直角，则必须事先进行一项什么工作？
12. 在什么情况下，对中误差和目标偏心差对测角的影响较大？
13. 用一台全站仪观测一目标，盘左竖盘读数为 $81°44'23''$，盘右竖盘读数为 $278°15'24''$，试计算竖直角 $α$ 和竖盘指标差 x。如仍用这台全站仪盘左瞄准另一目标，竖盘读数为 $87°38'10''$，计算竖直角 $α$。

三、计算题

1. 用一台全站仪，按测回法观测水平角，测一个测回，仪器安置于 O 点，具体观测数据列于表 2-17 中，计算所测水平角值。

表 2-17　测回法观测记录表

测站	盘位	目标	水平度盘读数 /(° ′ ″)	半测回角值 /(° ′ ″)	一测回角值 /(° ′ ″)	备注
O	左	A	321 36 42			
		B	61 54 17			
	右	A	141 36 38			
		B	241 54 29			

2. 用一台全站仪，按方向观测法（全圆测回法）观测水平角，测两个测回，仪器安置于 O 点。具体观测数据列于表 2-18 中，计算两相邻目标点与 O 点所组成的水平角值。

表 2-18　方向观测法观测记录表

测站点	测回数	目标点	水平度盘读数 盘左 /(° ′ ″)	水平度盘读数 盘右 /(° ′ ″)	2C /(″)	平均读数 /(° ′ ″)	归零方向值 /(° ′ ″)	各测回平均归零方向值 (° ′ ″)	水平角值 (° ′ ″)
1	2	3	4	5	6	7	8	9	10
O	1	A	0 00 00	180 00 06					
		B	51 13 35	231 13 24					
		C	131 52 06	311 51 58					
		D	182 00 18	02 00 17					
		A	0 00 05	180 00 00					
	2	A	90 00 00	269 59 52					
		B	141 13 30	321 13 25					
		C	221 52 11	41 52 00					
		D	272 00 29	92 00 24					
		A	90 00 06	270 00 02					

3. 某观测记录见表 2-19，计算瞄准各目标时的竖直角值。

表 2-19　竖直角观测记录表

测站点	目标点	盘位	竖盘读数 /(° ′ ″)	半测回竖直角 /(° ′ ″)	指标差 /(″)	一测回竖直角 /(° ′ ″)	备注
O	A	左	72 18 16				
		右	287 42 00				
	B	左	96 32 48				竖盘为顺时针注记，水平视线读数盘左 90°，盘右 270°
		右	263 27 33				
	C	左	64 28 24				
		右	295 31 32				

考核评价

考核评价表

考核评价点	评价等级与分数				学生自评	小组互评	教师评价	小计 （自评30％＋ 互评30％＋ 教师评价40％）
	较差	一般	较好	好				
水平角测量方法掌握	4	6	8	10				
竖直角测量方法掌握	4	6	8	10				
经纬仪、全站仪外业操作	9	11	13	15				
水平角外业实训实施	14	16	18	20				
竖直角外业实训实施	9	11	13	15				
团队合作、规范操作	4	6	8	10				
认真细致、善于计算分析	4	6	8	10				
科学严谨、一丝不苟	4	6	8	10				
总分	100							
自我反思提升								

子模块 3　距离测量

知识目标

1. 了解距离测量的仪器、工具；
2. 理解钢尺量距的误差分析及注意事项；
3. 掌握全站仪测距方法、距离丈量方法。

技能目标

1. 能熟练进行一般量距；
2. 能熟练利用全站仪进行量距；
3. 能熟练进行距离测量的误差分析。

素养目标

1. 养成团队合作、规范操作钢尺和全站仪进行距离测量的良好习惯；
2. 养成勤于思考、善于分析测距误差的优良品质；
3. 发扬一丝不苟、力求测距精准的工作作风。

学习引导

距离测量是工程测量三项基本工作之一，是用钢尺、全站仪等测定地面上两点之间的水平距离，即两点连线投影在某水准面上的长度，是确定地面点的平面位置的要素之一。本模块主要介绍钢尺量距、全站仪测距、距离测量误差分析等相关内容。

本模块的主要内容结构如图 2-73 所示。

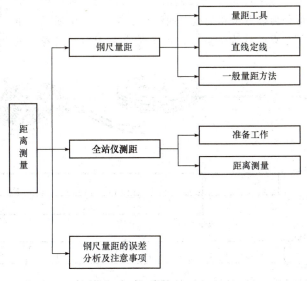

图 2-73　主要内容结构图

趣味阅读——距离测量工具的雏形

在古代，人类为了测量田地等就已经进行长度测量，最初是以人的手、足等作为长度的单位，但人的手、足大小不一，在商品交换中遇到了困难，于是便出现了以物体作为测量单位，如公元前 2400 年出现的古埃及腕尺，中国商朝出现的象牙尺和公元 9 年制造的新莽铜卡尺等。长度单位经历了多次演变后，1496 年和 1760 年，英国开始采用端面和线纹的码基准尺作为长度基准，1789 年法国提出建立米制，1799 年制成阿希夫米尺，就是最早的距离测量工具了。

确定地面点之间水平距离的工作，称为距离测量。水平距离是指地面上两点在水平面上投影的长度。目前，常用的距离测量方法有钢尺量距、全站仪测距等。

钢尺量距是用可卷曲的钢尺沿地面丈量，属于直接量距。钢尺量距工具简单，测距精度较高，但易受地形条件限制，一般适用于平坦地区的测距。全站仪测距是通过仪器发射光波经过棱镜折射后返回被仪器接收，根据光波的传播速度及发射接收所需时间测定距离的方法，属于间接量距。全站仪测距能克服地形条件限制，且操作轻便、效率高、测程远和测距精度高，目前已普遍应用于各种工程测量中。

3.1 钢尺量距

3.1.1 量距工具

1. 钢尺

钢尺又称为钢卷尺，是钢制成的带状尺。尺的宽度为 10～15 mm，厚度约为 0.4 mm，长度有 20 m、30 m、50 m 几种，可卷放在圆形的尺壳内，也可卷放在金属尺架上，如图 2-74(a)所示。钢尺的基本分划为厘米，每厘米及每米处刻有数字注记，全长或尺端刻有毫米分划。按尺的零点刻画位置，钢尺可分为端点尺和刻线尺两种，如图 2-74(b)所示。钢尺的尺环外缘作为尺子零点的称为端点尺；尺子零点位于钢尺尺身上的称为刻线尺。

微课 距离测量准备工作

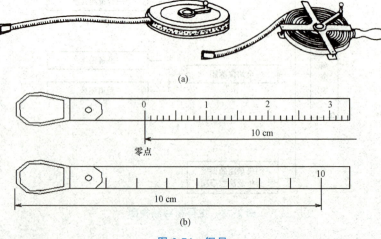

图 2-74 钢尺

> **知识宝典**
>
> 距离测量时还可以使用皮尺,皮尺是用漆布等软布材质做的卷尺。钢尺量距时,因其强度高、伸缩性小,故测量精度较高;而皮尺因其材质原因会有一定的延展性,且拉力大小不同测出的结果也会有不同,故测量精度较低。

2. 标杆

标杆又称为花杆,是由直径 3～4 cm 的圆木杆制成,杆上按 20 cm 间隔涂有红、白油漆,杆底部装有锥形铁脚,主要用来标点和定线,常用的标杆长度有 2 m 和 3 m 两种,如图 2-75(a)所示。另外,也有金属制成的花杆,有的为数节,用时可通过螺旋连接,携带较方便。

3. 测钎

测钎用粗钢丝做成,长为 30～40 cm,按每组 6 根或 11 根,套在一个大环上,如图 2-75(b)所示。

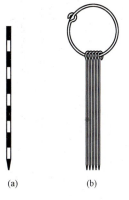

图 2-75 花杆和测钎

> **小贴士**
>
> 测钎主要用来标定尺段端点的位置和计算所丈量的整尺段数。

4. 垂球

垂球是由金属制成的,似圆锥形,上端系有细线,主要用于对点、标点和投点。

5. 其他

弹簧秤、温度计等,主要用于精密量距。

3.1.2 直线定线

在钢尺量距时,当地面两点之间的距离较远,或地面起伏较大时,不能用一尺段量完,要分成几段进行丈量,为了使所量距离为直线距离,就需要在两点所确定的直线方向上标定若干个中间点,并使这些中间点位于同一直线上,这项工作称为直线定线。

直线定线的方法有花杆目测定线和经纬仪定线。

> **小贴士**
>
> 如果丈量精度要求不高时,可用花杆目测定线;反之,则需用经纬仪定线。

1. 花杆目测定线

(1)两点间通视。如图 2-76 所示,A、B 两点互相通视,要在 A、B 两点之间的直线上标出 1、2 中间点。先在 A、B 点上竖立花杆,甲站在 A 点花杆后 1～2 m 处,目测花杆的同侧,由 A 瞄向 B,构成一视线,并指挥乙在 1 点附近左右移动花杆,直到甲从 A 点沿花杆的同一侧看到 A、1、B 三支花杆在同一条线上为止,然后将花杆竖直地插在 1 点。用同样的方法可以定出直线上的 2 点。

> 小贴士

两点间定线,一般应由远及近进行。定线时,所立花杆应竖直。此外,为了不挡住甲的视线,乙持花杆应站在垂直于直线方向的一侧。

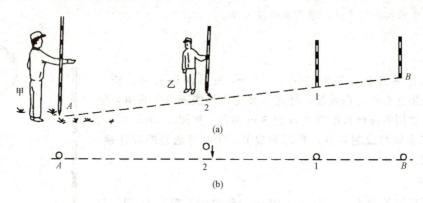

图 2-76　两点间通视时花杆目测定线

(2) 两点间不通视。如图 2-77 所示,A、B 两点在山头两侧,互不通视,这时可以采用逐渐趋近法定线。先在 A、B 两点竖立花杆,甲、乙两人各持一根花杆,甲站在可以看到 B 点的 C_1 处,指挥乙移动至 BC_1 直线上的 D_1 处,且乙要能看到 A 点。然后由站在 D_1 处的乙指挥甲移动至 AD_1 直线上的 C_2 处,且甲还要能看到 B 点。接着再由站在 C_2 处的甲指挥乙移动至 BC_2 直线上的 D_2 处,且乙还要能看到 A 点。这样逐渐趋近,直到 C、D、B 三点在同一直线上,同时 A、C、D 三点也在同一直线上,则说明 A、C、D、B 在同一直线上。

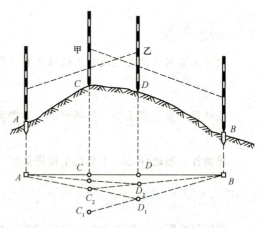

图 2-77　两点间不通视时花杆目测定线

2. 经纬仪定线

(1) 两点间通视。如图 2-78 所示,在清除 AB 直线上的障碍物后,在 A 点上安置经纬仪,对中、整平后,先照准 B 点处的花杆(或测钎)底部,然后固定照准部。在望远镜所指的方向上用钢尺进行概量,依次定出比一整尺段略短的 $A1$、12、23、$\cdots$、$6B$ 等尺段。在各尺段端点打下木桩,桩顶高出地面 3~5 cm,在桩顶钉一镀锌薄钢板,用经纬仪进行定线投影,在各镀锌薄钢板上用小刀刻划出 AB 方向线,再刻划一条与 AB 方向垂直的横线,形成十字,十字中心即 AB 直线上的中间点。

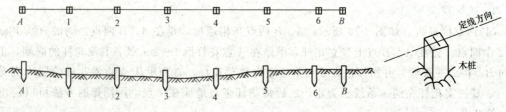

图 2-78　经纬仪定线

（2）两点间不通视。此内容将在本教材模块 5 的子模块 1 道路中线测量中详述。

3.1.3 一般量距方法

钢尺量距一般需要三个人，分别担任前尺手、后尺手和记录员。

1. 平坦地面的丈量方法

微课　一般量距方法

如图 2-79 所示，要丈量 A、B 两点间的距离，丈量前，先进行直线定线，丈量时，后尺手甲拿着钢尺的末端在起点 A，前尺手乙拿钢尺的零点一端沿直线方向前进，使钢尺通过定线时的中间点，保证钢尺在 AB 直线上，不使钢尺扭曲，将尺子抖直、拉紧、拉平。甲、乙拉紧钢尺后，甲把尺的末端分划对准起点 A 并喊"预备"，同时乙准备好测钎，当尺拉稳拉平后，甲喊一声"好"，乙在听到"好"的同时，把测钎对准钢尺零点刻画垂直地插入地面，这样就完成了第一整尺段的丈量。甲、乙两人抬尺前进，用同样的方法，继续向前量第二、第三、…、第 n 整尺段。量完每一尺段时，后尺手甲将插在地面上的测钎拔出收好，用来计算量过的整尺段数。最后丈量不足一整尺段的距离时，乙将尺的零点刻画对准 B 点，甲在钢尺上读取不足一整尺段值，则 A、B 两点间的水平距离为

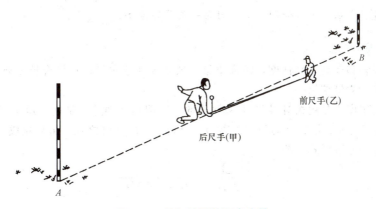

图 2-79　平坦地面的距离丈量

$$D_{AB}=n\times l+q \tag{2-35}$$

式中　n——整尺段数；

　　　l——整尺段长；

　　　q——不足一整尺段值。

2. 斜地面的丈量方法

（1）平量法。如图 2-80 所示，当地面坡度不大时，可将钢尺抬平丈量。如丈量 A、B 间的距离，将尺的零点对准 A 点，将尺抬高，并由记录员目估使尺拉水平，然后用垂球将尺的末端投于地面上，再插以测钎，若地面倾斜度较大，将整尺段拉平有困难时，可将一尺段分成几段来平量，如图 2-80 中的 MN 段。

（2）斜量法。如图 2-81 所示，当地面倾斜的坡度比较均匀时，可以沿斜坡量出 A、B 的斜距 L，测出 A、B 两点的高差 h，或测出倾斜角 α，然后根据式（2-36）或式（2-37）计算 AB 的水平距离 D。

$$D=\sqrt{L^2-h^2} \tag{2-36}$$

$$D=L\cdot \cos\alpha \tag{2-37}$$

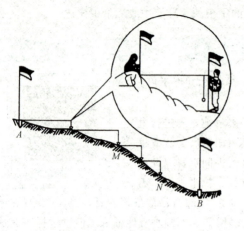

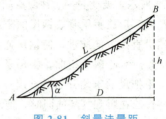

图 2-80　平量法量距　　　　　　　　　图 2-81　斜量法量距

> !! 注意

当量距精度要求在 1/1 000～1/5 000 时用一般量距方法。

3. 成果处理与精度评定

为了避免错误和提高丈量精度，距离丈量一般要求往返丈量，在符合精度要求时，取往返丈量的平均值作为丈量结果。

距离丈量的精度，是用相对误差 K 来评定的。所谓相对误差，是往、返丈量的较差 $\Delta D = D_{往} - D_{返}$ 的绝对值与往、返丈量的平均距离 $D_{平均} = (D_{往} + D_{返})/2$ 之比，最后化成分子为 1，分母取两位有效数字的分数形式。即

$$K = \frac{|\Delta D|}{D_{平均}} = \frac{1}{D_{平均}/|\Delta D|} \tag{2-38}$$

> 📝 提示

相对误差的分母越大，说明量距的精度越高。通常，平坦地区的钢尺量距精度应高于 1/2 000，在山区也应不低于 1/1 000。

【例 2-1】　在平坦地面上丈量 A、B 两点间的水平距离，丈量结果记录在表 2-20 中，计算 A、B 的水平距离并评定精度。

表 2-20　一般量距记录计算表

测段		观测值			精度	平均值	备注
		整尺段	非整尺段	总长			
AB	往测	5×30	13.863	163.863	1/2 400	163.829	
	返测	5×30	13.795	163.795			

3.2 全站仪测距

3.2.1 准备工作

1. 参数设置

用全站仪进行距离测量,测量之前应根据测量要求设置好气象改正数(ppm)、棱镜常数(psm)、测距模式等参数,下面以南方 NTS-660 系列全站仪为例进行介绍。

(1)棱镜常数和气象改正数的设置。在显示屏右侧的键盘上按【☆】键进入测量参数设置,屏幕显示如图 2-82 所示。按【P1↓】对应按键进入该菜单的第 2 页后,按【ppm】对应按键,显示现有设置值,如图 2-83 所示。

微课 全站仪测距

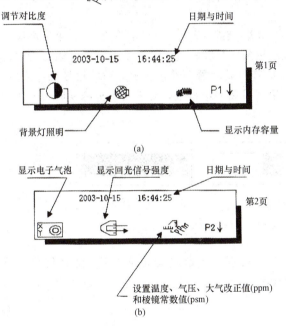

图 2-82 ☆键参数设置模式

图 2-83 棱镜常数、气象改正数设置

屏幕中的第一项为温度(Temp),第二项为气压(Press),第三项为气象改正数(ppm),其中气象改正数(ppm)的设置可采用两种方法。一种方法是在屏幕相应的提示处输入当前温度、气压后,仪器自动计算出气象改正数并显示在"ppm"一栏中;另一种方法是直接输入气象改正数"ppm"值。气象改正数一般可用下式计算,即

$$ppm = 273.8 - \frac{0.2904 \times 气压值(hPa)}{1 + 0.003661 \times 温度值(℃)} \tag{2-39}$$

> **知识宝典**
>
> 对于未集成温度气压传感器的全站仪,需要准备温度计、气压计,现场测定并输入温度、气压;对于集成温度气压传感器的全站仪,打开并自动读取温度、气压。

屏幕中的第四项为棱镜常数(psm)，可在提示处输入所用的棱镜常数。不同的棱镜具有不同的棱镜常数，使用时应将相应的棱镜常数设置好。

> **小贴士**
>
> 南方系列全站仪配套的棱镜，其棱镜常数一般为－30 mm。

在所有参数设置完毕后按【Esc】键结束，屏幕显示测量模式。

(2)测距模式的设置。在斜距(或平距)测量模式下，显示在窗口右下角第三行的字母表示如下测量模式。F—精测模式，T—跟踪模式，R—连续(重复测量模式)，S—单次测量模式，N—N 次测量模式，若要改变测量模式，按【F2】(模式)键，每按下一次，测量模式就改变一次。

2. 返回信号检测

返回信号检测用以检查棱镜反射回的光信号是否足够强，这对长距离测量尤为重要。返回信号检测操作可在任何情况下进行，但正在测距过程、正在进行后方交会计算和正在显示圆水准器等几种情况除外。

返回信号检测的方法是：精确照准棱镜后，按【☆】键(可在任何显示下进行)，第 2 页显示屏中，按【F3】显示回光信号，接收到的信号强度用条形图形显示，如图 2-84 所示，表示返回信号的强弱，所显示的■越多表示信号越强。若屏幕中显示■符号，表示返回的信号足以测距；当无■符号显示，说明返回信号不足以测距，需要重新照准棱镜，对于长距离测量应增加棱镜数量。

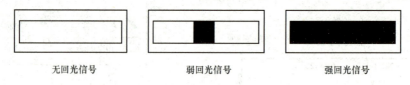

图 2-84　棱镜反射回光信号强弱显示

全站仪还可以采用蜂鸣声来检测返回信号的强弱。在参数设置模式下，选择信号蜂鸣的关/开。返回信号足以测距，按【Esc】键结束检测。

> **知识宝典**
>
> 目前新型的全站仪均具有免(无)棱镜功能，即测距时不需要使用反射棱镜或反射片，直接利用激光光源作为载波信号源进行测距。

3.2.2　距离测量

在测量模式下，选择斜距或平距测量模式，设置需要的测距模式，照准目标点的棱镜中心，按【测量】对应按键，测距开始，几秒后伴随蜂鸣声提示测距完成，屏幕上显示出待测距离，如图 2-85 所示。

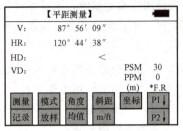

图 2-85　距离测量

3.3　钢尺量距的误差分析及注意事项

1. 量距误差分析

钢尺量距的主要误差来源于以下几个方面：

(1)尺长误差。如果钢尺的名义长度和实际长度不符，则产生尺长误差。尺长误差是累积的，误差累积的大小与丈量距离成正比。往返丈量不能消除尺长误差，只有加入尺长改正数才能消除。因此，新购置的钢尺必须经过鉴定，以求尺长改正数。

> **小贴士**
>
> 钢尺的名义长度是指钢尺上所标注的尺长。

(2)温度误差。钢尺的长度随温度而变化，当丈量时的温度和标准温度不一致时，将产生温度误差。钢的膨胀系数按 1.25×10^{-5} 计算，温度每变化 1 ℃，其影响为丈量长度的 1/80 000。

> **注意**
>
> 一般量距时，当温度变化小于 10 ℃时，可以不加改正，但精密量距时，必须加温度改正数。

(3)尺子垂曲误差。由于地面高低不平，钢尺沿地面丈量时，如果尺面出现垂曲而成曲线，将使量得的长度比实际的要大。因此，丈量时，必须注意使尺子水平，整尺段悬空时，中间应有人托一下尺子，否则会产生不容忽视的垂曲误差。

(4)尺子倾斜误差。由于丈量时尺子没有拉水平，而是倾斜的，将使量得的距离比实际的要大，即产生倾斜误差。因此，在量距时要特别注意使尺子水平，或加入倾斜改正数。

(5)定线误差。由于丈量时尺子没有准确地放在所量距离的直线方向上，使所丈量距离不是直线而是一组折线的误差称为定线误差。一般量距时，要求花杆目测定线偏差不大于 0.1 m，经纬仪定线偏差不大于 5～7 cm。

(6)拉力误差。钢尺在丈量时所受拉力应与检定时拉力相同，否则将产生拉力误差，拉力的大小将影响尺长的变化。对于钢尺，若拉力变化 70 N，尺长将改变 1/10 000，故在一般量距中，只要保持拉力均匀即可。而对于精密量距，则需使用弹簧秤。

(7)对点投点误差。在丈量过程中，当用测钎在地面上标定尺段端点位置时，若前、后尺手配合不佳，则插测钎不准，或在斜地面距离丈量时，垂球投点不准，都会引起丈量误差。因此，在丈量中应配合协调，尽量做到对点准确，测钎直立，投点要准。

2. 钢尺的维护

(1)钢尺易生锈，工作结束后，应用软布擦去尺上的泥和水，涂上机油，以防生锈；
(2)钢尺易折断，如果钢尺出现卷曲，切不可用力硬拉；
(3)在行人和车辆多的地区量距时，中间要有专人保护，严防尺子被车辆压过而折断；
(4)不准将尺子沿地面拖拉，以免磨损尺面刻划；
(5)收卷钢尺时，应按顺时针方向转动钢尺摇柄，切不可逆转，以免折断钢尺。

能力训练

一、填空题

1. 距离测量即为确定地面点之间_____的工作。
2. 距离丈量的精度，用_____来评定，_____越大，说明量距的精度越高。
3. 钢尺量距的主要误差来源有_____、_____、_____、_____、_____、_____、_____等方面。

二、简答题

1. 何谓直线定线？在距离丈量之前，为什么要进行直线定线？标杆目测定线通常是怎样进行的？
2. 简述在平坦地面上钢尺量距的步骤。评定量距精度的指标是什么？如何计算？
3. 影响钢尺量距精度的因素有哪些？如何消除或减弱这些因素的影响？

三、计算题

1. 用钢尺丈量 A、B 两点间的距离，往测为 172.32 m，返测为 172.35 m，试计算量距的相对误差。
2. 用钢尺丈量 AB 及 AC 两段直线，记录在表 2-21 中，求两直线的距离及丈量精度。

表 2-21 距离丈量记录表

测段		整尺段 /m	非整尺段/m		总计 /m	较差 /m	平均值 /m	精度	备注
			一	二					
AB	往测	9×30	12.35						
	返测	9×30	12.43						
AC	往测	11×30	14.61	9.37					
	返测	11×30	9.44	14.44					

3. 用钢尺丈量一直线段距离，往测丈量的长度为 326.40 m，返测丈量的长度为 326.50 m，规定其相对误差不应大于 1/2 000，试问：(1)此测量成果是否满足精度要求？(2)按此规定精度要求，若丈量 500 m 的距离，往返丈量最大可允许相差多少？

考核评价

考核评价表

考核评价点	评价等级与分数				学生自评	小组互评	教师评价	小计 （自评30%＋ 互评30%＋ 教师评价40%）
	较差	一般	较好	好				
距离测量误差认知	4	6	8	10				
钢尺测距方法掌握	4	6	8	10				
全站仪测距方法掌握	4	6	8	10				
钢尺测距实训实施	8	12	16	20				
全站仪测距实训实施	8	12	16	20				
团结合作、规范操作	4	6	8	10				
勤于思考、善于分析	4	6	8	10				
一丝不苟、测距精准	4	6	8	10				
总分	100							
自我反思提升								

模块 3 控制测量

 知识目标

1. 了解控制测量的等级，几种标准方向线的含义；
2. 理解 GNSS 测量、磁偏角、子午线收敛角、方位角、象限角的概念、正反坐标方位角的关系及坐标方位角与象限角的换算关系；
3. 掌握导线测量的外业及内业计算方法，坐标方位角的计算，坐标正反算的计算方法，全站仪导线测量方法、交会法定点方法及高程控制测量方法。

 技能目标

1. 能熟练进行导线测量外业工作；
2. 能熟练进行全站仪导线测量；
3. 能熟练进行 GNSS 测量；
4. 能熟练进行全站仪后方交会；
5. 能熟练进行三、四等水准测量。

 素养目标

1. 养成团结合作，规范操作水准仪、全站仪、GNSS—RTK 进行控制测量的良好习惯；
2. 养成一丝不苟、认真分析处理控制测量数据的优良品质；
3. 养成自觉遵守《公路勘测规范》的意识。

 学习引导

测量分级原则要求为从整体到局部，先控制后碎部。本模块在测量基本工作的基础上展开，是高程测量、水平角测量和距离测量三项基本工作的综合运用，并为后续地形图测绘打下基础。本模块先介绍控制测量的分类、方法、等级划分等，再引入标准方向、方位角等概念，进而讲述导线测量、GNSS 测量、高程测量等内容。

本模块的主要内容结构如图 3-1 所示。

趣味阅读——指南针的前身"司南"

在中国的方位文化中经历了从天文学方法定位再以磁学方法制成司南，最后由司南演变成指南针的三个阶段。司南是中国古代辨别方向使用的一种仪器，是古代华夏劳动人民在长期的实践中对物体磁性认识的发明。司南是指南针的前身，也是最早的磁性指向器。"司南"之称，始于战国，终止于唐代。在中国古代，指南针起先应用于祭祀、礼仪、军事和占卜与看风水时确定方位，然后很快应用于航海。明朝郑和下西洋每艘船上均配有罗盘，是当时最先进的航海技术之一。

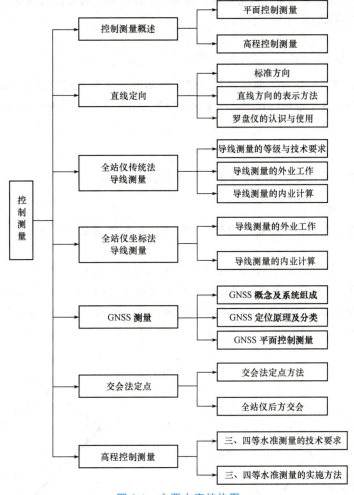

图 3-1　主要内容结构图

3.1　控制测量概述

为了限制测量误差的累积与传播,确保区域测量成果的精度分布均匀,并加快测量工作进度,测量工作必须遵循"从整体到局部""先控制后碎部"的原则。也就是说,在进行局部测量或碎部测量之前,先要进行整个测区的控制测量。

在整个测区范围内选定若干个具有控制作用的点(称为控制点),用直线连接相邻的控制点,组成一定的几何图形(称为控制网),然后用精密的测量仪器和工具,采用一定的测量方法,按测量任务所要求的精度测定各控制点的平面位置(平面坐标)和高程,这项工作称为控制测量。

> **小贴士**
>
> 控制测量的基本任务是建立控制网,并精准测定控制点的坐标和高程。
>
> 控制测量在实施过程中分为平面控制测量和高程控制测量。测定控制点平面位置(平面坐

标)的工作,称为平面控制测量;测定控制点高程的工作,称为高程控制测量。本教材结合公路工程控制测量进行介绍。

3.1.1 平面控制测量

平面控制测量按照控制点之间组成几何图形的不同,采取不同的方法。对公路工程而言,平面控制测量主要有两个方面的作用,一是用于中桩测量;二是用于测绘地形图。

 小贴士

平面控制测量的精度要求与等级有关,与测量方法无关。

1. 平面控制测量的方法

平面控制测量首先要建立平面控制网,主要方法有导线测量、三角测量、GNSS 测量和三边测量等。

(1)导线测量。导线测量是将控制点依次连接成连续折线图形,测量各折线边长(水平距离)和两相邻边的夹角(水平角),根据起始边方位角和起始点坐标,通过计算获得这些控制点的平面位置。这种控制点称为导线点,由它们连接而成的折线称为导线,其构成的控制网称为导线网,如图 3-2 所示。

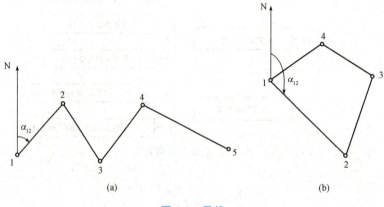

图 3-2 导线

(2)三角测量。三角测量是将控制点连接成一系列相互邻接的三角形,并构成网状,观测所有三角形的内角,并至少测量一条边的边长作为起算边,称为基线边,如图 3-3 所示的 AB 边,根据起算数据,通过计算获得这些控制点的平面位置。这种控制点称为三角点,构成的控制网称为三角网,如图 3-3 所示。

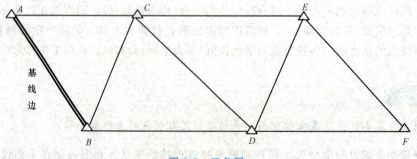

图 3-3 三角网

(3)GNSS 测量。在测区范围内,选择一系列控制点,彼此之间可以通视也可以不通视,形成 GNSS 控制网。在一组控制点上设置卫星地面接收机,接受 GNSS 信号,解算求得控制点至相应卫星的距离,通过一系列数据处理,取得控制点的坐标。

(4)三边测量。三边测量的布设形式与三角测量相同,用电磁波测距仪测量各个三角形的三条边,根据平面三角形的几何原理计算出各个三角形的三个内角,进而推算各边的方位角和各点的坐标。

本书主要对导线测量和 GNSS 测量作介绍。

2. 平面控制测量的等级划分及技术要求

(1)平面控制网布设原则。平面控制网的布设应遵循下列原则:

1)首级控制网的布设,应因地制宜,且适当考虑发展。

2)首级控制网的等级,应根据工程规模、控制网的用途和精度要求合理选择。

3)加密控制网,可越级布设或同等级扩展。

(2)国家平面控制网。国家平面控制网即在全国范围内按照统一的方案建立的平面控制网,它是全国各种比例尺测图的基本控制,它用精密仪器、精确方法测定,并进行严格的数据处理,最后求定控制点的平面位置。

国家平面控制网采用分级布设、逐级控制的原则,按其精度分为一、二、三、四等四个等级。其中一等网精度最高,逐级降低;而控制点的密度则是一等网最小,逐级增大,低等级点受高等级点逐级控制。

> **知识宝典**
>
> 目前提供使用的国家平面控制网含三角点、导线点共 154 348 个,构成了 1954 年北京坐标系和 1980 国家大地坐标系。

国家平面控制网主要采用三角测量的方法,布设成三角网,如图 3-4 所示,一等三角网一般称为一等三角锁,它是在全国范围内,沿经纬线方向布设的,是国家平面控制网的骨干,除用作扩展低等级平面控制网的基础外,还为测量学科研究地球的形状和大小提供精确的数据。二等三角网布设于一等三角锁环内,是国家平面控制网的全面基础。三、四等三角网是二等网的进一步加密,以满足地形测量和各项工程建设的需要。随着电磁波测距技术的发展和应用,三角测量也可用同等级的导线测量代替,如图 3-5 所示。

(3)城市平面控制网。随着大中城市、大型厂矿企业的不断发展,根据工程建设的需要,以国家平面控制网为基础,由测区的大小和施工测量方法布设不同等级的控制网以满足地形测图和工程施工放样的需要。城市平面控制网精度等级的划分:GNSS 测量控制网依次为二、三、四等和一、二级;导线网依次为三、四等和一、二、三级;三角网依次为二、三、四等和一、二级。

(4)小区域平面控制网。为满足小区域测图和施工需要而在较小区域(面积不超过 15 km^2)范围内建立的平面控制网,称为小区域平面控制网。小区域平面控制网也应由高级到低级分级建立。测区范围内建立最高一级的控制网,称为首级控制网;最低一级的即直接为测图而建立的控制网,称为图根控制网。

用于工程的平面控制测量一般是建立小区域平面控制网,它可根据工程的需要采用不同等级的平面控制。小区域控制网应尽量与国家高级控制网联测,否则建立独立控制网。在小区域范围内,可以将水准面当作水平面,采用直角坐标,直接在平面上计算点的坐标。直接为地形测图使用的控制点称为图根控制点,简称图根点。测定图根点位置的工作称为图根控制测量。

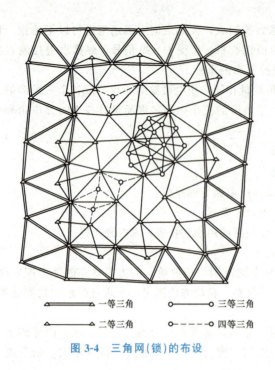

图 3-4 三角网(锁)的布设　　　　图 3-5 导线网的布设

小贴士

对于较小测区，图根控制可作为首级控制。

根据《公路勘测规范》(JTG C10—2007)的规定，公路工程平面控制测量的等级依次为二等、三等、四等、一级和二级，基本可以满足公路及其构造物测量的需求，各等级的技术指标均有相应的规定。

对于各级公路和桥梁、隧道平面控制测量的等级不得低于表 3-1 的规定。高等级公路控制网必须与国家控制网联测。

各级平面控制测量，其最弱点点位中误差均不得大于 ±5 cm，最弱相邻点相对点位中误差均不得大于 ±3 cm，最弱相邻点边长相对中误差不得大于表 3-2 的规定。

表 3-1　公路工程平面控制测量等级选用

高架桥、路线控制测量	多跨桥梁总长 L/m	单跨桥梁 L_K/m	隧道贯通长度 L_G/m	测量等级
—	$L \geqslant 3\,000$	$L_K \geqslant 500$	$L_G \geqslant 6\,000$	二等
—	$2\,000 \leqslant L < 3\,000$	$300 \leqslant L_K < 500$	$3\,000 \leqslant L_G < 6\,000$	三等
高架桥	$1\,000 \leqslant L < 2\,000$	$150 \leqslant L_K < 300$	$1\,000 \leqslant L_G < 3\,000$	四等
高速、一级公路	$L < 1\,000$	$L_K < 150$	$L_G < 1\,000$	一级
二、三、四级公路	—	—	—	二级

表 3-2　平面控制测量精度要求

测量等级	最弱相邻点边长相对中误差	测量等级	最弱相邻点边长相对中误差
二等	1/100 000	一级	1/20 000
三等	1/70 000	二级	1/10 000
四等	1/35 000		

3.1.2 高程控制测量

1. 高程控制测量的方法

根据采用测量方法的不同,高程控制测量分为水准测量和三角高程测量。测区的高程系统,一般采用 1985 国家高程基准。在已有高程控制网的地区测量时,可沿用原有的高程系统。

> **小贴士**
>
> 当小测区联测有困难时,也可采用假定高程系统。

2. 高程控制测量的等级划分及技术要求

(1)国家高程控制网。在全国范围内布设的高程控制网称为国家高程控制网。国家高程控制网是确定地貌地物海拔高程的坐标系统,主要采用精密水准测量的方法,布设成水准网,按控制等级和施测精度分为一、二、三、四等。

> **知识宝典**
>
> 目前提供使用的 1985 国家高程系统共有水准点成果 114 041 个,水准路线长度为 416 619.1 km。

如图 3-6 所示为国家水准网的布设。一等水准网是国家最高级的高程控制骨干,它除用作扩展低等级高程控制的基础外,还为科学研究提供依据;二等水准网为一等水准网的加密,是国家高程控制的全面基础;三、四等水准网为在二等网的基础上进一步加密,直接为各测区的测图和工程施工提供必要的高程控制。

(2)小区域高程控制网。在较小区域(一般不超过 15 km²)范围内建立的高程控制网,称为小区域高程控制网。用于工程的高程控制测量,一般是建立小区域高程控制网,也应根据工程施工的需要和测区面积的大小,采用分级建立的方法。

根据《公路勘测规范》(JTG C10—2007)的规定,公路工程高程控制测量的等级依次为二等、三等、四等和五等,各等级的技术要求均有相应的规定。四等及以下等级可采用电磁波测距三角高程测量,五等也可采用 GNSS 拟合高程测量。对于各级公路及构造物的高程控制测量等级不得低于表 3-3 的规定。

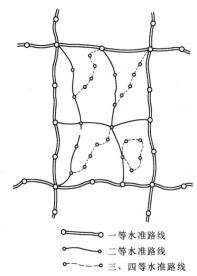

—○— 一等水准路线
—●— 二等水准路线
—○--- 三、四等水准路线

图 3-6 国家水准网的布设

表 3-3 公路工程高程控制测量等级选用

高架桥、路线控制测量	多跨桥梁总长 L/m	单跨桥梁 L_K/m	隧道贯通长度 L_G/m	测量等级
—	$L \geqslant 3\,000$	$L_K \geqslant 500$	$L_G \geqslant 6\,000$	二等
—	$1\,000 \leqslant L < 3\,000$	$150 \leqslant L_K < 500$	$3\,000 \leqslant L_G < 6\,000$	三等
高架桥,高速、一级公路	$L < 1\,000$	$L_K < 150$	$L_G < 3\,000$	四等
二、三、四级公路	—	—	—	五等

各等级路线高程控制网最弱点高程中误差不得大于±25 mm,用于跨越水域和深谷的大桥、特大桥的高程控制网最弱点高程中误差不得大于±10 mm,每公里观测高差中误差和附合(环线)水准路线长度应小于表3-4的规定。当附合(环线)水准路线长度超过规定时,应采用双摆站的方法进行测量,但其长度不得大于表3-4中规定的两倍。每站高差较差应小于基辅(黑红)面高差较差的规定。一次双摆站为一单程,取其平均值计算的往返较差、附合(环线)闭合差应小于相应限差的0.7倍。

表3-4 高程控制测量的技术要求

测量等级	每公里高差中数中误差/mm		附合或环线水准路线长度/km	
	偶然中误差 M_Δ	全中误差 M_w	路线、隧道	桥梁
二等	±1	±2	600	100
三等	±3	±6	60	10
四等	±5	±10	25	4
五等	±8	±16	10	1.6

3.2 直线定向

在测量工作中,常需要确定两点间的相对位置,此时不仅需要测得两点间的距离,还需要知道这条直线的方向。确定一条直线方向的工作,称为直线定向。要确定直线的方向,首先要选定一个标准方向作为直线定向的依据,然后测出这条直线与标准方向之间的水平夹角,则该直线的方向便可确定。

在工程测量中,通常是以子午线方向作为标准方向。

微课 直线定向

📝 知识宝典

子午线又称"经线",是地球表面连接南、北两极,并且垂直于赤道的弧线。地球仪上的零度经线叫作本初子午线或格林尼治线。零度经线直穿伦敦格林尼治天文台旧址。经线的长度约为20 037 km,每条经线的长度都相同。

3.2.1 标准方向

子午线方向分为真子午线方向、磁子午线方向和轴子午线方向三种。

1. 真子午线方向

过地面上一点指向地球南北极的方向,称为该点的真子午线方向,一般用天文测量的方法或陀螺经纬仪来测定,如图3-7所示。

地面上任一点都有其真子午线方向,地面上任意两点真子午线间的夹角称为子午线收敛角,用γ表示,如图3-8所示。收敛角的大小与两点所在的纬度及经度大小有关。

 **动动脑**

地球表面上不同点的真子午线方向有何关系？

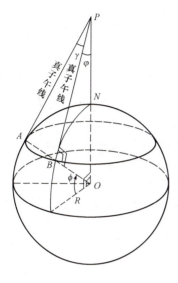

图 3-7　真子午线

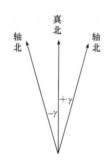

图 3-8　子午线收敛角

2. 磁子午线方向

地面上某点当磁针静止时所指的方向，称为该点的磁子午线方向，一般采用罗盘仪测定。由于地球的磁南北极与地球的南北极并不重合，因此地面上同一点的真子午线与磁子午线虽然相近但并不重合，其夹角称为磁偏角，用 δ 表示。当磁子午线在真子午线东侧时，称为东偏，δ 为正；磁子午线在真子午线西侧时，称为西偏，δ 为负。磁偏角 δ 的大小不是固定不变的，而是因时、因地而变化的。

 动动脑

地球表面上不同点的磁子午线方向有何关系？

3. 轴子午线方向

轴子午线方向也称为坐标子午线方向，是指高斯平面直角坐标系或假定直角坐标系中的坐标纵轴所指的方向。测区内地面各点的轴子午线方向都是互相平行的。

在中央子午线上，各点的真子午线和轴子午线是重合的，而在其他地区，真子午线与轴子午线不重合，两者所夹的角即中央子午线与某地方子午线所夹的收敛角 γ。如图 3-8 所示，当轴子午线在真子午线以东时，γ 为正；轴子午线在真子午线以西时，γ 为负。

由于地面上各点的真子午线和磁子午线都是相交而不是互相平行的，这就给计算工作带来不便，因此在普通测量中一般均采用轴子午线即坐标纵轴方向作为标准方向。但是，由于确定磁子午线方向的方法比较方便，因而在范围不大的独立测区或在精度要求不高的工程测量时，也可以用磁子午线方向作为标准方向。

103

> **动动脑**
>
> 地球表面上不同点的轴子午线方向有何关系？

3.2.2 直线方向的表示方法

在测量工作中，直线的方向一般用方位角来表示。

1. 方位角

如图 3-9 所示，由标准方向北端顺时针旋转至直线方向的水平夹角称为该直线的方位角。方位角的取值范围为 0°～360°。

以真子午线方向为标准方向所确定的方位角，称为真方位角，用 A 表示；

以磁子午线方向为标准方向所确定的方位角，称为磁方位角，用 A_m 表示；

以坐标子午线方向为标准方向所确定的方位角，称为坐标方位角，用 α 表示。

如图 3-10 所示，根据真子午线方向、磁子午线方向、坐标子午线方向三者的关系，三种方位角有以下关系：

$$A = A_m + \delta \tag{3-1}$$

$$A = \alpha + \gamma \tag{3-2}$$

$$\alpha = A_m + \delta - \gamma \tag{3-3}$$

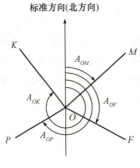

图 3-9 方位角

图 3-10 三北方向

> **指点迷津**
>
> 上式中 δ 和 γ 本身带有正负号，均为东偏为正，西偏为负。

2. 正、反坐标方位角

测量中的直线都是有方向的，一条直线的坐标方位角由于起始点的不同而存在两个值。

设直线 AB 的方位角 α_{AB} 为正坐标方位角，如图 3-11 所示，则直线 BA 的方位角 α_{BA} 为反坐标方位角，同一直线正、反坐标方位角相差 180°，即

$$\alpha_{AB} = \alpha_{BA} \pm 180°$$

或

$$\alpha_{正} = \alpha_{反} \pm 180° \tag{3-4}$$

当 $\alpha_{正} < 180°$ 时，式(3-4)用 $-180°$；

当 $α_正 > 180°$ 时，式(3-4)用 $+180°$。

表示直线某一方向的坐标方位角时，一定要先确定该方向的起始点并通过其做坐标纵轴北端的平行线，从而避免出现方位角 $±180°$ 的差错。

3. 象限角

由坐标纵轴的北端或南端起，顺时针或逆时针至目标直线所夹锐角，并注出象限名称，称为该直线的象限角，常用 R 表示，其角值范围为 $0°\sim 90°$。象限角要表示角度的大小，还要注记该直线位于第几象限，象限角分别用北东、南东、南西和北西表示。

如图 3-12 所示，直线 $O1$、$O2$、$O3$ 和 $O4$ 的象限角分别为北东 R_{O1}、南东 R_{O2}、南西 R_{O3} 和北西 R_{O4}。坐标方位角与象限角的换算关系如图 3-13 和表 3-5 所示。

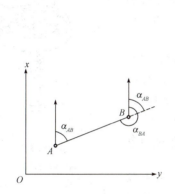

图 3-11　正、反坐标方位角示意

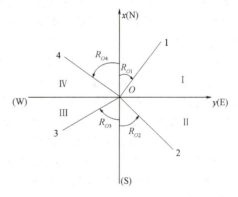

图 3-12　象限角

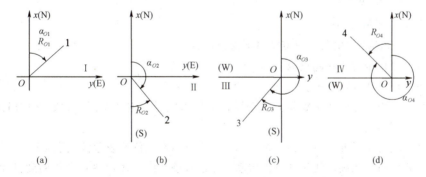

图 3-13　坐标方位角与象限角的换算关系

(a) $α_{O1} = R_{O1}$；(b) $α_{O2} = 180° - R_{O2}$；(c) $α_{O3} = 180° + R_{O3}$；(d) $α_{O4} = 360° - R_{O4}$

表 3-5　坐标方位角与象限角的换算关系表

直线方向	由坐标方位角推算象限角	由象限角推算坐标方位角
北东，第Ⅰ象限	$R = α$	$α = R$
南东，第Ⅱ象限	$R = 180° - α$	$α = 180° - R$
南西，第Ⅲ象限	$R = α - 180°$	$α = 180° + R$
北西，第Ⅳ象限	$R = 360° - α$	$α = 360° - R$

> **提示**
>
> 测量学中的象限按顺时针划分，数学中的象限按逆时针划分，正好相反。

3.2.3 罗盘仪的认识与使用

罗盘仪是以磁子午线方向为标准方向，测定直线磁方位角的仪器，也可以粗略地测量水平角和竖直角。通常用于独立测区的近似定向及林区线路的勘测定向。

1. 罗盘仪的构造

罗盘仪的种类很多，构造大同小异。如图 3-14 所示为 DQL－1 型森林罗盘仪。其主要由望远镜、罗盘盒和基座三部分组成。

(1)望远镜。罗盘仪的望远镜和水准仪的望远镜相似，由物镜、目镜、目镜对光螺旋、物镜对光螺旋、粗瞄器、望远镜制动螺旋和微动螺旋等组成。望远镜一侧附有一个竖直度盘，可以粗略测得竖直角。

(2)罗盘盒。罗盘盒内有磁针、刻度盘和水准器。磁针安装在度盘中心顶针上，可自由转动，为减少顶针的磨损，不用时可用固定螺旋将磁针升起固定在玻璃盖上。刻度盘为金属圆盘，全圆刻划 360°，最小刻划为 1°，从 0°起逆时针方向每隔 10°有一注记。刻度盘 0°与 180°连线与望远镜的视准轴一致。水准器有两个，当水准器气泡居中时，表明刻度盘处于水平位置。

(3)基座。基座是一种球臼结构，可安在三脚架上，松开球臼连接螺旋，摆动罗盘盒使水准器气泡居中，再旋紧球臼连接螺旋，度盘处于水平位置。

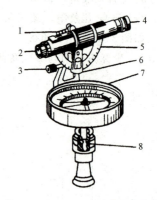

图 3-14　DQL－1 型森林罗盘仪

1—望远镜制动螺旋；2—目镜；
3—望远镜微动螺旋；4—物镜；
5—竖直度盘；6—竖直度盘指标；
7—罗盘盒；8—球臼结构

2. 罗盘仪的使用

测量直线 AB 的磁方位角，应遵循以下操作步骤：

(1)安置罗盘仪于直线的起点 A 上。

(2)对中。用垂球进行对中。

(3)整平。半松开球臼连接螺旋，摆动罗盘盒使水准器气泡居中后，再旋紧球臼连接螺旋，使度盘处于水平位置。

(4)照准。望远镜照准直线的另一端点 B，其步骤同水准仪的望远镜瞄准相同。

(5)松开磁针固定螺旋，使磁针自由转动，待磁针静止时，读出磁针所指的度盘读数，即该直线 AB 的磁方位角。

> **小贴士**
>
> 读数时，当度盘上的 0°位于望远镜物镜端时，按磁针北端读取读数；当 0°位于望远镜目镜端时，则按磁针南端读取读数。

3. 罗盘仪的使用注意事项

(1)罗盘仪在使用时，不要使铁质物体接近罗盘盒，以免影响磁针的正确位置。

(2)不要在无线电天线、高压线区、铁矿区及铁路旁等区域使用罗盘仪，有电磁干扰现象。

(3)读数时,眼睛的视线方向与磁针应在统一竖直面内,以减少读数误差。

(4)罗盘仪使用完毕后,必须旋紧固定螺旋,将磁针升起,固定在顶盖上,避免顶针磨损,保护磁针的灵敏性。

3.3　全站仪传统法导线测量

导线测量是建立小区域平面控制网常用的一种方法,主要用于隐蔽地区、带状地区(如公路、铁路和水利)、城建区和地下工程等控制点的测量。

微课　导线测量概述

将测区内选定的相邻控制点用直线相连而构成的连续折线,称为导线。这些转折点(控制点)称为导线点。相邻导线点间的水平距离,称为导线边长。相邻导线边之间的水平角,称为转折角。如图 3-15 所示为导线示意。

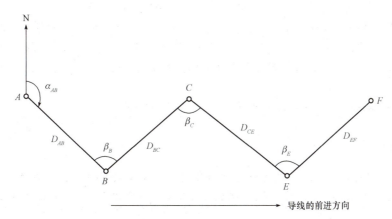

图 3-15　导线示意

导线测量就是依次测定各导线边长和各转折角,然后根据起算数据,推算各导线边的坐标方位角,进而求得各导线点的平面坐标。

用经纬仪测量转折角,用钢尺测定导线边长,称为经纬仪导线;若用光电测距仪测定导线边长,则称为光电测距导线。因目前在实际工程中普遍使用全站仪,故以下主要介绍使用全站仪测量转折角和导线边长。

3.3.1　导线测量的等级与技术要求

1. 导线的布设形式

根据测区的不同情况和要求,导线可布设成以下三种形式:

(1)闭合导线。从一个已知高级控制点出发,经过了若干个导线点以后,又回到原已知高级控制点,这样的导线称为闭合导线,如图 3-16 所示。导线从已知高级控制点 B(或 1)和已知方向 AB 出发,经过了 2、3、4、5 等点,最后又回到起点 B(或 1),形成一个闭合的多边形。

闭合导线本身具有严密的几何条件,因此,可以对观测成果进行坐标和角度的检核,通常用于面积较宽阔的独立地区测图控制和二级以下的公路带状地形图的测图控制。

(2)附合导线。从一个已知高级控制点出发,经过了若干个导线点以后,附合到另一个已知高级控制点上,这样的导线称为附合导线,如图 3-17 所示。导线从一已知的高级控制点 A(或 1)和已知方向 BA 出发,经过了 2、3、4 等点,最后附合到另一个已知的高级控制点 C(或 n)上,形成一条连续的折线。

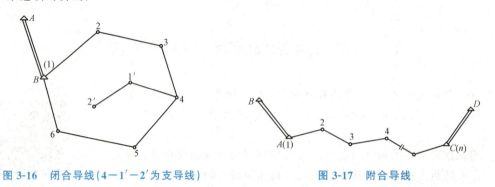

图 3-16　闭合导线($4-1'-2'$ 为支导线)　　　　图 3-17　附合导线

由于两端都有已知的坐标和方位角,该形式同样可以对观测成果进行坐标和方位角的检核,通常用于带状地区的首级控制,广泛地应用于公路、铁路、水利和城建区等工程勘测与施工。

(3)支导线。从一个已知点出发,经过 1~2 个导线点后,既不回到原起始点,也不附合到另一个已知点上,这样的导线称为支导线,如图 3-16 中的 $4-1'-2'$ 就是一条支导线,其中的 4 点作为闭合导线的点,在闭合导线计算时可求得其坐标,故在支导线中作为已知点,$1'$ 点和 $2'$ 点是支导线点。

由于支导线缺乏已知条件,无法进行检核,所以尽量少用。

小贴士

如果需要施测支导线,距离必须进行往返测量,水平角要观测左角、右角,满足:$(\beta_{左}+\beta_{右})-360°\leqslant\pm40''$,且其边数一般不宜超过 2 条,最多不得超过 4 条,它仅适用于图根控制补点使用。

2. 导线测量的等级与技术要求

公路工程导线按精度由高到低的顺序划分为三等、四等、一级和二级。其主要技术要求列于表 3-6 中。图根导线测量主要技术要求列于表 3-7 中。

表 3-6　导线测量的主要技术要求

等级	附(闭)合导线长度/km	平均边长/km	边数	每边测距中误差/mm	单位权中误差/(″)	导线全长相对闭合差	方位角闭合差/(″)
三等	≤18	2.0	≤9	≤±14	≤±1.8	1/52 000	$3.6\sqrt{n}$
四等	≤12	1.0	≤12	≤±10	≤±2.5	1/35 000	$5.0\sqrt{n}$
一级	≤6	0.5	≤12	≤±14	≤±5.0	1/17 000	$10\sqrt{n}$
二级	≤3.6	0.3	≤12	≤±11	≤±8.0	1/11 000	$16\sqrt{n}$

注:①表中 n 为测站数;
　　②以测角中误差为单位权中误差;
　　③导线网节点间的长度不得大于表中长度的 0.7 倍。

表 3-7　图根导线测量的主要技术要求

边长测定方法	测图比例尺	导线全长/m	平均边长/m	测回数	测角中误差/(″)	方位角闭合差/(″)	导线全长相对闭合差
光电测距	1∶500	≤750	75	≥1	≤±20	≤$40\sqrt{n}$	≤1/4 000
	1∶1 000	≤1 500	150				
	1∶2 000	≤3 000	300				

注：①表中 n 为测站数；
②组成节点后，节点间或节点与起算点间的长度不得大于表中规定的 0.7 倍；
③当导线长度小于表中规定的 1/3 时，其绝对闭合差不应大于图上 0.3 mm。

3.3.2　导线测量的外业工作

导线测量的外业工作主要包括踏勘选点、建立标志、测距、测角和联测。

1. 踏勘选点

选点前，应调查搜集测区已有地形图和高一级的控制点的成果资料，把控制点展绘在地形图上，然后在地形图上拟订导线的布设方案，最后到野外去踏勘，实地核对、修改和落实点位。如果测区没有地形图资料，则需详细踏勘现场，根据已知控制点的分布、测区地形条件及测图和施工需要等具体情况，合理地选定导线点的位置。实地选点时应注意以下事项：

(1)导线点应选择在地势较高、视野开阔、土质坚实，便于观测，易于保存的地面；

(2)相邻两导线点间要互相通视，便于测量水平角和测量边长；

(3)采用光电测距时，相邻导线点之间测线不宜选在烟囱、散热塔、散热池等发热体的上空，并应避开高压线等强电磁场的干扰；

(4)导线点应均匀分布，边长要选得大致相等，避免相邻边长差距过大，相邻边长长度之比不要超过 3 倍，以减少测角带来的误差；

动画　闭合导线外业观测

操作视频　全站仪测量附合导线

(5)导线点应尽量靠近路线位置，且有足够的密度、分布均匀，便于控制整个测区，导线应尽量布设成直伸形状。

2. 建立标志

导线点选定后，应在相应位置建立标志，并按一定顺序编号，以避免混乱。

导线点标志有临时性标志和永久性标志两种。

(1)临时性标志：导线点位置选定后，要在每一个点位上打一个木桩，在桩顶钉一小钉，作为点的标志。也可在水泥地面上用红漆划一圆，圆内一小点，作为临时标志。

(2)永久性标志：需要长期保存的导线点应埋设混凝土桩或石桩，桩顶嵌入或刻凿带"+"字的金属标志，作为永久性标志。

标志的制作、尺寸规格、书写及埋设均应符合相应等级的要求，具体详见《公路勘测规范》(JTG C10—2007)。如图 3-18 所示为临时性导线点。如图 3-19 所示为永久性导线点。

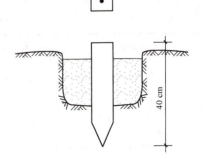
图 3-18　临时性导线点

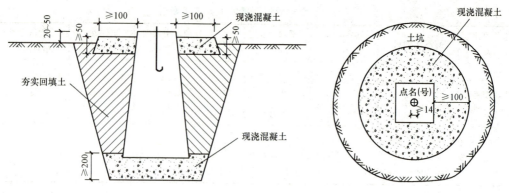

图 3-19 永久性导线点

> **小贴士**
>
> 为便于今后查找,还应测量出导线点至附近明显地物的距离,现场绘制草图,注明尺寸,称为"点之记",如图 3-20 所示。

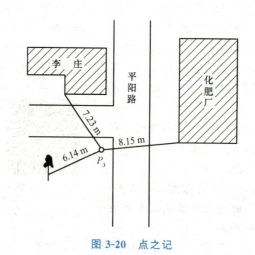

图 3-20 点之记

3. 测距

测距是指测定导线各边长的工作。

(1)光电测距的主要技术要求。根据《公路勘测规范》(JTG C10—2007)规定:一级及以上导线的边长,应采用光电测距仪施测,按表 3-8 选用。光电测距的主要技术要求应符合表 3-9 的要求。

表 3-8 光电测距仪的选用

测距仪精度等级	每千米测距中误差 m_D/mm	适用的平面控制测量等级
Ⅰ级	$m_D \leqslant \pm 5$	二、三、四等,一、二级
Ⅱ级	$\pm 5 < m_D \leqslant \pm 10$	三、四等,一、二级
Ⅲ级	$\pm 10 < m_D \leqslant \pm 20$	一、二级

表 3-9　光电测距的主要技术要求

测量等级	观测次数		每边测回数		一测回读数间较差/mm	单程各测回较差/mm	往返较差
	往	返	往	返			
二等	≥1	≥1	≥4	≥4	≤5	≤7	$\leq\sqrt{2}(a+b \cdot D)$
三等	≥1	≥1	≥3	≥3	≤5	≤7	
四等	≥1	≥1	≥2	≥2	≤7	≤10	
一级	≥1	—	≥2	—	≤7	≤10	
二级	≥1	—	≥1	—	≤12	≤17	

注：①测回是指照准目标一次，读数 4 次的过程；
②表中 a 为固定误差，b 为比例误差系数，D 为水平距离(km)；
③困难情况下，边长测距可采取不同时间段测量代替往返观测。

(2)测距作业应符合以下规定：
1)测站对中误差和反光镜对中误差不应超过 2 mm。
2)当观测数据超限时，应分析原因，重测整个测回。
3)测量气象元素温度计宜采用通风干湿温度计，气压表宜选用高原型空盒气压表；读数前应将温度计悬挂在离开地面和人体 1.5 m 以外阳光不能直射的地方，且读数精确至 0.2 ℃；气压表应置平，指针不应滞阻，且读数精确至 50 Pa。

4. 测角

导线的转折角有左角和右角之分，主要相对于导线测量前进的方向而定。在前进方向左侧的角称为左角；在前进方向右侧的角称为右角。理论上，同一个导线点测得的左角和右角之和应等于 360°。

操作视频　全站仪测量附合导线外业记录计算

小贴士

在闭合导线中，一般习惯测其内角，主要是计算方便，闭合导线若按逆时针方向编号，其内角均为左角；反之均为右角。在附合导线中，可测其左角也可测其右角，但全线要统一，公路测量中一般习惯测右角。

(1)测角的主要技术要求。导线的转折角宜采用方向法进行观测，根据《公路勘测规范》(JTG C10—2007)规定，水平角观测的主要技术要求应符合表 3-10 的规定。

表 3-10　水平角观测的主要技术要求

测量等级	经纬仪型号	光学测微器两次重合读数差/(″)	半测回归零差/(″)	同一测回中 2C 较差/(″)	同一方向各测回间较差/(″)	测回数
二等	DJ_1	≤1	≤6	≤9	≤6	≥12
三等	DJ_1	≤1	≤6	≤9	≤6	≥6
	DJ_2	≤3	≤8	≤13	≤9	≥10
四等	DJ_1	≤1	≤6	≤9	≤6	≥4
	DJ_2	≤3	≤8	≤13	≤9	≥6

续表

测量等级	经纬仪型号	光学测微器两次重合读数差/(″)	半测回归零差/(″)	同一测回中2C较差/(″)	同一方向各测回间较差/(″)	测回数
一级	DJ$_2$	—	≤12	≤18	≤12	≥2
	DJ$_6$	—	≤24	—	≤24	≥4
二级	DJ$_2$	—	≤12	≤18	≤12	≥1
	DJ$_6$	—	≤24	—	≤24	≥3

注：①当观测方向的垂直角超过±3°时，该方向的2C较差可按同一观测时间段内相邻测回进行比较。
②全站仪水平角观测不受光学测微器两次重合读数之差指标的限制。

当测角精度要求较高，而导线边长又比较短时，为了减少对中误差和目标偏心差对角度测量的影响，可采用三联脚架法作业。

(2)测角作业应符合以下规定：
1)当观测方向不多于3个时，可不归零。
2)当观测方向多于6个时，可进行分组观测。分组观测应包括两个共同方向(其中一个为共同零方向)。其两组观测角之差不应大于同等级测角中误差的2倍。分组观测的最后结果，应按等权分组观测进行测站平差。
3)各测回间应配置度盘。
4)水平角的观测值应取各测回的平均数作为测站成果。

5. 联测

导线联测是指新布设的导线与周围已有的高级控制点的联系测量，以获得新布设导线的起算数据，即起始点的坐标和起始边的方位角。常用的联测方法有导线法和交会法。

(1)导线法。如果沿路线方向有已知的高级控制点，导线可直接与其连接，共同构成闭合导线或附合导线；如果已知的高级控制点较远，可以采用间接连接。如图3-21所示，导线联测为测定连接角(水平角)β_1、β_2[图3-21(a)]、β_A、β_C[图3-21(b)]和连接边D_1、D_2[图3-21(a)]、D_{A1}[图3-21(b)]。

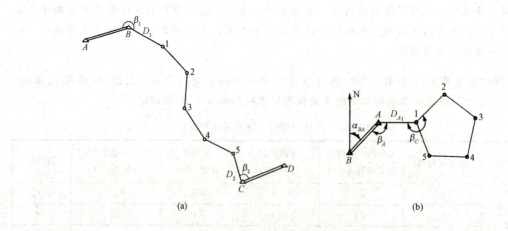

图3-21 导线法联测
(a)附合导线；(b)闭合导线

> **提示**
>
> 连接角和连接边的测量与上述导线的测角、测距方法相同。

(2)交会法。该方法将在本模块 3.6 中介绍。

3.3.3 导线测量的内业计算

导线测量的内业工作,即内业计算,又称导线平差计算,是根据已知的起算数据和外业的观测成果资料,通过对误差进行必要的调整,推算各导线边的方位角,计算各相邻导线边的坐标增量,最后计算出各导线点的平面坐标。

一级及以上平面控制测量平差计算应采用严密平差法,二级及以下可采用近似平差法。内业计算前,应仔细全面地检查导线测量的外业记录,检查数据是否齐全,有无记错、算错,是否符合精度要求,起算数据是否准确。然后绘制出导线草图,并将各项数据标注在图中的相应位置,如图 3-22 所示。内业计算中数字取位应符合表 3-11 的规定。

表 3-11 内业计算中数字取位要求表

测量等级	角度/(″)	长度/m	坐标/m
二等	0.01	0.000 1	0.000 1
三、四等	0.1	0.001	0.001
一、二级	1	0.001	0.001
图根测量	1	0.001	0.001

注:图根测量应进行平差,最终坐标成果和高程成果取至厘米。

1. 闭合导线内业计算

现以图 3-22 所示的二级导线为例,介绍闭合导线内业计算的步骤,具体运算过程及结果见表 3-12。

图中 1、2、3、4 点为待定导线点,A 为已知控制点,其中 A 点坐标为(500.00,500.00),$A1$ 的方位角 $\alpha_{A1}=38°54'39''$。计算前,首先将导线草图中的点号、角度的观测值、边长的量测值,以及起始边的方位角、起始点的坐标等填入表 3-12 闭合导线坐标计算表中。

微课 闭合导线内业计算

图 3-22 闭合导线草图

表 3-12 闭合导线坐标计算表

点号	转折角观测值/(° ′ ″)	角度改正数/(″)	改正后角值/(° ′ ″)	坐标方位角/(° ′ ″)	边长/m	纵坐标增量(Δx) 计算值/m	改正数/mm	改正后值/m	横坐标增量(Δy) 计算值/m	改正数/mm	改正后值/m	纵坐标 x/m	横坐标 y/m	点号
1	2	3	4	5	6	7	8	9	10	11	12	13	14	15
A												500.00	500.00	A
1	116 18 47	−6	116 18 41	38 54 39	132.691	+103.250	+1	+103.251	+83.345	+7	+83.352			
2	115 26 06	−6	115 26 00	102 35 58	87.112	−19.002	+1	−19.001	+85.014	+5	+85.019	603.251	583.352	1
3	121 52 22	−6	121 52 16	167 09 58	96.291	−93.885	+1	−93.884	+21.389	+5	+21.394	584.250	668.371	2
4	88 43 39	−6	88 43 33	225 17 42	131.230	−92.315	+1	−92.314	−93.27	+7	−93.263	490.366	689.765	3
A	97 39 35	−5	97 39 30	316 34 09	140.383	+101.947	+1	+101.948	−96.510	+8	−96.502	398.052	596.502	4
1				38 54 39								500.00	500.00	A
														1
Σ	540 00 29	−29	540 00 00		587.707	−0.005	+5	0	−0.032	+32	0			

辅助计算:

$f_\beta = \sum \beta_测 - \sum \beta_理 = 540°00'29'' - 540°00'00'' = +29''$

$f_{\beta容} = \pm 16\sqrt{5} = \pm 36''(f_\beta < f_{\beta容})$

$f_x = \sum \Delta x_{计测} = -0.005(\text{m}); f_y = \sum \Delta y_{计测} = -0.032(\text{m});$

$f_D = \sqrt{f_x^2 + f_y^2} = 0.032(\text{m})$

$K = \frac{f_D}{\sum D} = \frac{0.032}{587.707} \approx \frac{1}{18\ 146} \quad K_容 = \frac{1}{11\ 000}(K < K_容)$

附图:

(1) 角度闭合差的计算与调整。

1) 计算角度闭合差。闭合导线在几何上是一个 n 边形，其内角和的理论值为

$$\sum \beta_理 = (n-2) \times 180° \tag{3-5}$$

而在实际观测过程中，由于不可避免地存在着误差的原因，使得实测的多边形的内角和不等于上述的理论值，二者的差值称为闭合导线的角度闭合差，习惯以 f_β 表示。

即有

$$f_\beta = \sum \beta_测 - \sum \beta_理 = (\beta_1 + \beta_2 + \cdots + \beta_n) - (n-2) \times 180° \tag{3-6}$$

式中 $\beta_理$——转折角的理论值；

$\beta_测$——转折角的外业观测值。

> **强调**
>
> 角度闭合差是由内角和的实测值减去其理论值计算的。

2) 计算角度闭合差容许值。二级导线角度闭合差的容许值 $f_{\beta容}$ 见表 3-6。按下式计算：

$$f_{\beta容} = \pm 16\sqrt{n} \tag{3-7}$$

3) 计算限差。若 $f_\beta > f_{\beta容}$，说明角度闭合差超限，不满足精度要求，应进行检查分析，查明超限原因，必要时按规范规定要求进行重测直至满足精度要求；若 $f_\beta \leq f_{\beta容}$，则说明所测角度满足精度要求。在此情况下，可将角度闭合差进行调整。

4）计算改正数。由于各角观测均在相同的观测条件下进行，故可认为各角产生的误差相等。因此，角度闭合差调整的原则是：将 f_β 以相反的符号按照测站数平均分配到各观测角中，即按下式计算改正数：

$$v_\beta = -f_\beta/n \tag{3-8}$$

计算改正数时按照角度取位的精度要求，一般可以凑整到 $1''$ 或 $6''$，若不能均分，一般情况下，把余数分给短边的夹角或邻角上，最后计算结果应满足：

$$\sum v_\beta = -f_\beta \tag{3-9}$$

小贴士

若改正数不能均分，工程实际中常将余数分成若干个 $1''$ 并随机分给若干个内角。

5）计算改正后的角值。根据改正数计算改正后的角值为

$$\beta = \beta_{测} + v_\beta \tag{3-10}$$

调整后的内角和必须等于理论值，即 $\sum \beta = (n-2) \times 180°$。

(2) 导线边坐标方位角的推算。如图 3-23 所示，根据起始边的已知坐标方位角及调整后的各内角值，由简单的几何运算推导便可得出，前一边的坐标方位角 $\alpha_{前}$ 与后一边的坐标方位角 $\alpha_{后}$ 的关系式：

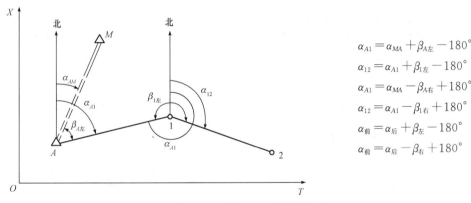

$$\alpha_{A1} = \alpha_{MA} + \beta_{A左} - 180°$$
$$\alpha_{12} = \alpha_{A1} + \beta_{1左} - 180°$$
$$\alpha_{A1} = \alpha_{MA} - \beta_{A右} + 180°$$
$$\alpha_{12} = \alpha_{A1} - \beta_{1右} + 180°$$
$$\alpha_{前} = \alpha_{后} + \beta_{左} - 180°$$
$$\alpha_{前} = \alpha_{后} - \beta_{右} + 180°$$

图 3-23 坐标方位角推算示意

$$\alpha_{前} = \alpha_{后} \pm \beta \mp 180° \tag{3-11}$$

小贴士

在具体推算时要注意以下几点：

1）式(3-11)中的"$\pm \beta \mp 180°$"项，若 β 角为左角，则应取"$+\beta - 180°$"；若 β 角为右角，则应取"$-\beta + 180°$"。

2）若用公式推导出来的 $\alpha_{前} < 0°$，则应加上 $360°$；若 $\alpha_{前} > 360°$，则应减去 $360°$，使各导线边的坐标方位角在 $0° \sim 360°$ 的取值范围内。

3）起始边的坐标方位角最后也能推算出来，其推算值应与原已知值相等，否则推算过程有误。

(3) 坐标增量的计算。一导线边两端点的纵坐标(或横坐标)之差，称为该导线边的纵坐标(或横坐标)增量，习惯以 Δx(或 Δy)表示。

设 i、j 为两相邻的导线点，量测两点之间的边长为 D_{ij}，已根据观测角调整后的值推出了坐标方位角为 α_{ij}，则由三角几何关系，可计算出 i、j 两点之间的坐标增量（在此称为观测值）$\Delta x_{ij测}$ 和 $\Delta y_{ij测}$ 分别为

$$\Delta x_{ij测} = D_{ij} \cdot \cos\alpha_{ij}$$
$$\Delta y_{ij测} = D_{ij} \cdot \sin\alpha_{ij}$$
(3-12)

(4) 坐标增量闭合差的计算与调整。

1) 坐标增量闭合差的计算。因闭合导线从起始点出发经过若干个导线点以后，最后又回到起始点，显然，其坐标增量之和的理论值为零，如图 3-24(a) 所示。即

$$\sum \Delta x_{ij理} = 0$$
$$\sum \Delta y_{ij理} = 0$$
(3-13)

但是，实际上从式 (3-12) 可以看出，坐标增量由边长 D_{ij} 和坐标方位角 α_{ij} 计算而得，虽然角度闭合差经调整后已经闭合，但还存在残余误差，而且边长测量也存在误差，从而导致坐标增量带有误差，即坐标增量的观测值之和 $\sum \Delta x_{ij测}$ 和 $\sum \Delta y_{ij测}$ 一般情况下不等于零，我们把纵横坐标增量观测值的和与理论值的和的差值分别称为纵横坐标增量闭合差，通常以 f_x 和 f_y 表示，如图 3-24(b) 所示。即

$$f_x = \sum \Delta x_{ij测} - \sum \Delta x_{ij理} = \sum \Delta x_{ij测}$$
$$f_y = \sum \Delta y_{ij测} - \sum \Delta y_{ij理} = \sum \Delta y_{ij测}$$
(3-14)

由于坐标增量闭合差的存在，根据计算结果绘制出来的闭合导线图形不能闭合，如图 3-24(b) 所示，此不闭合的缺口距离，称为导线全长闭合差，通常以 f_D 表示。按几何关系，用坐标增量闭合差可求得导线全长闭合差 f_D，即

$$f_D = \sqrt{f_x^2 + f_y^2}$$
(3-15)

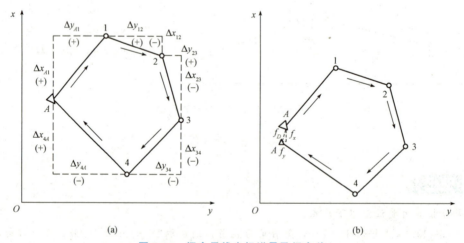

图 3-24 闭合导线坐标增量及闭合差

导线全长闭合差 f_D 是随着导线长度的增大而增大，所以，导线测量的精度是用导线全长相对闭合差 K（即导线全长闭合差 f_D 与导线全长 $\sum D$ 之比值）来衡量的，即

$$K = \frac{f_D}{\sum D} = \frac{1}{\sum D / f_D}$$
(3-16)

导线全长相对闭合差 K 通常用分子是 1 的分数形式表示，不同等级的导线全长相对闭合差的容许值 $K_容$ 列于表 3-6 中，用时可查阅。

> **小贴士**
>
> K 的分数值越小，即分母越大，表示精度越高。

2）坐标增量闭合差的调整。若 $K > K_容$，说明导线全长相对闭合差超限，应及时检查分析，看是否计算错误或计算用错数据，否则查明错误出现的原因进行重测直至满足要求；若 $K \leq K_容$，表明外业测量结果满足精度要求，则可将坐标增量闭合差反符号后，按与边长成正比的方法分配到各坐标增量上去，即计算纵、横坐标增量的改正数，并计算改正后的纵、横坐标增量。

$$v_{\Delta x_{ij}} = -\frac{f_x}{\sum D} \cdot D_{ij}$$
$$v_{\Delta y_{ij}} = -\frac{f_y}{\sum D} \cdot D_{ij} \tag{3-17}$$

$$\Delta x_{ij} = \Delta x_{ij测} + v_{\Delta x_{ij}}$$
$$\Delta y_{ij} = \Delta y_{ij测} + v_{\Delta y_{ij}} \tag{3-18}$$

改正数应按坐标增量取位的精度要求凑整至厘米或毫米，并且必须使改正数的总和与坐标增量闭合差大小相等，符号相反，即 $\sum v_{\Delta x_{ij}} = -f_x$，$\sum v_{\Delta y_{ij}} = -f_y$。

（5）导线点坐标计算。根据起始点的已知坐标和改正后的坐标增量 Δx_{ij} 和 Δy_{ij}，即可按下列公式依次计算各导线点的坐标：

$$x_j = x_i + \Delta x_{ij}$$
$$y_j = y_i + \Delta y_{ij} \tag{3-19}$$

> **小贴士**
>
> 同样用上式最后可以推算出起始点的坐标，推算值应与已知值相等，以此可检核整个计算过程是否有误。

2. 附合导线内业计算

附合导线的内业计算步骤和闭合导线的计算步骤基本相同，但由于附合导线两端有已知点相连接，所以二者的角度闭合差及坐标增量闭合差的计算方法不一样。下面以图 3-25 所示的二级附合导线为例，介绍内业计算的这两点不同。

微课　附合导线内业计算

（1）角度闭合差的计算。附合导线首尾各有一条已知坐标方位角的边，如图 3-25 中的 AB 边和 CD 边，这里称之为始边和终边，由于外业工作已测得导线各个转折角的大小，所以，可以根据起始边的坐标方位角及测得的导线各转折角，由式（3-11）推算出终边的坐标方位角。这样导线终边的坐标方位角有一个原已知值 $\alpha_终$，还有一个由始边坐标方位角和测得的各转折角推算值 $\alpha'_终$。由于测角存在误差的原因，导致二值的不相等，二值之差即附合导线的角度闭合差 f_β。即

$$f_\beta = \alpha'_终 - \alpha_终 = \alpha_始 - \alpha_终 \pm \sum\beta \mp n \times 180° \tag{3-20}$$

式（3-20）中的 $\alpha'_终$ 请参考前述式（3-11）导出。

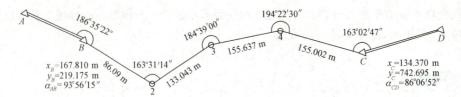

图 3-25　附合导线草图

与闭合导线一样，若 $f_\beta > f_{\beta容}$，则说明角度闭合差超限，不满足精度要求，应返工重测，直到满足精度要求；若 $f_\beta \leq f_{\beta容}$，则说明所测角度满足精度要求，在此情况下，可将角度闭合差进行调整，调整的原则是：若转折角为左角，将 f_β 反符号平均分配到各观测角中，即各角度的改正数为 $v_\beta = -f_\beta/n$；若转折角为右角，则将 f_β 同符号平均分配到各观测角中，即各角度的改正数为 $v_\beta = +f_\beta/n$。

强调

对于附和导线来说，计算角度改正数之前，一定要准确判断其转折角为左角或是右角。

(2)坐标增量闭合差的计算。附合导线的首尾各有一个已知坐标值的点，如图 3-25 中的 B 点和 C 点，这里称之为始点和终点。附合导线的纵、横坐标增量之代数和，在理论上应等于始点与终点的纵、横坐标之差，即

$$\sum \Delta x_{ij理} = x_终 - x_始$$
$$\sum \Delta y_{ij理} = y_终 - y_始$$
(3-21)

但是由于量边和测角有误差，因此根据观测值推算出来的纵、横坐标增量的代数和 $\sum \Delta x_{ij测}$ 和 $\sum \Delta y_{ij测}$，与上述的理论值通常是不相等的，二者之差即纵、横坐标增量闭合差。即

$$f_x = \sum \Delta x_{ij测} - (x_终 - x_始)$$
$$f_y = \sum \Delta y_{ij测} - (y_终 - y_始)$$
(3-22)

式(3-22)中的 $\Delta x_{ij测}$ 和 $\Delta y_{ij测}$ 的计算方法参见式(3-12)。

表 3-13 附合导线坐标计算表为附合导线内业计算的算例。

表 3-13　附合导线坐标计算表

点号	转折角观测值 /(° ′ ″)	角度改正数 /(″)	改正后角值 /(° ′ ″)	坐标方位角 /(° ′ ″)	边长 /m	纵坐标增量(Δx)			横坐标增量(Δy)			纵坐标 x/m	横坐标 y/m	点号
						计算值 /m	改正数 /mm	改正后值 /m	计算值 /m	改正数 /mm	改正后值 /m			
1	2	3	4	5	6	7	8	9	10	11	12	13	14	15
A				93 56 15										A
B	186 35 22	−3	186 35 19	100 31 34	86.091	−15.727	−2	−15.729	+84.642	−5	+84.637	167.810	219.175	B
2	163 31 14	−4	163 31 10	84 02 44	133.043	+13.802	−3	+13.799	+132.325	−8	+132.317	152.081	303.812	2
3	184 39 00	−3	184 38 57	88 41 41	155.637	+3.545	−3	+3.542	+155.597	−9	+155.588	165.880	436.129	3
4	194 22 30	−3	194 22 27	103 04 08	155.002	−35.049	−3	−35.052	+150.987	−9	+150.978	169.422	591.717	4
C	163 02 47	−3	163 02 44	86 06 52								134.370	742.695	C
D														D
Σ	892 10 53	−16	892 10 37		529.773	−33.429	−11	−33.440	+523.551	−31	+523.520			

续表

点号	转折角观测值/(° ′ ″)	角度改正数/(″)	改正后角值/(° ′ ″)	坐标方位角/(° ′ ″)	边长/m	纵坐标增量(Δx)			横坐标增量(Δy)			纵坐标 x/m	横坐标 y/m	点号
						计算值/m	改正数/mm	改正后值/m	计算值/m	改正数/mm	改正后值/m			
辅助计算	$\alpha'_{CD} = \alpha_{AB} + \sum\beta_{测} - n\times 180° = 86°07'08''$; $f_\beta = \alpha'_{CD} - \alpha_{CD} = 86°07'08'' - 86°06'52'' = +29''$ $f_{\beta容} = \pm 16\sqrt{n} = \pm 16\sqrt{5} = \pm 36''(f_\beta < f_{\beta容})$ $f_x = \sum \Delta x_{测} - (x_C - x_B) = -33.429 - (134.370 - 167.810) = +0.011(\text{m})$ $f_y = \sum \Delta y_{测} - (y_C - y_B) = +523.551 - (742.695 - 219.175) = +0.031(\text{m})$ $f_D = \sqrt{f_x^2 + f_y^2} = 0.033(\text{m})$ $K = \dfrac{f_D}{\sum D} = \dfrac{0.033}{529.779} \approx \dfrac{1}{16\,554}$ $K_容 = \dfrac{1}{11\,000}(K < K_容)$			附图：										

3. 支导线内业计算

支导线的内业计算按下列步骤进行：

(1)根据观测的转折角推算各边的坐标方位角。
(2)根据各边的边长和坐标方位角计算各边的坐标增量。
(3)根据各边的坐标增量推算各点的坐标。

 指点迷津

> 由于支导线没有多余观测值，不会产生任何闭合差，没有检核限制条件，因此不需要计算角度闭合差和坐标增量闭合差。

4. 软件平差

近年来，随着软件的开发，出现了一些专门用于测量计算的软件，用户可根据实际工程的需要选择合适的软件。下面介绍几种目前较常用的平差软件。

(1)公路施工测量坐标计算系统。支持 Win NT/2000/XP/2003 和 PC 端。该系统主要为公路新线、公路增建二线、公路互通、铁路新线、铁路复线、铁路电气化改造等工程的施工复测、施工放样、平面线形图绘制、设计图纸复核等而设计。系统分为全线综合测设、积木法坐标计算、交点法坐标计算、互通式立体交叉、纵断面高程计算、放样辅助计算、交会定点计算、导线平差计算、水准平差计算和路基土石方计算十大模块。

导线平差计算适用于各等级各类型闭、附合导线的严密、近似平差计算。严密平差时可以提供完整的精度评定及各种所需报表。

(2)导线测量平差。支持 Win XP/Vista/win7/win8/win10 等操作平台。该软件主要适用于单导线、按角度边长平差的导线网、高程网的观测记录及其近似或严密平差计算。软件含有导线观测记录、水平角观测记录及水准观测记录，能实现内外业的一体化。适用于以下导线的平面及高程平差，包括：闭合导线、附合导线、无定向导线、支导线、特殊导线或网(含无定向闭合环、单边附合、中间含有已知点、加测坚强方向等各种形式的导线，以及按角度平差的导线网、所有的高程网)、坐标导线(指使用全站仪直接观测坐标、高程的闭、附合导线)，同时还可以进行单面单程水准测量记录计算。该软件能提供完整详细的成果并且直接支持显示、打印，整体操作简单实用。

(3)控制测量优化设计与平差。支持 Win XP/Vista/Win7/2003。该软件适用于测角网、测边网、边角网、导线网、水准网、三角高程网等各种测量控制网的优化设计、概算、平差计算。其中的平差计算，仅需输入已知数据、观测数据、先验中误差，无须输入任何额外的数据或遵循任何特定之规则，即可计算所有未知点坐标、点位中误差、点位误差椭圆参数、未知点高程、高程中误差、方向改正数、方向平差值、方位角、方位角中误差、边长改正数、边长平差值、边长中误差、边长比例误差、高差改正数、高差平差值、相对点位误差、相对点位误差椭圆参数等。成果显示详细，并可自定义表格形式，可以输出到 Word、Excel 或文本文件，图形可以输出到 CAD。

(4)工程测量数据处理系统。支持 Win NT/9X/2000/XP。该系统分为施工放样、导线测量、水准测量、交会计算、坐标换算、面积计算、图幅计算等工具。其中施工放样包括圆曲线放样、综合曲线放样、竖曲线放样、放样数据计算和坐标正反算；导线测量包括闭合导线、附合导线、支导线、不定向导线、坐标闭合导线和方位闭合导线计算；水准测量包括闭合水准、附合水准、支水准；交会测量包括角度前方交会、角度后方交会、边长后方交会、双点后方交会、侧方交会和边角后方交会；坐标换算包括高斯正反算、大地坐标换算、不同坐标系转换；图幅包括已知经纬度或平面坐标计算图幅号。工具有公式计算器等小工具。系统采用报表输出和图形输出两种形式，随意打印，系统还可以将数据输出到 Word 文档形式。

3.4　全站仪坐标法导线测量

目前，全站仪作为先进的测量仪器已在公路工程测量中得到了广泛的应用。由于全站仪具有坐标测量的功能，因此在外业观测时，可直接得到观测点的坐标。在成果处理时，可将坐标作为观测值。

3.4.1　导线测量的外业工作

全站仪导线测量的外业工作除踏勘选点及建立标志外，主要应测得导线点的坐标和相邻点间的边长，并以此作为观测值。其观测步骤如下：

如图 3-26 所示，将全站仪安置于起始点 B（高级控制点），按距离及三维坐标的测量方法测定控制点 2 与 B 点的距离 D_{B2} 及 2 点的坐标 (x'_2, y'_2)。再将仪器安置在已测坐标的 2 点上，用同样的方法测得 2、3 点间的距离和 3 点的坐标 (x'_3, y'_3)。依此方法进行观测，最后测得终点 C（高级控制点）的坐标观测值 (x'_C, y'_C)。

微课　全站仪坐标法导线测量外业工作

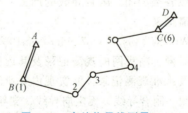

图 3-26　全站仪导线测量

由于 C 为高级控制点，其坐标已知，C 点的坐标观测值一般不等于其已知值，因此，需要进行观测成果的处理。

> **动动脑**
>
> 为何 C 点的坐标观测值一般不等于其已知值?

3.4.2 导线测量的内业计算

在图 3-26 中,设 C 点坐标的已知值为 (x_C, y_C),由于其坐标的观测值为 (x'_C, y'_C),则纵、横坐标闭合差为

$$f_x = x'_C - x_C$$
$$f_y = y'_C - y_C \tag{3-23}$$

由此可计算出导线全长闭合差为

$$f_D = \sqrt{f_x^2 + f_y^2} \tag{3-24}$$

微课 全站仪坐标法
导线测量内业计算

导线全长闭合差 f_D 随着导线长度的增大而增大,所以,导线测量的精度是用导线全长相对闭合差 K(即导线全长闭合差 f_D 与导线全长 $\sum D$ 之比值)来衡量的,即

$$K = \frac{f_D}{\sum D} = \frac{1}{\sum D / f_D} \tag{3-25}$$

式中 D——导线边长,在外业观测时已得到。

导线全长相对闭合差 K 通常用分子是 1 的分数形式表示,不同等级的导线全长相对闭合差的容许值 $K_容$ 列于表 3-6 中,用时可查阅。

若 $K \leq K_容$,表明测量结果满足精度要求。则可按下式计算各点坐标的改正数:

$$v_{xi} = -\frac{f_x}{\sum D} \cdot \sum D_i$$
$$v_{yi} = -\frac{f_y}{\sum D} \cdot \sum D_i \tag{3-26}$$

式中 $\sum D$——导线的全长;
$\sum D_i$——第 i 点之前的导线边长之和。

> **动动脑**
>
> 为何计算各点坐标的改正数时不是按与边长成正比而是按与第 i 点之前的导线边长之和成正比呢?

根据各点坐标的改正数,可按下列公式计算各导线点改正后的坐标为

$$x_i = x'_i + v_{xi}$$
$$y_i = y'_i + v_{yi} \tag{3-27}$$

式中 x'_i, y'_i——第 i 点的坐标观测值。

另外,由于全站仪测量可以同时测得导线点的坐标和高程,因此高程的计算可与坐标计算

一并进行，高程闭合差为

$$f_H = H'_C - H_C \tag{3-28}$$

式中　H'_C——C 点的高程观测值；

H_C——C 点的已知高程。

各导线点的高程改正数为

$$v_{Hi} = -\frac{f_H}{\sum D} \cdot \sum D_i \tag{3-29}$$

式中的符号意义同前。改正后各导线点的高程为

$$H_i = H'_i + v_{Hi} \tag{3-30}$$

式中　H'_i——第 i 点的高程观测值。

表 3-14 以坐标为观测量的导线近似平差计算表为全站仪导线测量内业计算的算例。

表 3-14　以坐标为观测量的导线近似平差计算表

点号	坐标观测值/m			边长 D /m	坐标改正数/mm			坐标平差后值/m			点号
	x'_i	y'_i	H'_i								
1	2	3	4	5	6	7	8	9	10	11	12
A								31 242.685	19 631.274		A
B(1)				1 573.261				27 654.173	16 814.216	462.874	B(1)
2	26 861.436	18 173.156	467.102	865.360	−5	+4	+6	26 861.431	18 173.160	467.108	2
3	27 150.098	18 988.951	460.912	1 238.023	−8	+6	+9	27 150.090	18 988.957	460.921	3
4	27 286.434	20 219.444	451.446	1 821.746	−12	+9	+13	27 286.422	20 219.453	451.459	4
5	29 104.742	20 331.319	462.178	507.681	−18	+14	+20	29 104.724	20 331.333	462.198	5
C(6)	29 564.269	20 547.130	468.518	$\sum D = 6\ 006.071$	−19	+16	+22	29 564.250	20 547.146	468.540	C
D								30 666.511	21 880.362		D
辅助计算	$f_x = x'_C - x_C = 29\ 564.269 - 29\ 564.250 = +19(\text{mm})$ $f_y = y'_C - y_C = 20\ 547.130 - 20\ 547.146 = -16(\text{mm})$ $f_D = \sqrt{f_x^2 + f_y^2} = \sqrt{19^2 + 16^2} = 24(\text{mm})$ $K = \frac{f_D}{\sum D} = \frac{0.024}{6\ 006.071} \approx \frac{1}{250\ 000}$ $f_H = H'_C - H_C = 468.518 - 468.540 = -22(\text{mm})$							附图：			

3.5　GNSS 测量

GNSS 测量（卫星定位测量）是指利用两台或两台以上卫星定位接收机同时接收多颗全球导航卫星系统（GNSS）卫星信号，确定地面点相对位置的技术。

3.5.1　GNSS 概念及系统组成

1. GNSS 概念

GNSS（Global Navigation Satellite System，全球导航卫星系统）是指利用卫星信号实现全球导航定位系统的总称。其是泛指所有的卫星导航系统，包括全球的、区域的和增强的，主要有

GPS定位系统、GLONASS定位系统、GALILEO定位系统、北斗卫星导航系统等。GPS定位系统是美国建立的全球导航卫星定位系统。GLONASS定位系统是俄罗斯建立的全球导航卫星定位系统。GALILEO定位系统是欧盟建立的全球导航卫星定位系统，简称伽利略定位系统。北斗卫星导航系统是中国自主建设运行的全球导航卫星定位系统，简称北斗系统。

微课　GNSS定位

> **知识宝典**
>
> 　　北斗系统在轨运行服务卫星共45颗，包括15颗北斗二号卫星和30颗北斗三号卫星，联合为用户提供面向全球的定位导航授时、全球短报文通信和国际搜救3种服务，以及面向亚太地区的星基增强、地基增强、精密单点定位和区域短报文通信4种服务。
>
> 　　北斗系统卫星可用性均值优于0.99、连续性均值优于0.999。定位导航授时服务，全球范围水平定位精度约1.52米，垂直定位精度约2.64米；测速精度优于0.1米/秒，授时精度优于20纳秒，亚太区域精度更优。目前，北斗系统已广泛应用于交通运输、农林渔业、气象测报、通信授时、救灾减灾、公共安全等领域。国内70%的已入网智能手机正在使用北斗服务，全球一半以上的国家和地区在使用北斗系统，北斗用户数量达到"亿级以上"水平。

2. GNSS系统组成

GNSS系统包括三大部分：空间部分——GNSS卫星星座；地面监控部分——地面监控系统；用户设备部分——GNSS接收机及相应用户设备，如图3-27所示。

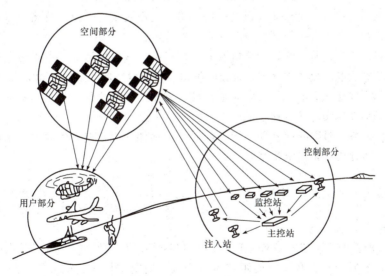

图3-27　GNSS系统组成

（1）空间部分。空间部分由GNSS卫星组成，卫星在空间上要均衡分布。

> **强调**
>
> 　　要实现全球定位，需保证地球上的任何地点、任何时刻至少有4颗卫星被同时观测。

GNSS 卫星的基本功能如下：

1) 接收和储存由地面监控站发来的导航信息，接收并执行监控站的控制命令。

2) 借助于卫星上设有的微处理机进行必要的数据处理工作。

3) 通过星载的高精度原子钟提供精密的时间标准。

4) 向用户发送定位信息。

5) 在地面监控站的指令下，通过推进器调整卫星的姿态和启用备用卫星。

(2) 地面监控部分。导航定位依据卫星发射的定位信息(包括卫星的实时位置)。卫星的实时位置是依据卫星发射的星历(描述卫星运动及其轨道的参数)来确定的；而每颗卫星的广播星历是由地面监控系统提供的。另外，卫星上各种设备是否正常工作，以及能否一直沿预定的轨道运行，都要由地面设备进行监测和控制。地面监控系统另一重要作用是保持各颗卫星处于同一时间标准。

地面监控系统的功能如下：

1) 主控站。根据所有观测资料编算各卫星的星历、卫星钟差和大气层的修正参数，提供全球定位系统的时间基准，调整卫星运行的姿态，启用备用卫星。

2) 注入站。在主控站的控制下，将主控站编算的卫星星历、钟差，以及导航电文和其他控制指令等注入相应的卫星存储系统，并监测注入信息的正确性。

3) 监测站。对 GNSS 卫星进行连续观测，以采集数据和监测卫星的工作状况，经计算机初步处理后，将数据传输到主控站。

(3) 用户设备部分。用户设备部分由 GNSS 接收机、相应的用户设备及 GNSS 数据处理软件组成。其作用是接收、跟踪、变换和测量卫星所发射的信号，以达到导航和定位的目的。

1) GNSS 接收机。GNSS 接收机由主机、天线、控制器和电源等硬件组成。其主要功能是接收 GNSS 卫星发射的信号，能够捕获到按一定卫星高度截止角所选择的待测卫星的信号，并跟踪这些卫星的运行，获得必要的导航和定位信息及观测量。

2) 用户设备。用户设备一般为计算机及其终端设备、气象仪器等。主要功能是对所接收到的 GNSS 信号进行变换、放大和处理，以便测量出 GNSS 信号从卫星到接收机天线的传播时间，解译 GNSS 卫星所发送的导航电文，实时地计算出测站的三维位置，甚至三维速度和时间，并经简单数据处理而实现实时导航和定位。

3) 数据处理软件。数据处理软件是指各种后处理软件。后处理软件的主要作用是对观测数据进行精加工，以便获得精密定位结果。

3.5.2 GNSS 定位原理及分类

1. GNSS 定位原理

GNSS 定位的基本原理是以 GNSS 卫星至用户接收机天线之间的距离(或距离差)为观测量，根据已知的卫星瞬时坐标，利用空间距离后方交会，确定用户接收机天线所对应的观测站的位置。

如图 3-28 所示，某一时刻，4 颗卫星的坐标已知(由星历确定)，GNSS 接收机通过所收卫星信号解算出接收机天线到卫星的距离，而由以下方程计算出天线位置坐标。

$$(X_1-X)^2+(Y_1-Y)^2+(Z_1-Z)^2=D_1^2+\delta$$
$$(X_2-X)^2+(Y_2-Y)^2+(Z_2-Z)^2=D_2^2+\delta$$
$$(X_3-X)^2+(Y_3-Y)^2+(Z_3-Z)^2=D_3^2+\delta$$
$$(X_4-X)^2+(Y_4-Y)^2+(Z_4-Z)^2=D_4^2+\delta$$

(3-31)

式中 δ——接收机与卫星的钟差对解算距离的改正值。

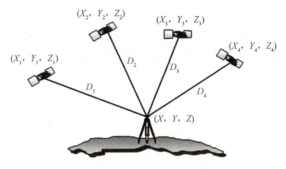

图 3-28　GNSS 单点定位示意图

2. GNSS 定位分类

(1)静态定位与动态定位。静态定位是指 GNSS 接收机在进行定位时,待定点的位置相对其周围的点位没有发生变化,即其天线位置处于固定不动的静止状态。

动态定位是指在定位过程中,GNSS 接收机位于运动着的载体,即天线也处于运动状态的定位方式。

(2)绝对定位与相对定位。绝对定位是只利用一个接收机在一个测站上同步观测 4 个距离观测值,求解出 4 个未知参数(3 个点位坐标分量和 1 个钟差系数)的方法,如图 3-29 所示。绝对定位只能达到米级精度。

相对定位是采用两台以上的接收机同步观测相同的 GNSS 卫星,以确定接收机天线间的相互位置关系的一种方法,如图 3-30 所示。相对定位根据观测方式不同可以达到厘米级精度(动态相对定位)或毫米级精度(静态相对定位)。

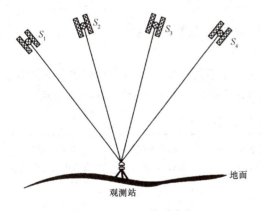

图 3-29　GNSS 绝对定位

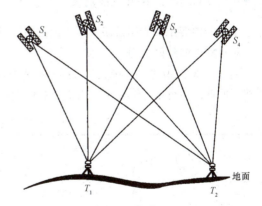

图 3-30　GNSS 相对定位

3. GNSS 常用定位模式

上述两种分类可以组合为 4 种定位模式,即静态绝对定位、动态绝对定位、动态相对定位和静态相对定位。

(1)静态绝对定位。只能达到米级定位精度,没有实际应用价值。

(2)动态绝对定位。也只能达到米级定位精度,虽然在工程测量中无法应用,但可以装在车、船、飞机等移动的载体上实现导航功能,而导航功能米级定位精度就可以。

(3)动态相对定位。RTK 测量是最典型的动态相对定位,可以达到厘米级定位精度。

(4)静态相对定位。在工程测量中一般用于平面控制测量,可以达到毫米级定位精度。

> **提示**
>
> 工程测量中常用的 GNSS 定位模式有静态相对定位与动态相对定位。

4. GNSS 定位特点

相对于传统的定位方式,GNSS 定位有以下特点:

(1)定位精度高。传统的测量是距离越远,误差越大,精度越低;而 GNSS 静态相对定位精度却相反,50 km 以内可达 10^{-6},100~500 km 可达 10^{-7},1 000 km 以上可达 10^{-9}。在 300~1 500 m 工程精密定位中,1 h 以上观测的解其平面位置误差小于 1 mm。

(2)测站间无须通视。GNSS 测量不要求测站之间互相通视,只需测站上空开阔即可,因此可节省大量的建造测量标志费用。由于无须点间通视,点位位置可根据需要,可稀可密,使选点工作更为灵活。

(3)全天候作业。GNSS 观测可在一天 24 h 内的任何时间进行,不受阴天黑夜、起雾刮风、下雨下雪等气候的影响。

(4)观测时间短。随着 GNSS 技术的不断发展,20 km 以内静态相对定位测量仅需 15~20 min;快速静态相对定位测量时,当每个流动站与基准站相距在 15 km 以内时,流动站观测时间只需 1~2 min;动态相对定位测量时,流动站出发时观测 1~2 min,然后可随时定位,每站观测仅需几秒钟。

(5)可提供三维坐标。经典大地测量将平面与高程采用不同方法分别施测。GNSS 可同时精确测定测站点的三维坐标。目前,GNSS 高程拟合测量可满足四等水准测量的精度。

3.5.3 GNSS 平面控制测量

本部分内容主要介绍公路工程平面控制测量中 GNSS 测量的相关规定。

1. GNSS 控制网的分级

根据公路工程(道路、桥梁、隧道等构造物)的特点及不同要求,GNSS 控制网依次分为二等、三等、四等、一级和二级共五个等级。各等级控制网的主要技术指标应符合表 3-15 的规定。

表 3-15 GNSS 测量的主要技术要求

测量等级	平均边长/km	固定误差 a /mm	比例误差系数 b /(mm·km^{-1})	约束点间的边长相对中误差	约束平差后最弱边相对中误差
二等	9	≤5	≤1	≤1/250 000	≤1/120 000
三等	4.5	≤5	≤2	≤1/150 000	≤1/70 000
四等	2	≤5	≤3	≤1/100 000	≤1/40 000
一级	1	≤10	≤3	≤1/40 000	≤1/20 000
二级	0.5	≤10	≤5	≤1/20 000	≤1/10 000

2. GNSS 测量的具体实施

GNSS 测量的具体实施也包括技术设计、外业实施和内业数据处理三个阶段。技术设计包括精度设计、基准设计和网形设计;外业实施主要包括选点埋石、天线安置、观测作业以及观测记录等；内业数据处理主要包括外业数据质量检核、基线向量解算、GNSS 网平差及数据处理成果整理等。

(1) GNSS 控制网的技术设计。GNSS 测量的技术设计是进行 GNSS 定位最基本的工作，它是依据国家 GNSS 测量规范及 GNSS 网的用途、用户的要求等对测量工作的精度、基准及网形等的具体设计。

1) GNSS 网的精度设计。各类 GNSS 网的精度设计主要取决于网的用途。在公路工程测量中，GNSS 控制网的精度指标通常以网中相邻点之间的弦长误差表示，各等级控制网相邻点间的基线精度，按下式计算：

$$\sigma = \sqrt{a^2 + (b \cdot d)^2} \tag{3-32}$$

式中 σ——网中相邻点间的弦长标准差(mm)；
  a——固定误差(mm)；
  b——比例误差系数(mm/km)；
  d——平均边长(km)。

GNSS 基线测量的中误差，应小于按上式计算的标准差；各等级控制测量固定误差 a、比例误差系数 b 的取值应符合表 3-15 的规定。

小贴士

计算 GNSS 测量大地高差的精度时，a、b 可放宽至 2 倍。

2) GNSS 网的基准设计。基准设计是明确 GNSS 网所采用的基准(坐标系统和起算数据)。

现阶段，GNSS 测量主要使用 GPS 定位系统和北斗卫星导航系统。GPS 定位系统采用 WGS-84 坐标系，北斗卫星导航系统采用 CGCS2000 坐标系；而实际工程平面直角坐标系采用国家大地坐标系或地方独立坐标系。因此，需要进行坐标转换——将所测的 WGS-84 坐标或 CGCS2000 坐标转换为实际工程所用的平面直角坐标。

新建 GNSS 网的坐标系应尽量与测区过去采用的坐标系统一致，如果采用独立或工程坐标系，一般需要知道以下参数：

①所采用的参考椭球；
②坐标系的中央子午线经度；
③纵横坐标加常数；
④坐标系的投影面高程及测区平均高程异常值；
⑤起算点的坐标值。

3) GNSS 网的网形设计。GNSS 控制网的布设应根据公路等级、沿线地形地物、作业时卫星状况、精度要求等因素进行综合设计，并编制技术设计书(或大纲)。

①GNSS 网的设计要求。GNSS 控制网设计除满足平面控制网设计的一般要求外，还应满足下列要求：

a. GNSS 控制网应同附近等级高的国家控制网点联测，联测点数应不少于 3 个，并力求分布均匀，且能覆盖本控制网范围。当 GNSS 控制网较长时，应增加联测点数量。

b. 同一公路工程项目的 GNSS 控制网分为多个投影带时，在分带交界附近宜同国家平面控制点联测。

c. 一、二级 GNSS 控制网可采用点连式布网；二、三、四等 GNSS 控制网应采用网连式、边连式布网；GNSS 控制网中不应出现自由基线。

d. GNSS 控制网由非同步 GNSS 观测边构成一个或若干个闭合环或附合路线时，其边数应符合相关规范的规定。

②GNSS网的基本图形的选择。根据GNSS测量的不同用途，GNSS网的独立观测边应构成一定的几何图形。图形的基本形式如下：

a. 三角形网。GNSS网中的三角形边由独立观测边组成。根据常规平面测量已经知道，这种图形的几何结构强，具有良好的自检能力，能够有效地发现观测成果的粗差，以保障网的可靠性。同时，经平差后网中相邻点间基线向量的精度分布均匀。

但是，这种网形的观测工作量大，当接收机数量较少时，将使观测工作的总时间大为延长。因此，通常只有当网的精度和可靠性要求较高时，才单独采用这种图形。

b. 环形网。环形网是由若干个含有多条独立观测边的闭合环组成的。这种网形与导线网相似，其图形的结构强度不及三角形网，而环形网的自检能力和可靠性，与闭合环中所含基线边的数量有关。闭合环中的边数越多，自检能力和可靠性就越差，所以，根据环形网的不同精度要求，以限制闭合环中所含基线边的数量。

环形网观测工作量较三角形网为小，也具有较好的自检能力和可靠性。但由于网中非直接观测的边（或称间接边）的精度要比直接观测的基线边低，因此网中相邻点间的基线精度分布不够均匀。

c. 星形网。星形网的几何图形简单，但其直接观测边之间，一般不构成闭合图形，所以检核能力差。由于这种网形在观测中一般只需要两台GNSS接收机，作业简单，因此在快速静态定位和准动态定位等快速作业模式中，大都采用这种网形。它被广泛应用于精度较低的工程测量、边界测量、地籍测量和碎部测量等领域。

（2）GNSS测量的外业实施。GNSS测量的观测工作主要包括选点埋石、天线安置、观测作业、观测记录。

1）选点埋石。GNSS测量观测站之间不要求通视，而且网的图形结构也比较灵活，所以选点工作比常规的控制测量的选点要简便。但由于点位的选择对保证测量工作顺利进行和保证测量结果的可靠性非常重要，所以选点还应遵循以下原则：

①点位应选择在质地坚硬、稳固可靠的地方，同时要有利于加密和扩展，每个控制点至少应有一个通视方向；

②视野开阔，高度角在15°以上的范围内，应无障碍物；

③点位附近不应有强烈干扰接收卫星信号的干扰源或强烈反射卫星信号的物体或高压线，点位距离高压线不应小于100 m，距离大功率发射台不宜小于400 m；

④点位应避开由于地面或其他目标反射所引起的多路径干扰的位置；

⑤充分利用符合要求的旧有控制点。

点位选定以后，应按公路前进方向顺序编号，并在编号前冠以"GNSS"字样和等级。选定的点位应标注于地形图上，绘制测站环视图和GNSS网选点图。

> **注意**
>
> 当新点与原有点重合时，应采用原有点名，同一个GNSS控制网中严禁有相同的点名。

为了固定点位，以便长期利用GNSS测量成果和进行重复观测，GNSS网点选定后一般应设置具有中心标志的标石，以精确标志点位。点的标石和标志必须稳定、坚固，以利于长久保存和利用，点的标志一般采用埋石方法，同时填写GNSS"点之记"。

2）天线安置。天线的妥善安置是实现精密定位的重要条件之一，其安置工作一般应满足以下要求：

①静态相对定位时，天线安置应尽可能利用三脚架，并安置在标志中心的上方直接对中观测，对中误差不得大于1 mm。特殊情况下，可进行偏心观测，但归心元素应精密测定。

②天线底板上的圆水准器气泡必须严格居中。

③天线的定向标志线应指向正北，并顾及当地磁偏角的影响，以减弱相位中心偏差的影响。定向的误差依定位的精度要求不同而异，一般不应超过±(3°~5°)。

④雷雨天气安置天线时，应注意将其底盘接地，以防止雷击。

天线安置后，应在各观测时段的前后，各量取天线高一次，天线高量取应精确至1 mm，量测的方法按仪器的操作说明进行。两次量测结果之差不应超过±3 mm，并取其平均值。

3) 观测作业。在观测工作开始之前，接收机一般须按规定经过预热和静置。

观测作业的主要内容是捕获GNSS卫星信号，并对其进行跟踪、处理和量测，以获取所需的定位信息和观测数据。

使用GNSS接收机进行作业的具体操作步骤和方法，按随机操作手册进行。

无论采用何种接收机，GNSS测量的主要技术要求应符合表3-16的规定。

表3-16 GNSS测量的主要技术要求

测量等级		二等	三等	四等	一级	二级
卫星高度角/(°)		≥15	≥15	≥15	≥15	≥15
时段长度	静态定位/min	≥240	≥90	≥60	≥45	≥40
	快速静态/min	—	≥30	≥20	≥15	≥10
平均重复设站数/(次·每点$^{-1}$)		≥4	≥2	≥1.6	≥1.4	≥1.2
同时观测有效卫星数/个		≥4	≥4	≥4	≥4	≥4
点位几何图形强度因子/GDOP		≤6	≤6	≤6	≤6	≤6

在外业观测工作中，应注意以下事项：

①当确认外接电源电缆及天线等各项连接无误后，方可接通电源，启动接收机。

②开机后，接收机的有关指示和仪表数据显示正常时，方可进行自测试和输入有关测站和时段控制信息。

③接收机在开始记录数据后，用户应注意查看有关观测卫星数据、卫星号、相位测量残差、实时定位结果及其变化、存储介质记录等情况。

④在观测过程中，接收机不得关闭并重新启动，不准改变卫星高度角的限值，不准改变天线高。

⑤每一观测时段中，气象资料一般应在时段始末及中间各观测记录一次。当时段较长时，应适当增加观测次数。

⑥观测中，应避免在接收机近旁使用无线电通信工具。

⑦作业同时，应做好测站记录，包括控制点点名、接收机序列号、仪器高、开关机时间等相关的测站信息。

⑧观测站的全部预定作业项目，经检查均已按规定完成，且记录与资料均完整无误后，方可迁站。

4) 观测记录。在外业观测过程中，所有的观测数据和资料均须完整记录。记录可通过以下两种途径完成：

①自动记录。观测记录由接收设备自动完成，记录在存储介质(如数据存储卡)上，其主要

内容包括：载波相位观测值及相应的观测历元；同一历元的测码伪距观测值；GNSS卫星星历及卫星钟差参数；实时绝对定位结果；测站控制信息及接收机工作状态信息。

②手工记录。手工记录是指在接收机启动前及观测过程中，由操作者随时填写的测量手簿。其中，观测记事栏应记载观测过程中发生的重要问题、问题出现的时间及其处理方式。

为了保证记录的准确性，测量手簿必须在作业过程中随时填写，不得事后补记。观测记录是 GNSS 定位的原始数据，也是后续数据处理的唯一依据，每日观测结束后，应将外业数据文件及时转存到存储介质上，不得作任何剔除或删改。

观测任务结束后，必须及时在测区对观测数据进行检核，在确保准确无误后，才能进行平差计算和数据处理。

(3) GNSS 测量的内业数据处理。

1) 外业数据质量检核。

①同一时段观测值的数据剔除率不宜大于10%。

②采用点观测模式时，不同点间不进行重复基线、同步环和异步环的数据检验，但同一点不同时段的基线数据应按规范进行各种数据检验。

③复测基线的长度较差应满足相关规范规定。

2) 基线向量解算。

①基线数据处理软件应根据要求采用高精度数据处理专用的软件或随接收机配备的商用软件。

②根据外业施测的精度要求和实际情况、软件的功能和精度，可采用多基线解或单基线解；起算点的选取应根据测量已知点的情况确定坐标起算点，每个同步观测图形应至少选定一个起算点。

③基线解算，按同步观测时段为单位进行。按多基线解时，每个时段须提供一组独立基线向量及其完全的方差—协方差阵；按单基线解时，须提供每条基线分量及其方差—协方差阵。

④基线解算可采用双差解、单差解；但是长度小于 15 km 的基线，应采用双差固定解，长度大于 15 km 的基线可在双差固定解和双差浮点解中选择最优结果。

3) GNSS 网平差。工程测量中一般选择在 2000 国家大地坐标系或地方独立坐标系中进行约束平差。平差中，对已知点坐标、已知距离或已知方位角，可以强制约束，也可加权约束。平差结果应包括相应坐标系中的二维坐标、基线向量改正数、基线边长、方位、转换参数及其相应的精度。

4) 数据处理成果整理。基线解算、平差的结果，均应拷贝到磁(光)盘和打印各一份文件。磁(光)盘要装盒，打印成果要装订成册，并要贴上标签，注明资料内容。

3.6 交会法定点

在进行平面控制测量时，如果控制点的密度不能满足测图或工程施工的要求时，则需要进行控制点的加密，即补点。控制点的加密通常采用交会法来进行。

3.6.1 交会法定点方法

根据观测元素性质不同，交会法定点分为测角交会和测边(距离)交会两种方法。

1. 测角交会

测角交会又分为前方交会、侧方交会和后方交会三种。

如图 3-31(a)所示，分别在两个已知点 A 和 B 上安置经纬仪测出图示的水平角 α 和 β，从而根据几何关系计算出 P 点的平面坐标的方法，称为前方交会。如图 3-31(b)所示，分别在一个已知点(如 A 点)和待定坐标的控制点 P 上安置经纬仪，测出图示的水平角 α 和 γ，从而计算出 P 点的平面坐标的方法称为侧方交会。如图 3-31(c)所示，仅在待定坐标的控制点 P 上安置经纬仪，分别照准三个已知点(图中的 A、B、C 三点)测出图示的水平角 α 和 β，并根据已知点坐标，计算出 P 点的平面坐标的方法，称为后方交会。

如图 3-31 中待定点至两相邻已知点方向的夹角称为交会角。

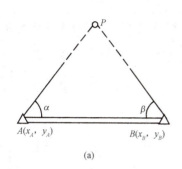 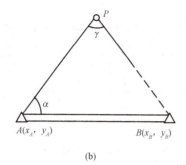 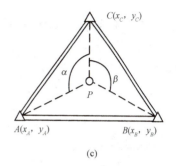

图 3-31 测角交会
(a)前方交会；(b)侧方交会；(c)后方交会

> **注意**
>
> 在选用交会法时，交会角不应小于 30°或大于 150°。

(1)前方交会。如图 3-31(a)所示，设已知 A 点的坐标为 x_A、y_A，B 点的坐标为 x_B、y_B。分别在 A、B 两点处设站，测出图示的水平角 α 和 β，则未知点 P 的坐标可按以下的方法进行计算：

微课 前方交会

1)按坐标计算方法推算 P 点的坐标。

①用坐标反算公式计算 AB 边的坐标方位角 α_{AB} 和边长 D_{AB}：

$$\alpha_{AB}=\arctan\frac{y_B-y_A}{x_B-x_A} \tag{3-33}$$

$$D_{AB}=\sqrt{(x_B-x_A)^2+(y_B-y_A)^2}$$

②计算 AP、BP 边的方位角 α_{AP}、α_{BP} 及边长 D_{AP}、D_{BP}：

$$\begin{aligned}\alpha_{AP}&=\alpha_{AB}-\alpha\\ \alpha_{BP}&=\alpha_{AB}+180°+\beta\\ D_{AP}&=\frac{D_{AB}}{\sin\gamma}\sin\beta\\ D_{BP}&=\frac{D_{AB}}{\sin\gamma}\sin\alpha\end{aligned} \tag{3-34}$$

式中，$\gamma=180°-\alpha-\beta$，且应有：$\alpha_{AP}-\alpha_{BP}=\gamma$（可用作检核）。

③按坐标正算公式计算 P 点的坐标：

$$x_P = x_A + D_{AP} \cdot \cos\alpha_{AP}$$
$$y_P = y_A + D_{AP} \cdot \sin\alpha_{AP} \tag{3-35}$$

或

$$x_P = x_B + D_{BP} \cdot \cos\alpha_{BP}$$
$$y_P = y_B + D_{BP} \cdot \sin\alpha_{BP} \tag{3-36}$$

小贴士

由式(3-35)和式(3-36)计算的 P 点坐标理应相等，可用作校核。由于计算中存在小数位的取舍，可能有微小差异，可取其平均值。

2) 按余切公式（变形的戎格公式）计算 P 点的坐标。略去推导过程，P 点的坐标计算公式为

$$x_P = \frac{x_A \cdot \cot\beta + x_B \cdot \cot\alpha + (y_B - y_A)}{\cot\alpha + \cot\beta}$$
$$y_P = \frac{y_A \cdot \cot\beta + y_B \cdot \cot\alpha - (x_B - x_A)}{\cot\alpha + \cot\beta} \tag{3-37}$$

注意

在利用式(3-37)计算时，三角形的点号 A、B、P 应按逆时针顺序排列，其中 A、B 为已知点，P 为未知点。

为了校核和提高 P 点精度，前方交会通常是在三个已知点上进行观测，如图 3-32 所示，测定 α_1、β_1 和 α_2、β_2，然后由两个交会三角形各自按式(3-35)和式(3-36)计算 P 点坐标。因测角误差的影响，求得的两组 P 点坐标不会完全相同，其点位较差为：$\Delta D = \sqrt{\delta_x^2 + \delta_y^2}$，其中，$\delta_x$、$\delta_y$ 分别为两组 x_P、y_P 坐标值之差。当 $\Delta D \leqslant 2 \times 0.1 M$ (mm)（M 为测图比例尺分母）时，可取两组坐标的平均值作为最后结果。

图 3-32 三点前方交会

在实际应用中具体采用哪一种交会法定点，需要根据现场的实际情况而定。

提示

为了提高交会的精度，在选用交会法的同时，还要注意交会图形的好坏。当交会角[如图 3-31(a)中的 $\angle APB$]接近于 90°时，其交会精度最高。

(2) 后方交会。如图 3-31(c)所示，设已知 A 点的坐标为 (x_A, y_A)，B 点的坐标为 (x_B, y_B)，C 点的坐标为 (x_C, y_C)，P 为待定点。后方交会是在 P 点安置经纬仪，观测水平角 α 和 β，根据 3 个已知点的坐标和 α 和 β 角计算 P 点的坐标。

后方交会法的计算公式有很多，这里仅介绍其中的一种。计算步骤和计算公式如下：

1) 计算 B 点至 P 点的方位角正切值为

微课　后方交会

$$\tan\alpha_{BP} = \frac{(y_B - y_A) \cdot \cot\alpha + (y_B - y_C)\cot\beta + (x_A - x_C)}{(x_B - x_A) \cdot \cot\alpha + (x_B - x_C)\cot\beta + (y_A - y_C)} \tag{3-38}$$

2)计算坐标增量为

$$\Delta x_{BP} = \frac{(y_B - y_A) \cdot (\cot\alpha - \tan\alpha_{BP}) - (x_B - x_A) \cdot (1 + \cot\alpha \cdot \tan\alpha_{BP})}{1 + \tan^2\alpha_{BP}} \tag{3-39}$$

$$\Delta y_{BP} = \Delta x_{BP} \cdot \tan\alpha_{BP}$$

3)计算 P 点坐标为

$$\begin{aligned} x_P &= x_B + \Delta x_{BP} \\ y_P &= y_B + \Delta y_{BP} \end{aligned} \tag{3-40}$$

为了检核，实际工作中通常是观测 4 个已知点，每次用 3 个点，共组成两组后方交会，若两组坐标值的较差符合规定的要求，取其平均值作为 P 点的最后坐标。

微课　测边交会

2. 测边交会

如图 3-33 所示，在计算加密控制点 P 的坐标时，也可以采用测量出图示边长 a 和 b，然后利用几何关系，计算出 P 点的平面坐标的方法，称为测边(距离)交会法。与测角交会相同，测边交会也能获得较高的精度。

> **小贴士**
>
> 由于全站仪和光电测距仪在公路工程中的普遍采用，测边交会法在测图或工程中已被广泛地应用。

在图 3-33 中 A、B 为已知点，测得两条边长分别为 a、b，略去推导过程，P 点的坐标计算公式为

$$\begin{aligned} x_P &= x_A + b \cdot \cos\alpha_{AP} \\ y_P &= y_A + b \cdot \sin\alpha_{AP} \end{aligned} \tag{3-41}$$

以上是两边交会法，工程中为了检核和提高 P 点的坐标精度，通常采用三边交会法，如图 3-34 所示。三边交会观测三条边，分两组计算点坐标进行核对，最后取其平均值。

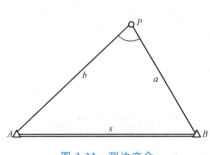

图 3-33　测边交会

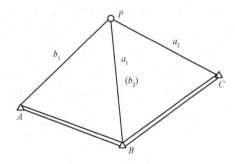

图 3-34　三边距离交会

3.6.2 全站仪后方交会

使用全站仪可快速、便捷地进行后方交会。现以南方牌全站仪 NTS－660 系列为例，介绍后方交会程序的具体操作。

微课 全站仪后方交会

动画 全站仪后方交会

操作视频 南方测绘后方交会

小贴士

各种不同品牌、型号的全站仪，后方交会的具体操作方法也略有差异。

该程序可以通过在测站上测量至少两个点的坐标来计算测站坐标。后方交会的测量方法有两种：第一种是测量距离和角度；第二种是只测量角度。计算的方法取决于可用的数据，需要测量至少两个点的距离和角度或测量至少三个点的角度。

1. 进入后方交会程序

按【F1】键进入程序主菜单的第一页，按【F1】键进入标准测量菜单，通过【←】键或【→】键选择【记录】菜单，这时会显示【记录】菜单下的子菜单信息，如图 3-35 所示。按【ENT】键进入测站点设置，如图 3-36 所示。

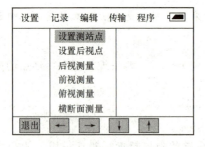

图 3-35 【记录】子菜单

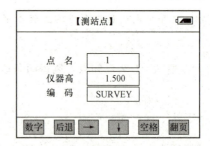

图 3-36 测站点设置

输入实际的点名、仪器高和编码。若该点坐标存在于坐标数据库或固定数据库中，则系统会自动调用该点坐标；若坐标数据文件或固定点数据文件中没有该点坐标，则显示坐标输入屏幕，输入该点的 N(北)E(东)Z(高程)坐标，如图 3-37 所示。

输入后按【F6】键翻到第二页，如图 3-38 所示。

屏幕右下角显示后交、高程菜单。按【F4】键进入后方交会程序，如图 3-39 所示。

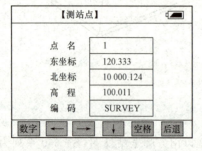

图 3-37 输入测站点坐标

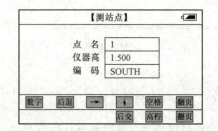

图 3-38 测站点设置结束

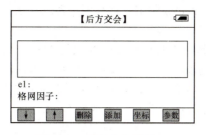

图 3-39　后方交会界面

屏幕中间显示一个记录框，框中包含了已经测量的坐标和测量残差。在没有进行测量时，该框为空。屏幕下方显示测站点的互差(el)和格网因子。如果测量两点间的距离，将显示互差；如果测量三点或更多点的距离，或测量四点及更多点的角度时，便显示标准差。在测量之前，要按【F6】参数键进行参数设置，如图 3-40 所示。

屏幕显示是否计算测站点高程、比例因子、后视方位角。此外，还可以选择是否存储计算的比例因子或存储标准偏差的测量成果。当光标在底部时，按【ENT】键返回到后方交会主屏幕。

再按【F4】键添加一个新的后方交会测量，如图 3-41 所示。输入目标点的点号和镜高，按【F5】键模式选择测角模式和测距模式。

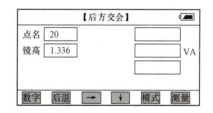

图 3-40　后方交会参数设置　　　　图 3-41　添加新的后方交会测量界面

如果使用第一种方法，按【F3】键（或【F4】键）可选择 HA/VA/SD 模式；

如果使用第二种方法，按【F3】键（或【F4】键）可选择 HA/VA 模式。

2. 方法一：测量角度和距离

这种方法需要测量最少两个点的距离和角度。

进入后方交会测量模式后，精确照准第一个目标后，再按【ENT】键便进行测量（注意：如果按【F6】键测量，该测量后的数据既不存储也不用于后方交会计算）。

测量完后测量的点被添加到记录框中，按【F4】键增加第二个后方交会测量，输入点名和镜高后，照准第二个目标点，按【ENT】键开始测量仪器到目标点的距离。测量完后第二点被记录在框中。此时，如果计算的比例因子为 0.9～1.1，将会显示出残差、互差。按【F5】键显示该坐标值（如果不在 0.9～1.1，则不会显示出坐标），按【F5】键确定，然后按【F4】键再增加一组新的后方交会测量，输入第三个点的点名与镜高后，照准第三个点，按【ENT】键开始测量仪器到目标点的距离。

测量完成后将显示水平角、垂直角、斜距的残差和北坐标、东坐标及高程的标准差，然后按【ENT】键，屏幕则显示测站点坐标及点名和编码。在此，可以根据需要来修改测量结束后的信息，然后按【ENT】键保存并退出该程序。

3. 方法二：测量角度

这种方法需要测量最少三个点的角度。进入后方交会测量模式后，按【F4】键增加一个后方交会的点，再按【F5】模式键更改测量模式，选择测角模式。选择完毕后，按【ENT】键返回到后方交会测量模式。

输入点名、镜高后照准第一个目标，按【ENT】键。第一个点即被记录在记录框中，再按【F4】增加键，输入第二个目标点的点名和镜高后照准第二个点，按【ENT】键，记录第二个点号。再按【F4】键增加，输入第三个点的点名和棱镜高后再照准第三个点，并按【ENT】键，记录第三个点号。此模式最少测三个点，最多为 10 个点的角度，根据用户的需要确定添加点数。测量完三个点的角度后，在记录框中显示水平角和垂直角的残差，N/E/Z 坐标的标准差和格网因子。按【F5】键坐标，显示测站点的坐标，按【F5】键确定。

一般来说，水平角的残差值不能太大，因此根据需要可剔除精度低的观测值，可以通过【F1】键或【F2】键上下箭头移动光标到该数据处。按【F3】键删除，再按【F4】键确定，即可删除该数据。测站点的坐标，标准差或互差和其他观测值的残差将会自动重新计算。

测量可按任何顺序进行，在后方交会主屏幕显示的点号和水平角一起存储在内存中。

!!! 注意

当用三点进行角度后方交会时，应避免危险圆。如图 3-42 所示，$P1$、$P2$、$P3$ 和测站点在同一圆上则不计算坐标。测站点靠近 $P1$、$P2$、$P3$ 点形成的圆，也不计算坐标。

测量完毕按【ENT】键显示测站点坐标、点名和编码。

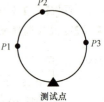

图 3-42　危险圆

3.7　高程控制测量

高程控制测量主要采用水准测量或三角高程测量的方法进行。同一项目应采用同一高程系统，并应与相邻项目高程系统相衔接。

3.7.1　三、四等水准测量的技术要求

1. 水准测量的技术要求

对于公路工程，各级公路及构造物的高程控制测量等级不得低于表 3-3 的规定。各等级水准测量的主要技术要求见表 3-17。

表 3-17　水准测量的主要技术要求

等级	每公里高差中数误差 /mm		附合或环线水准路线长度/km		往返较差附合或环线闭合差/mm		检测已测段高差之差/mm
	偶然中误差 M_Δ	全中误差 M_W	路线、隧道	桥梁	平原、微丘	山岭、重丘	
二等	±1	±2	600	100	$\leqslant 4\sqrt{l}$	$\leqslant 4\sqrt{l}$	$\leqslant 6\sqrt{L_i}$
三等	±3	±6	60	10	$\leqslant 12\sqrt{l}$	$\leqslant 3.5\sqrt{n}$ 或 $\leqslant 15\sqrt{l}$	$\leqslant 20\sqrt{L_i}$

续表

等级	每公里高差中数误差 /mm		附合或环线水准路线长度/km		往返较差附合或环线闭合差/mm		检测已测测段高差之差/mm
	偶然中误差 M_Δ	全中误差 M_W	路线、隧道	桥梁	平原、微丘	山岭、重丘	
四等	±5	±10	25	4	$\leq 20\sqrt{l}$	$\leq 6.0\sqrt{n}$ 或$\leq 25\sqrt{l}$	$\leq 30\sqrt{L_i}$
五等	±8	±16	10	1.6	$\leq 30\sqrt{l}$	$\leq 45\sqrt{l}$	$\leq 40\sqrt{L_i}$

注：计算往返较差时，l 为水准点间的路线长度(km)；计算附合或环线闭合差时，l 为附合或环线的路线长度(km)。n 为测站数；L_i 为检测测段长度(km)，小于 1 km 时按 1 km 计算。

2. 水准测量的观测方法

水准测量的观测方法见表 3-18。

表 3-18　水准测量的观测方法

测量等级	观测方法	观测顺序	
二等	光学测微法	往返	后→前→前→后
三等	中丝读数法	往返	后→前→前→后
	光学测微法		
	中丝读数法		
四等	中丝读数法	往	后→后→前→前
五等	中丝读数法	往	后→前

3. 水准测量的实施

水准测量所使用的仪器应符合下列规定：水准仪的视准轴与水准管的夹角 i，在作业开始的第一周内应每天测定一次，i 角稳定后每隔 15 d 测定一次，其值不得大于 20″；水准尺上的米间隔平均长与名义长之差，对于线条式铟瓦标尺不应大于 0.1 mm，对于区格式木质标尺不应大于 0.5 mm。

各等级水准测量观测的主要技术要求见表 3-19。

表 3-19　水准测量观测的主要技术要求

等级	仪器类型	水准尺类型	视线长 /m	前后视较差/m	前后视累积差/m	视线离地面最低高度/m	基辅(黑红)面读数差/mm	基辅(黑红)面高差之差/mm
二等	$DS_{0.5}$	铟瓦	≤50	≤1	≤3	≥0.3	≤0.4	≤0.6
三等	DS_1	铟瓦	≤100	≤3	≤6	≥0.3	≤1.0	≤1.5
	DS_2	双面	≤75				≤2.0	≤3.0
四等	DS_3	双面	≤100	≤5	≤10	≥0.2	≤3.0	≤5.0
五等	DS_3	单面	≤100	≤10	—	—		≤7.0

3.7.2 三、四等水准测量的实施方法

以三、四等水准测量采用双面尺的一个测站为例,介绍中丝读数法观测的程序,其记录与计算见表3-20。

微课　三、四等水准测量

动画　三、四等水准观测

操作视频　电子水准仪三、四等水准测量

1. 观测顺序

(1)三等水准测量一测站观测顺序。
1)照准后视尺黑面,精平,读取上、下、中三丝读数,并记为(1)、(2)、(3);
2)照准前视尺黑面,精平,读取上、下、中三丝读数,并记为(4)、(5)、(6);
3)照准前视尺红面,精平,读取中丝读数,并记为(7);
4)照准后视尺红面,精平,读取中丝读数,并记为(8)。
上述四步观测,简称为"后→前→前→后(或黑→黑→红→红)"。

> **指点迷津**
>
> 采用上述观测顺序的目的是消除或减弱仪器或尺垫下沉误差的影响。

(2)四等水准测量一测站观测顺序。对于四等水准测量,规范允许采用"后→后→前→前(或黑→红→黑→红)"的观测顺序,以操作简便些。主要目的是尽量缩短观测时间,减少外界环境对测量的影响,但必须保证读数、记录等绝对正确;否则,适得其反。

表3-20　水准测量观测记录计算表

自：_____测至_____　天气：_____　观测者：_____
时间：_____　　　　　成像：_____　记录者：_____

测站编号	点号	后尺 上丝	后尺 下丝	前尺 上丝	前尺 下丝	方向及尺号	水准尺读数 黑面中丝	水准尺读数 红面中丝	黑+K-红	平均高差	备注
		后视距		前视距							
		视距差 d		Σd							
		(1)		(4)		后	(3)	(8)	(14)		K 为尺常数, 如: $K_{106}=4.787$, $K_{107}=4.687$ 已知: BM_1 高程为 $H_1 = 56.345$ m
		(2)		(5)		前	(6)	(7)	(13)	(18)	
		(9)		(10)			(15)	(16)	(17)		
		(11)		(12)							
1	BM_1 -ZD_1	1.426 0.995 43.1 +0.1		0.801 0.371 43.0 +0.1		后106 前107	1.211 0.586 +0.625	5.998 5.273 +0.725	0 0 0	+0.625 0	

138

续表

测站编号	点号	后尺 上丝 下丝 后视距 视距差 d	前尺 上丝 下丝 前视距 Σd	方向及尺号	水准尺读数 黑面中丝	水准尺读数 红面中丝	黑+K−红	平均高差	备注
2	ZD$_1$ — ZD$_2$	1.812 1.296 51.6 −0.2	0.570 0.052 51.8 −0.1	后 107 前 106	1.554 0.311 +1.243	6.241 5.097 +1.144	0 +1 −1	+1.243 5	K 为尺常数，如：$K_{106}=4.787$，$K_{107}=4.687$ 已知：BM_1 高程为 $H_1 = 56.345$ m
3	ZD$_2$ — ZD$_3$	0.889 0.507 38.2 +0.2	1.713 1.333 38.0 +0.1	后 106 前 107	0.698 1.523 −0.825	5.486 6.210 −0.724	−1 0 −1	−0.825 4	
4	ZD$_3$ — A	1.891 1.525 36.6 −0.2	0.758 0.390 36.8 −0.1	后 107 前 106	1.708 0.574 +1.134	6.395 5.361 +1.034	0 0 0	+1.134 0	
本页校核	\multicolumn{9}{l}{$\Sigma[(3)+(8)]-\Sigma[(6)+(7)]=29.291-24.935=+4.356$ $\Sigma[(15)+(16)]=+4.356$；$2\Sigma(18)=+4.356$ 由此可见满足：$\Sigma[(3)+(8)]-\Sigma[(6)+(7)]=\Sigma[(15)+(16)]=2\Sigma(18)$ $\Sigma(9)-\Sigma(10)=169.5-169.6=-0.1=$末站(12) 总视距$=\Sigma(9)+\Sigma(10)=339.1$(m)}

2. 一个测站的计算与检核

(1) 视距的计算与检核。

后视距(9)=[(1)−(2)]×100 m

前视距(10)=[(4)−(5)]×100 m   三等≤75 m，四等≤100 m

前、后视距差(11)=(9)−(10)   三等≤3 m，四等≤5 m

前、后视距差累积(12)=本站(11)+上站(12)   三等≤6 m，四等≤10 m

(2) 水准尺读数的检核。

同一根水准尺黑面与红面中丝读数之差：

前尺黑面与红面中丝读数之差(13)=(6)+K−(7)

后尺黑面与红面中丝读数之差(14)=(3)+K−(8)   三等≤2.0 mm，四等≤3.0 mm

上式中的 K 为红面尺的起点数，为 4.687 m 或 4.787 m。

(3) 高差的计算与检核。

黑面测得的高差(15)=(3)−(6)。

红面测得的高差(16)=(8)−(7)。

校核：黑、红面高差之差(17)=(15)−[(16)±0.100]

或(17)=(14)−(13)   三等≤3.0 mm，四等≤5.0 mm

高差的平均值(18)=[(15)+(16)±0.100]/2

在测站上，当后尺红面起点为 4.687 m，前尺红面起点为 4.787 m 时，取+0.100；反之，取−0.100。

> **动动脑**
>
> 在黑、红面高差之差公式中,为何当后尺红面起点为 4.687 m 时,取 +0.100;反之取 −0.100 呢?

3. 每页计算校核

(1)高差部分。在每页上,后视红、黑面读数总和与前视红、黑面读数总和之差,应等于红、黑面高差之和。

对于测站数为偶数的页:

$$\sum[(3)+(8)] - \sum[(6)+(7)] = \sum[(15)+(16)] = 2\sum(18)$$

对于测站数为奇数的页:

$$\sum[(3)+(8)] - \sum[(6)+(7)] = \sum[(15)+(16)] = 2\sum(18) \pm 0.100$$

(2)视距部分。在每页上,后视距总和与前视距总和之差应等于本页末站视距差累积值与上页末站视距差累积值之差。校核无误后,可计算水准路线的总长度。

$$\sum(9) - \sum(10) = 本页末站之(12) - 上页末站之(12)$$

$$水准路线总长度 = \sum(9) + \sum(10)$$

4. 水准测量的成果整理

(1)内业成果计算与检核。三、四等水准测量的成果整理,与普通水准测量成果整理一样对高差闭合差进行调整,然后计算水准点的高程。

三、四等水准测量高差闭合差应符合表 3-17 的要求。

(2)观测结果的重测和取位。高程控制测量数字取位要求应符合表 3-21 的规定。

表 3-21 高程控制测量数字取位要求

测量等级	各测站高差/mm	往返距离总和/km	往返测距离中数/km	往返测高差总和/mm	往返测高差中数/mm	高程/mm
各等	0.1	0.1	0.1	0.1	1	1

1)观测结果超限必须进行重测。

2)测站观测超限必须立即重测,否则从水准点或间歇点开始重测。

3)测段往、返测高差较差超限必须重测,重测后应选用往、返测合格的结果。如重测结果与原测结果分别比较,较差均不超过限差时,取 3 次结果的平均值。

4)每条水准路线按测段往返测高差较差、附合或环线闭合差计算高差偶然中误差 M_Δ 和高差全中误差 M_W。

M_Δ 和 M_W 按式(3-42)和式(3-43)计算。

$$M_\Delta = \pm \sqrt{\frac{1}{4n}\left[\frac{\Delta\Delta}{L}\right]} \tag{3-42}$$

式中 M_Δ——高差偶然中误差(mm);

Δ——测段往返高差不符值(mm);

L——测段长度(km);

n——测段数。

$$M_W = \pm \sqrt{\frac{1}{N}\left[\frac{WW}{L}\right]} \tag{3-43}$$

式中 M_W——高差全中误差(mm);

W——附合或环线闭合差(mm);

L——计算各 W 值时,相应的路线长度(km);

N——附合路线和闭合环的总个数。

 小贴士

当 M_Δ 或 M_W 超限时,应先对路线上闭合差较大的测段返工重测。

(3)精度评定。水准测量的数据处理应符合下列规定:

1)当每条水准路线分测段施测时,应按式(3-42)计算每千米水准测量的高差偶然中误差,其绝对值不应超过表 3-17 中相应等级的规定;

2)水准测量结束后,应按式(3-43)计算每千米水准测量高差全中误差,其绝对值不应超过表 3-17 中相应等级的规定。

能力训练

一、选择题

1. 导线测量角度闭合差的调整方法是(   )。

   A. 反号按角度个数平均分配   B. 反号按角度大小比例分配

   C. 反号按边数平均分配   D. 反号按边长比例分配

2. 根据坐标增量正负号决定法可知,当方位角 $\alpha=145°$ 时,其 ΔX 为(   ),ΔY 为(   )。

   A. 正号,负号   B. 正号,负号

   C. 负号,负号   D. 负号,正号

3. 已知某直线的坐标方位角为 220°,则其象限角为(   )。

   A. 220°   B. 40°

   C. 南西 50°   D. 南西 40°

4. 全站仪角度观测中,利用水平角的(   )功能,可以将任何方向的水平角度设置为零度。

   A. 重复测量   B. 锁定

   C. 置零   D. 变化

5. 坐标方位角是以(   )为标准方向,顺时针转到测线的夹角。

   A. 真子午线方向   B. 磁子午线方向

   C. 坐标纵轴方向   D. 真北方向

6. 已知 A 点坐标为(12 345.5,7 437.8),B 点坐标为(7369.0,2 461.3),则 AB 边的坐标方位角为(   )。

   A. 45°   B. 315°

   C. 225°   D. 135°

7. 坐标方位角的取值范围为(   )。

   A. 0°~270°   B. -90°~90°

   C. 0°~360°   D. -180°~180°

8. 一对双面水准尺,其红面底端起始刻画值之差为(   )m。

   A. 1   B. 0.5   C. 0.1   D. 0

二、名词解释

1. 控制测量　2. 控制点　3. 控制网　4. 平面控制测量　5. 导线测量
6. 三角测量　7. 卫星定位测量　8. 高程控制测量　9. 三角高程测量　10. GNSS
11. GNSS 测量　12. GPS 测量　13. 静态定位　14. 动态定位　15. 绝对定位
16. 相对定位

三、填空题

1. 控制测量分为 _____、_____。
2. 平面控制测量方法有 _____、_____、_____。
3. 高程控制测量方法有 _____、_____。
4. 导线的布设形式有 _____、_____、_____。
5. 导线测量的外业工作主要包括：_____、_____、_____、_____。
6. GNSS 系统包括三大部分：_____、_____、_____。

四、简答题

1. 控制测量的目的是什么？控制测量分为哪几种？
2. 平面控制测量的方法有哪些？高程控制测量的方法有哪些？
3. 导线的布设形式有哪几种？各适用于什么情况？
4. 导线测量的外业工作有哪几项？
5. 导线测量内业计算的目的是什么？说明计算的步骤和内容。
6. 闭合导线和附合导线的内业计算有哪些不同？
7. 交会法定点有哪几种形式？试分别简述并说明它们宜在什么情况下采用。
8. GNSS 控制测量外业工作有哪几项？

五、计算题

1. 如图 3-43 所示，已知 AB 边的坐标方位角 $\alpha_{AB}=149°40'00''$，又测得 $\angle 1=168°03'14''$、$\angle 2=145°20'38''$，BC 边长为 236.020 m，CD 边长为 189.110 m。且已知 B 点的坐标为：$x_B=5\,806.000$ m，$y_B=9\,785.000$ m，求 C、D 两点的坐标。

2. 如图 3-44 所示的二级闭合导线，已知 12 边的坐标方位角 $\alpha_{12}=46°57'02''$，1 点的坐标为 $x_1=540.380$ m、$y_1=1\,236.700$ m，外业观测边长和角度如图 3-44 所示，计算闭合导线各点的坐标。

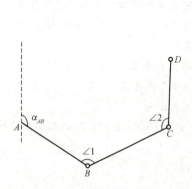

图 3-43　计算题 1 图

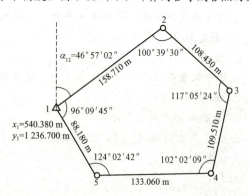

图 3-44　计算题 2 图

3. 如图 3-45 所示的二级附合导线。已知 A、B、C、D 点的坐标分别为：$x_A=875.003$ m、$y_A=4310.193$ m，$x_B=695.953$ m，$y_B=4380.525$ m，$x_C=639.014$ m、$y_C=5107.593$ m，$x_D=811.668$ m、$y_D=5174.946$ m。现测得各转折角为：$\beta_1=80°50'18''$、$\beta_2=264°00'13''$、$\beta_3=92°33'40''$、$\beta_4=253°18'21''$、$\beta_5=72°02'35''$，各导线边长为：$S_1=280.731$ m，$S_2=202.729$ m，$S_3=$

210.895 m,S_4=245.171 m。计算附合导线点 P_1、P_2、P_3 的坐标。

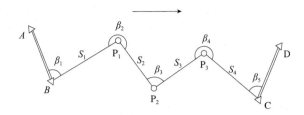

图 3-45 计算题 3 图

4. 用前方交会测定 P 点的位置,如图 3-46 所示。已知点 A、B 的坐标及观测的交会角如图 3-46 所示,计算 P 点的坐标。

5. 用测边交会测定 P 点的位置,如图 3-47 所示。已知点 A、B 的坐标及观测边长如图 3-47 所示,计算 P 点的坐标。

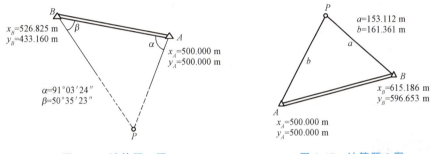

图 3-46 计算题 4 图　　　　图 3-47 计算题 5 图

6. 在 BM1～BM3 之间进行四等水准测量,数据为:第一测站后尺黑面三丝读数为 1.547、1.115、1.332,红面中丝读数为 6.119,前尺黑面三丝读数为 0.821、0.392、0.606,红面中丝读数为 5.293;第二测站后尺黑面三丝读数为 1.791、1.277、1.534,红面中丝读数为 6.221,前尺黑面三丝读数为 0.551、0.032、0.292,红面中丝读数为 5.076。请填入表 3-22 中并计算。

表 3-22　水准测量观测记录计算表

测站编号	点号	后尺 上丝 下丝 后视距 视距差 d	前尺 上丝 下丝 前视距 $\sum d$	方向及尺号	水准尺读数 黑面中丝	水准尺读数 红面中丝	黑中+K−红中	平均高差	备注
		(1) (2) (9) (11)	(4) (5) (10) (12)	后 前	(3) (6) (15)	(8) (7) (16)	(14) (13) (17)	(18)	K 为尺常数 $K_1=4.787$, $K_2=4.687$ 已知:BM1 高程为 $H_1=56.345$
1	BM1—BM2			后 1 前 2					
2	BM2—BM3			后 2 前 1					

7. 某附合导线用全站仪在坐标测量模式下进行测量,已知点坐标如下:

$\begin{cases} x_A = 31\ 242.685 \\ y_A = 19\ 631.274 \end{cases}$; $\begin{cases} x_B = 27\ 654.173 \\ y_B = 16\ 814.216 \end{cases}$; $\begin{cases} x_C = 29\ 564.250 \\ y_C = 20\ 547.146 \end{cases}$; $\begin{cases} x_D = 30\ 666.511 \\ y_D = 21\ 880.362 \end{cases}$

观测数据见表 3-23,请对测量数据平差,并计算平差后坐标。

表 3-23　全站仪坐标测量记录计算表

点号	坐标观测值 /m		边长 /m	坐标改正数 /mm		坐标平差值 /m	
	x'	y'	D	v_{xi}	v_{yi}	y	y
A							
B							
1	26 861.436	18 173.156	1 573.261				
2	27 150.098	18 988.951	865.360				
3	27 286.434	20 219.444	1 238.023				
4	29 104.742	20 331.319	1 821.746				
C	29 564.269	20 547.130	507.681				
D							

考核评价

考核评价表

考核评价点	评价等级与分数				学生自评	小组互评	教师评价	小计（自评30%＋互评30%＋教师评价40%）
	较差	一般	较好	好				
控制测量相关知识认知	4	6	8	10				
导线测量内业计算方法掌握	4	6	8	10				
三四等水准测量观测方法掌握	4	6	8	10				
导线测量外业工作实施	8	12	16	20				
四等水准测量实训实施	8	12	16	20				
科学严谨、精准可靠	4	6	8	10				
一丝不苟、规范操作	4	6	8	10				
团结合作、顾全大局	4	6	8	10				
总分	100							
自我反思提升								

模块 4 大比例尺地形图测绘及应用

知识目标

1. 理解地形图的相关概念及比例尺；地物、地貌注记在地形图中的表示方法；航空摄影测量相关概念；无人机测绘系统概念及组成；纸质地形图的相关应用内容；数字地形图的相关应用内容；

2. 掌握图根控制测量方法；全站仪、GNSS－RTK 外业数据采集步骤；CASS 软件绘制地形图步骤；无人机测绘大比例尺数字地形图步骤。

技能目标

1. 能识别地形图类型、比例尺大小；
2. 能利用地形图地物符号及注记判断地物类型与相关属性；
3. 能利用地形图等高线形状及注记判断特殊地貌类型与相关属性；
4. 能根据测图要求进行图根控制测量；
5. 能用全站仪或 GNSS－RTK 进行外业数据采集，并传输数据到计算机；
6. 能用 CASS 软件根据草图、外业数据绘制地形图；
7. 能用无人机完成大比例尺数字地形图外业航测及内业数据处理；
8. 能应用纸质地形图进行相关内容的查询与计算；
9. 能应用数字地形图进行相关内容的查询与计算。

素养目标

1. 养成规范操作全站仪、RTK、无人机进行外业数据采集的良好习惯；
2. 养成自觉遵守国标《地形图图式》、规范内业绘图的良好品质；
3. 发扬协同合作、团结一致、共同成长的团队精神。

学习引导

如果要在某山区两地之间修建公路，首先要选定合适的线路位置。山区地形复杂，视线受限，在现场选定线路显然很不方便。那如何做？可以先把两地之间可选路线区域的地形测绘成图，再在地形图上选定合适线路。如何测绘地形图？就是本模块要解决的问题。

本模块的主要内容结构如图 4-1 所示。

趣味阅读——运用"北斗导航"测绘地形图由来已久

据考证，出土于西汉马王堆三号墓的三幅古代地图——《驻军图》《长沙国南部地形图》《城邑图》制作年代距今已有 2 100 多年。三幅地图一个突出的特征，在于准确区分方向。古人是怎么"找着北"的？他们运用肉眼或专用测量工具"望筒"等，观察到"北斗七星定位的北极星位置基本不变"现象,研究出了基于"北斗导航"观测和计算的地图制作技术。研究显示,《长沙国南部地形图》东半部分的方位角误差,仅为3‰左右,是人类古代文明中地图精确测绘的一个突出成就。

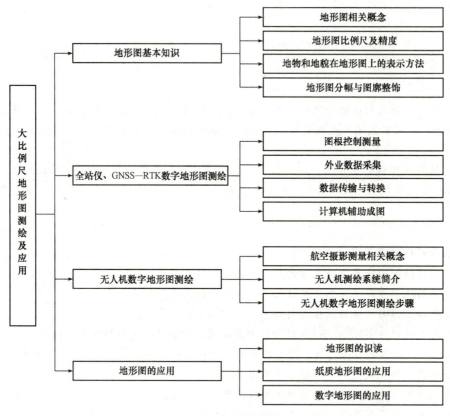

图 4-1 主要内容结构图

4.1 地形图基本知识

4.1.1 地形图相关概念

1. 地形

地形是地貌和地物的总称。
(1)地貌是地球表面起伏形态的总称。
(2)地物是地球表面上各种固定性物体,可分为自然地物和人工地物。

2. 地形图与平面图

地形图是表示地表居民地、道路网、水系、境界、土质与植被等基本地理要素且用等高线表示地面起伏的普通地图。地形图既表示地物的平面位置,又表示地貌的高低起伏形态。

微课 地形图基本知识

平面图是只表示地形要素的平面位置，不表示起伏形态的地形图。

3. 数字地形图与纸质地形图

数字地形图是将地形信息按一定的规则和方法采用计算机生成、存储及应用的地形图。

纸质地形图是以纸张或聚酯薄膜为载体的地形图。

提示

数字地形图与纸质地形图可以相互转化。数字地形图可以由打印机或绘图仪输出为纸质地形图；纸质地形图经过数字化后，可以得到数字地形图。

4.1.2 地形图比例尺及精度

1. 地形图比例尺

对于成图范围较大的地形图，比例尺是地图上某一线段的长度与地面上相应线段在投影面上的长度之比。成图范围较大，需要考虑地球曲率影响，地面线段长度要取投影长度。

对于成图范围较小的地形图，比例尺是地形图上某一线段的长度与实地相应线段水平长度之比。成图范围较小，可以用水平面代替曲面，地面线段长度可以取水平长度。

2. 比例尺表现形式

比例尺表现形式有数字式、文字式和图解式。

(1)数字式比例尺。数字比例尺是用分子为1、分母为整数的分数表示。设图上一段直线的长度为 d，相应的实地水平长度为 D，则该图的比例尺为

$$\frac{d}{D} = \frac{1}{\frac{D}{d}} = \frac{1}{M} \tag{4-1}$$

式中　M——比例尺分母。

小贴士

比例尺大小根据分数值的大小确定：M 越小，分数值越大，则比例尺越大；反之，M 越大，分数值越小，则比例尺越小。

数字比例尺也可以写成 $1:M$ 的形式，如 $1:500$、$1:1\,000$ 等。

(2)文字式比例尺。如六百万分之一，一厘米表示六十千米等。

(3)图解式比例尺。为了便于应用，以及减小由于图纸伸缩而引起的使用中的误差，通常在地形图上绘制图解式比例尺，如图4-2所示。

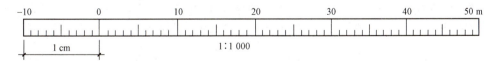

图4-2　图解式比例尺

3. 地形图按比例尺分类

地形图按比例尺的大小分为大、中、小三类比例尺地形图。

(1)大比例尺地形图。通常,将1∶500、1∶1 000、1∶2 000和1∶5 000比例尺的地形图,称为大比例尺地形图。

公路、铁路、城市规划、水利等工程上普遍使用大比例尺地形图。

(2)中比例尺地形图。把1∶10 000(1∶1万)、1∶25 000(1∶2.5万)、1∶50 000(1∶5万)、1∶100 000(1∶10万)比例尺的地形图,称为中比例尺地形图。

(3)小比例尺地形图。把1∶250 000(1∶25万)、1∶500 000(1∶50万)和1∶1 000 000(1∶100万)比例尺的地形图,称为小比例尺地形图。

1∶500、1∶1 000、1∶2 000、1∶5 000、1∶1万、1∶2.5万、1∶5万、1∶10万、1∶25万、1∶50万、1∶100万这11种比例尺的地形图,称为国家基本比例尺地形图。

4. 比例尺精度

人们用肉眼能分辨的图上最小距离为0.1 mm,即在图纸上当两点间的距离小于0.1 mm时,人眼就无法再分辨。因此,把相当于图上0.1 mm的实地水平距离称为比例尺精度。即

$$比例尺精度 = 0.1M(\text{mm}) \tag{4-2}$$

式中 M——比例尺分母。

显然,比例尺大小不同,则其比例尺精度数值也不同,见表4-1。

表 4-1 比例尺精度对照表

比例尺	1∶500	1∶1 000	1∶2 000
比例尺精度	0.05 m	0.1 m	0.2 m

比例尺精度对测图和设计用图都有重要的意义,具体如下:

(1)根据测图比例尺,确定实地量距的最小尺寸。例如,用1∶2 000的比例尺测图时,实地量距只需测量到0.2 m,因为即使量的再精细,在图上也是表示不出来的。

(2)根据测图要求,选用大小合适的比例尺。如在测图时,要求在图上能反映出地面上0.05 m的细节,则所选的比例尺不应小于1∶500。图的比例尺越大,其表示的地物地貌就越详细,精度也越高,但测绘工作量会成倍地增加。所以,应按城市和工程规划、施工的实际需要,选择测图比例尺。

4.1.3 地物和地貌在地形图上的表示方法

为了便于测图和用图,需要用各种符号将实地的地物和地貌表示在图上,这些符号为地形图图式。地形图图式是由国家测绘部门统一制定发布,是测绘和使用地形图的重要依据。

在工程测量中,常用的地形图图式是《国家基本比例尺地图图式 第1部分:1∶500 1∶1 000 1∶2 000地形图图式》(GB/T 20257.1—2017)(以下简称为《地形图图式》)。

地形图图式中的符号有地物符号、地貌符号和注记符号三种。

1. 地物符号

地物在地形图中是用地物符号来表示的,即将地面上各种地物按预定的比例尺和要求,以其平面投影的轮廓或特定的符号绘制在地形图上。

地物符号分为点状符号(不依比例尺符号)、线状符号(半依比例尺符号)、面状符号(依比例尺符号)。

(1)点状符号。点状符号用来表示可视为点的地物的符号,或不能依地形图比例尺绘示

的地物的符号,也称为不依比例尺符号。如各种测量控制点(导线点、三角点、水准点)、路灯等地物。

点状符号只表示地物的位置,不能表示形状和大小;以定位符号中的定位点表示地物的真实位置。

(2)线状符号。线状符号用来表示可视为线的地物的符号,符号的长度即为依地形图比例尺缩绘的地物长度,也称为半依比例尺符号。如铁路、公路、管线、围墙、篱笆等地物。

线状符号以定位线表示地物的真实位置。

(3)面状符号。面状符号用来表示呈面状的地物的符号,符号的范围即依地形图比例尺缩绘的地物轮廓,也称为依比例尺符号。如房屋、湖泊、草地、农田等地物。

面状符号用实线或点线表示地物轮廓,在轮廓内用符号表示地物类型。

表 4-2 所列为《地形图图式》中部分地物和地貌符号。

表 4-2 地形图图式

编号	符号名称	图例	编号	符号名称	图例
1	三角点 a. 土堆上的	a 3.0 △ 张湾岭/156.718 5.0 △ 黄土岗/203.623	4	不埋石图根点	2.0 □ 19/84.47
			5	水准点	2.0 ⊗ Ⅱ京石5/32.805
			6	卫星定位等级点	3.0 ▲ B14/495.263
2	导线点 a. 土堆上的	2.0 ⊙ Ⅰ16/84.46 a 2.4 ⊙ Ⅰ23/94.40	7	单幢房屋 a. 一般房屋 b. 有地下室的房屋 c. 突出房屋 d. 简易房屋	a 混1 b 混3-2 0.5 2.0 1.0 c 钢28 d 简
3	埋石图根点 a. 土堆上的	2.0 ⌂ 12/275.46 a 2.5 ⌂ 16/175.64			

续表

编号	符号名称	图例	编号	符号名称	图例
8	建筑中房屋	建	18	气象台(站)	3.6 3.0 1.0
9	棚房 a. 四边有墙的 b. 一边有墙的 c. 无墙的	a 1.0 b 1.0 c 1.0 1.0 0.5	19	天文台	混凝土
			20	卫星地面站	砖
			21	围墙 a. 依比例尺的 b. 不依比例尺的	a 10.0 0.5 b 10.0 0.3
10	架空房	混4 混3/1 混4 2.5 0.5	22	栅栏、栏杆	10.0 1.0
			23	篱笆	10.0 1.0 0.5
11	廊房 a. 廊房 b. 飘楼	a 混3 1.0 2.5 0.5 b 混3 2.5 0.5	24	活树篱笆	6.0 1.0 0.6
			25	铁丝网	10.0 1.0
			26	地类界	1.6 0.3
12	水塔 a. 依比例尺的 b. 不依比例尺的	a b 3.6 20	27	门顶	1.0 0.5
13	厕所	厕	28	雨罩	混5 雨 1.0 1.0 0.5
14	垃圾台 a. 依比例尺的 b. 不依比例尺的	a b	29	阳台	砖5 2.0 1.0
15	旗杆	1.6 1.0 4.0 1.0	30	檐廊、挑廊 a. 檐廊 b. 挑廊	a 混4 b 混4 1.0 0.5 2.0 1.0
16	塑像、雕像 a. 依比例尺的 b. 不依比例尺的	a b 3 1.9	31	悬空通廊	混4 混4
17	亭 a. 依比例尺的 b. 不依比例尺的	a b 2.4 2.0 1.0	32	门洞、下跨道	砖 5

150

续表

编号	符号名称	图例	编号	符号名称	图例
33	台阶		46	疏林	
34	室外楼梯 a. 上楼方向		47	行树 a. 乔木行树 b. 灌木行树	
35	院门 a. 围墙门 b. 有门房的		48	独立树 a. 阔叶 b. 针叶 c. 棕榈、椰子、槟榔 d. 果树 e. 特殊树	
36	门墩 a. 依比例尺的 b. 不依比例尺的				
37	路灯				
38	宣传橱窗、广告牌 a. 双柱的或多柱的 b. 单柱的		49	草地 a. 天然草地 b. 改良草地 c. 人工牧草地 d. 人工绿地	
39	喷水池				
40	街道 a. 主干路 b. 次干路 c. 支路				
			50	花圃、花坛	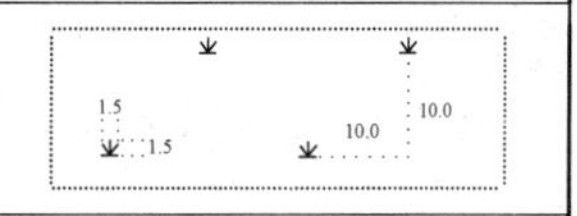
41	内部道路		51	等高线及其注记 a. 首曲线 b. 计曲线 c. 间曲线	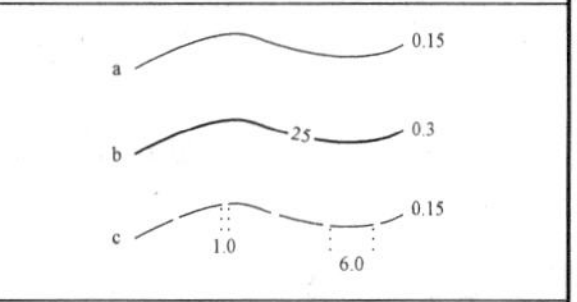
42	稻田 a. 田埂		52	高程点及其注记	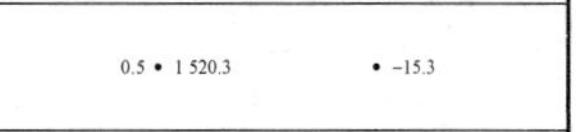 0.5 • 1 520.3 • −15.3
43	旱地		53	人工陡坎 a. 未加固的 b. 已加固的	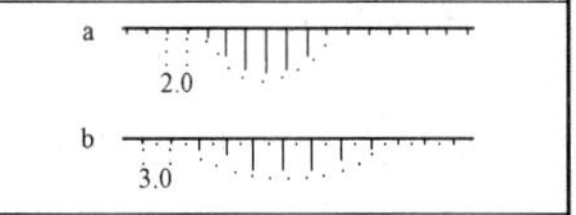
44	菜地		54	陡崖、陡坎 a. 土质的 b. 石质的	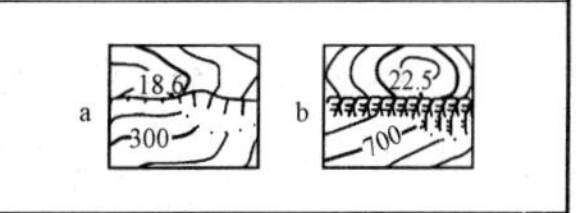
45	灌木林 a. 大面积的 b. 独立灌木丛 c. 狭长灌木丛		55	斜坡 a. 未加固的 b. 已加固的	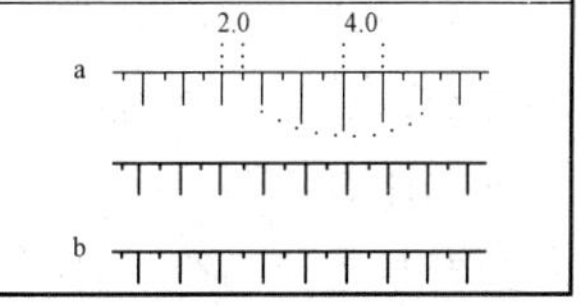

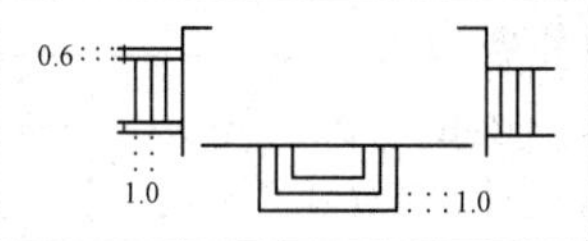

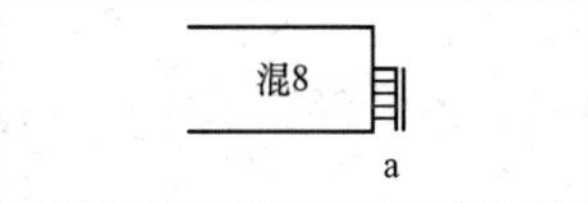

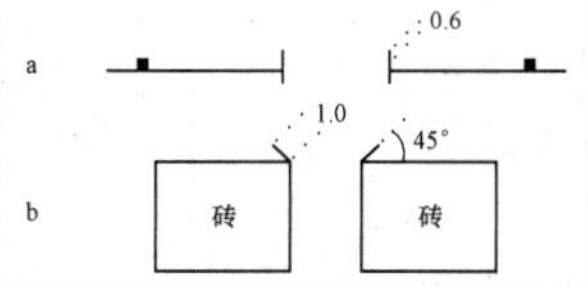

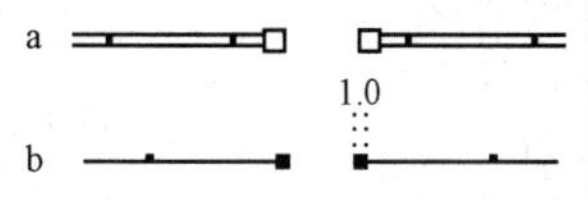

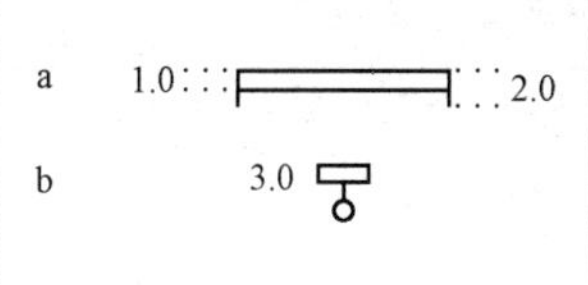

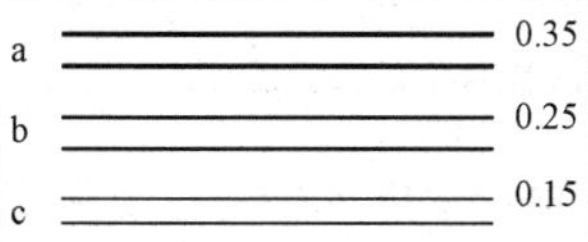

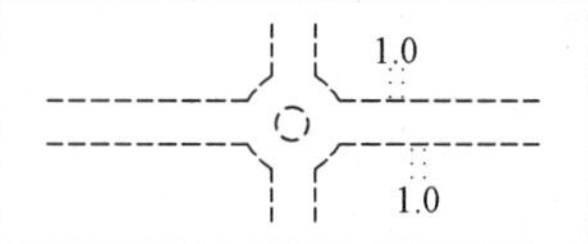

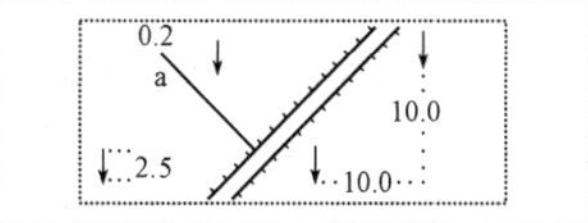

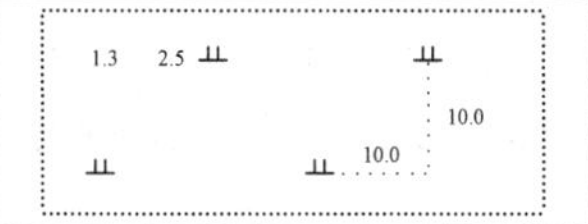

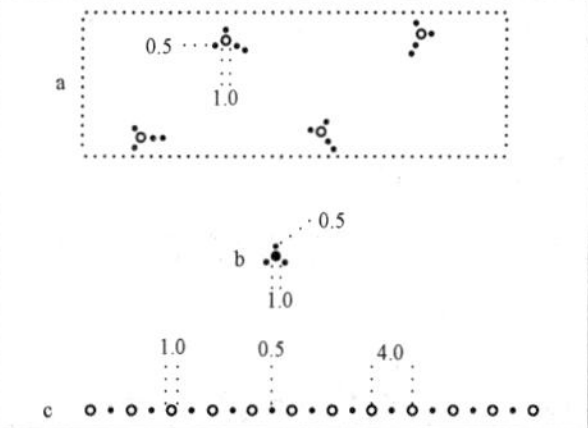

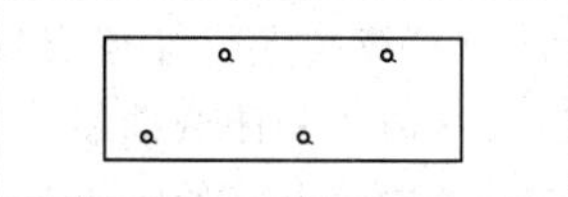

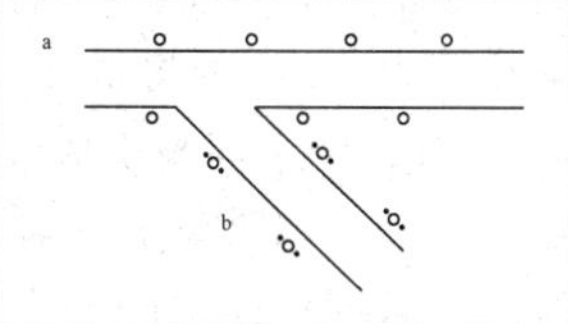

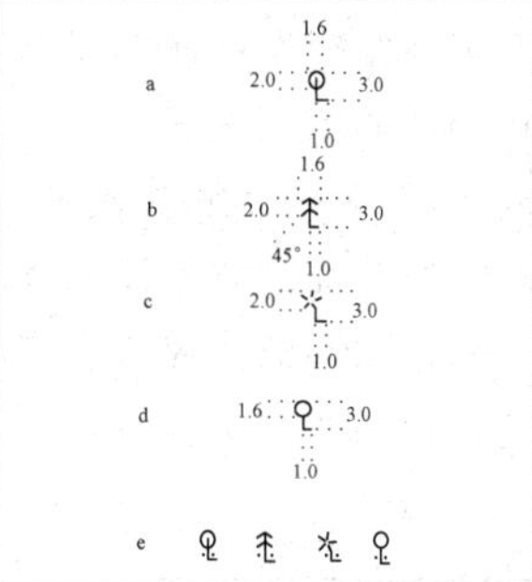

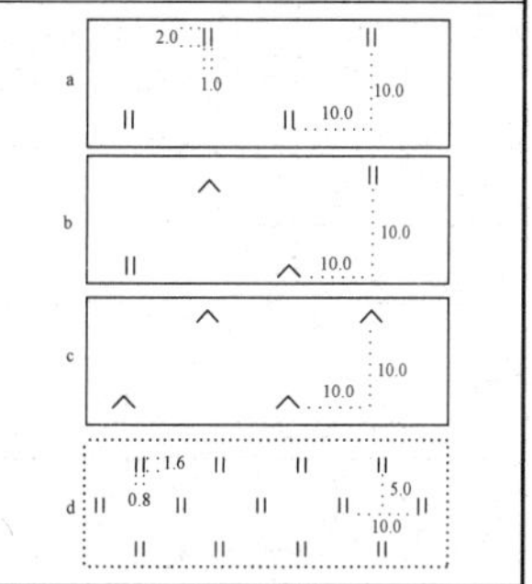

· 151 ·

2. 地貌符号

地貌在地形图中是用地貌符号来表示的,最常用的地貌符号是等高线。

(1)等高线。等高线是地面上高程相同的相邻各点所连接而成的闭合曲线。如图 4-3 所示,设想有一小山头在湖泊中,开始时水面高程为 70 m,则水面与山体的交线即为 70 m 的等高线;若湖泊水位不断升高,达到 80 m 时,则水面与山体的交线即为 80 m 的等高线;以此类推,直到水位上升到 100 m 时,得到 100 m 的等高线。然后把这些实地的等高线沿铅垂方向投影到水平面上,并按规定的比例尺缩绘到图纸上,就得到与实地形状相似的等高线。

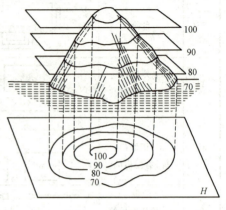

图 4-3 等高线

(2)等高距和等高线平距。相邻两等高线之间的高差称为等高距,常以 h 表示。在同一幅地形图中,等高距 h 是相同的。通常按测图比例尺和测区地形类别,确定地形图的基本等高距,见表 4-3。

表 4-3 地形图基本等高距

地形类别	不同比例尺的基本等高距/m			
	1∶500	1∶1 000	1∶2 000	1∶5 000
平原	0.5	0.5	1.0	1.0
微丘	0.5	1.0	2.0	2.0
重丘	1.0	1.0	2.0	5.0
山岭	1.0	2.0	2.0	5.0

相邻两等高线之间的水平距离称为等高线平距,常以 d 表示,它随实地地面坡度的变化而改变。

h 与 d 的比值就是地面坡度 i。即

$$i = \frac{h}{d} \times 100\% \tag{4-3}$$

因为同一张地形图中,等高距 h 是相同的,所以地面坡度与等高线平距 d 的大小成反比。

小贴士

等高线越密,表示地面坡度越陡;等高线越稀疏,表示地面坡度越缓。

(3)等高线的分类。为充分表示地貌的特征和用图方便,等高线按其用途分为四类,如图 4-4 所示。

1)基本等高线(首曲线)。在同一幅图上,按规定的基本等高距测绘的等高线称为基本等高线,也称首曲线,它是宽度为 0.15 mm 的细实线。

2)加粗等高线(计曲线)。凡高程是基本等高距的整五倍或整十倍的等高线,即每隔四条首曲线加粗的一条等高线称为加粗等高线,也称计曲线。计曲线是宽度为 0.3 mm 的粗实线,并在其上注有高程。

3)半距等高线(间曲线)。当首曲线不能很好地显示地貌的特征时,按二分之一基本等高距

描绘的等高线称为半距等高线，也称间曲线，在图上用长虚线表示。

4）1/4 等高线（助曲线）。有时为显示局部地貌的需要，按 1/4 基本等高距描绘的等高线称为 1/4 等高线，也称助曲线，一般用短虚线表示。

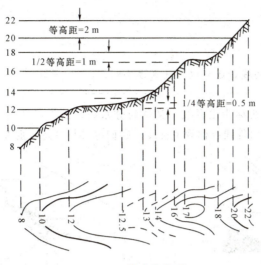

图 4-4 等高线类型

间曲线和助曲线可以不闭合。

（4）典型地貌及其等高线。地球表面的高低起伏千姿百态、错综复杂。就其形态而言，主要有以下几种典型地貌：

1）山丘与洼地。隆起而高于四周的高地称为山地，高大者称为山峰，低矮者称为山丘，其最高处称为山头。四周高、中间低的低地称为洼地，大的洼地称为盆地。如图 4-5 所示，山丘和洼地的等高线，形状完全相同，都是一组闭合曲线，但可从注记的高程或画出的示坡线加以区别，示坡线是垂直于等高线的短线，用于指示斜坡降低的方向，高程注记一般由低向高。

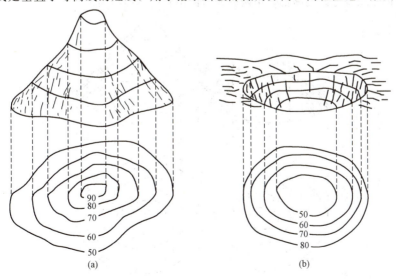

图 4-5 山丘与洼地及其等高线

2)山脊与山谷。山的凸棱由山顶延伸到山脚称为山脊；两山脊之间的凹地为山谷。如图 4-6 所示，山脊与山谷的等高线形状呈"U"形，即都是向一个方向凸出的。但山脊的等高线"U"凸向低处，山谷的等高线"U"凸向高处。

动动脑

区分山脊与山谷等高线，还可以用什么方法？

山脊最高点连成的棱线称为山脊线，又称为分水线；山谷最低点连成的棱线称为山谷线，又称为集水线。山脊线和山谷线统称为地性线，它们都要与等高线垂直相交。

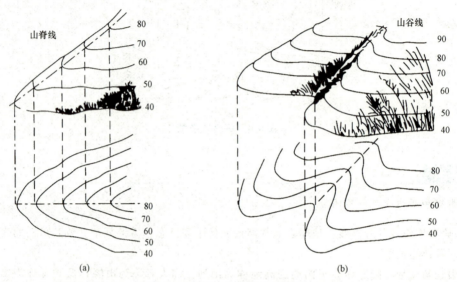

图 4-6　山脊与山谷及其等高线

3)鞍部。相对的两个山脊和山谷的汇聚处，形似马鞍之状，称为鞍部，又称为垭口。如图 4-7 所示为两个山脊之间的鞍部，用两簇相对的山脊的等高线表示。

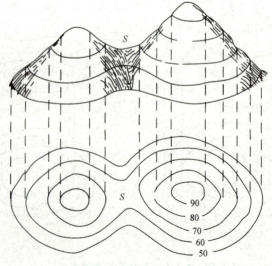

图 4-7　鞍部及其等高线

> **提示**
>
> 鞍部在山区道路的选线中是一个关键点，越岭线通常过鞍部。

4) 陡崖。近于垂直的山坡称为陡崖。如图 4-8 所示，在陡崖处，等高线非常密集甚至重叠，一般可配合锯齿形的陡崖符号来表示。

5) 悬崖。山的侧面称为山坡，上部凸出、下部凹入的山坡称为悬崖。如图 4-9 所示为悬崖的等高线。其凹入部分投影到水平面上后与其他等高线相交，俯视时隐蔽的等高线用虚线表示。

6) 其他。地面上由于各种自然和人为的原因而形成了多种新的形态，如冲沟、陡坎、崩崖、滑坡、雨裂、梯田坎等。这些形态很难用等高线表示，绘图时可参照《地形图图式》规定的符号配合使用。

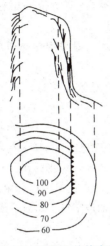

图 4-8 陡崖及其等高线

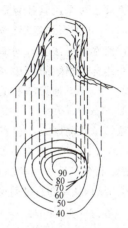

图 4-9 悬崖及其等高线

(5) 等高线的特性。为了掌握用等高线表示地貌的规律，现将等高线的特性归纳如下：

1) 同一条等高线上各点的高程都相等。

2) 每一条等高线都是闭合的曲线，因图幅大小限制或遇到地物符号时可以中断，但要绘到图幅或地物边，否则不能在图中中断。

3) 除在悬崖和陡崖处外，等高线在图上不能相交，也不能重合。

4) 同一幅地形图上等高距是相同的，等高线密度越大（平距越小），表示地面坡度越陡；反之，等高线密度越小（平距越大），表示地面坡度越缓；等高线密度相同（平距相等），表示地面坡度均匀。

5) 等高线与山脊线、山谷线垂直相交，即山脊线或山谷线应垂直于等高线转折点的切线。

6) 等高线跨越河流时，不能直穿而过，要渐渐折向上游，过河后再渐渐折向下游，如图 4-10 所示。

3. 注记符号

对地物加以说明的文字、数字或特有符号，称为注记符号。诸如，城镇、学校、河流、道路的名称，桥梁的长

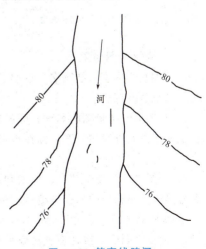

图 4-10 等高线跨河

宽及载重量，江河的流向、流速及深度，道路的去向，森林、果树的类别等。

文字注记的字头一般朝北，等高线的高程等数字注记的字头是朝上坡方向的。

4.1.4 地形图分幅与图廓整饰

1. 地形图分幅与编号

为了便于测绘、使用和保管地形图，需要将大面积的地形图进行分幅，并将分幅的地形图进行系统的编号。

地形图分幅和编号的方法有两种，一种是按经纬线划分为梯形分幅并编号；另一种是按坐标格网划分为正方形和矩形分幅并编号。前者用于中小比例尺的国家基本图的分幅；后者则用于城市或工程建设大比例尺地形图的分幅。下面主要介绍正方形和矩形分幅。

(1)地形图分幅。《地形图图式》规定，一般采用 50 cm×50 cm 正方形分幅和 40 cm×50 cm 矩形分幅，根据需要也可采用其他规格分幅。

(2)地形图编号。正方形或矩形分幅的地形图的图幅编号，一般采用图廓西南角坐标公里数编号法，也可选用流水编号法和行列编号法。

1)图廓西南角坐标公里数编号法。采用图廓西南角坐标公里数编号时，x 坐标公里数在前，y 坐标公里数在后；1∶500 地形图取至 0.01 km(如 10.40—27.75)，1∶1 000、1∶2 000 地形图取至 0.1 km(如 10.0—21.0)。

2)流水编号法。带状测区或小面积测区可按测区统一顺序编号，一般从左到右，从上到下用阿拉伯数字 1、2、3、4……编定。如图 4-11 所示的××－8(××为测区代号)。

3)行列编号法。行列编号法一般以字母(如 A、B、C、D……)为代号的横行由上到下排列，以阿拉伯数字为代号的纵列从左到右排列来编定，先行后列，中间加连字符。如图 4-12 所示的 A—4。

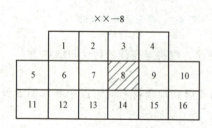

图 4-11 顺序编号法

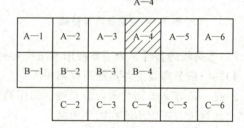

图 4-12 行列编号法

2. 地形图图廓整饰

图廓整饰内容包括图名、图号、接合图表、比例尺、图廓线、坐标格网、指北针、坐标系统、高程系统等。

(1)图名。地形图的名称，即图名，一般用图幅中最具有代表性的地名、景点名、居民地或企事业单位名称命名，图名标在地形图的上方正中位置。如图 4-13 所示的地形图，其图名为水集镇。

(2)图号。为便于储存、检索和使用地形图，每张地形图除有图名外，还编有一定的图号，图号是该图幅相应的分幅与编号，标在图名正下方。

如图 4-13 所示的地形图，采用图廓西南角坐标公里数编号法，图号为 121.0～110.0。

(3)接合图表。接合图表是表示本图幅与四邻图幅的邻接关系的图表，表上注有邻接图幅的图名或图号，绘制在地形图上图廓的左上角。

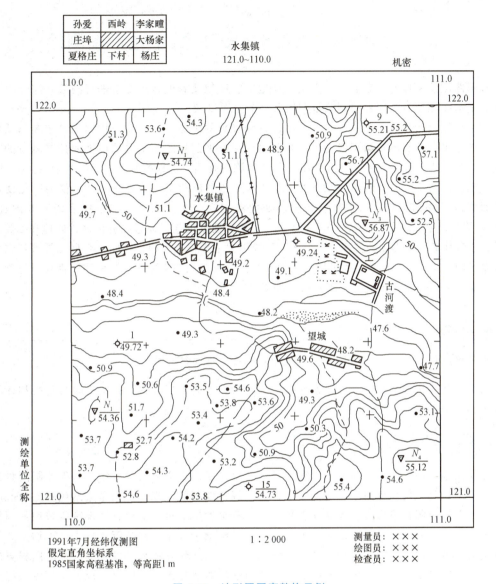

图 4-13　地形图图廓整饰示例

（4）图廓线。地形图有内、外图廓，内图廓线较细，是图幅的范围线，绘图必须控制在该范围线以内；外图廓线较粗，主要对图幅起装饰作用。

（5）坐标格网。正方形或矩形图幅的内图廓线也是坐标格网线，在内外图廓之间和图内绘有坐标格网交点短线，图廓的四角注记有该角点的坐标值。

（6）比例尺。在下图廓正下方注记测图的数字比例尺。对于纸质地形图，可以在数字比例尺的下方绘制图解式比例尺，以便图解距离，消除图纸伸缩的影响。

（7）坐标系与高程基准。如图 4-13 所示的地形图坐标系统采用假定直角坐标系，高程系统采用 1985 国家高程基准。

（8）其他整饰内容。除此以外，地形图上还注记有测图时间、测图方法及测绘单位和测绘者等相关内容。

4.2 全站仪、GNSS—RTK 数字地形图测绘

地形图测绘是按照一定的作业方法,对地物、地貌及其他地理要素进行测量并综合表达的技术。地形图测绘分为图根控制测量和地形测图两大步骤。

图根控制测量是测定图根控制点平面位置和高程的测量工作。图根控制测量按施测项目不同分为图根平面控制测量和图根高程控制测量。图根平面控制测量是采用平面控制测量的方法测定图根控制点平面位置的工作。图根高程控制测量是测定图根控制点高程的测量工作。

地形测图包括全站仪测图、GNSS—RTK 测图和平板测图三种方法。全站仪测图是使用全站仪采集地形数据信息,通过数据传输、处理和编辑,在计算机上制作数字地形图的过程;GNSS—RTK 测图是采用 GNSS—RTK 技术采集地形数据信息,通过数据传输、处理和编辑,在计算机上制作数字地形图的过程;平板测图是选用大平板仪或经纬仪视距配合展点器等仪器测绘纸质地形图的工作。测绘数字地形图的两种方法全站仪测图与 GNSS—RTK 测图都可以分为外业数据采集、数据传输与转换和计算机辅助成图三个步骤。

> **提示**
>
> 全站仪测图与 GNSS—RTK 测图只是外业数据采集过程不同。

因此,数字化地形图测绘可分为图根控制测量、外业数据采集、数据传输与转换和计算机辅助成图四个步骤。

4.2.1 图根控制测量

传统图根平面控制测量多采用导线测量、三角测量、交会测量等方法,高程控制测量采用图根水准测量和三角高程测量。近些年来,由于现代仪器的出现,特别是全站仪和 GNSS 的使用,使得图根控制布设形式、测量方法和测量手段都发生了重大的变化。现阶段采用的图根控制测量方法,主要以全站仪导线测量和 GNSS—RTK 测量为主。在实际工作中,人们又总结了实现起来更加方便灵活的"一步测量法"和"辐射点法"。这些方法都可以直接测算出图根点的三维坐标,也就是说,这些方法将图根平面控制测量和图根高程测量同时完成,既可以保证图根控制测量的精度,又极大地提高了工作效率。

由于使用的仪器精度提高、施测距离的加大,数字测图对图根点的密度要求已不很严格,一般以 500 m 内能测到碎部点为原则。通视条件好的地方,图根点可稀些;地物密集、通视困难的地方,图根点可密集一些。具体要求见表4-4。

表 4-4 图根控制点密度要求

测图比例尺	1∶500	1∶1 000	1∶2 000
图根控制点密度/点数·km^{-1}	64	16	4

以下介绍几种常用的图根控制测量方法。

1. 全站仪导线测量

全站仪导线测量与传统的导线测量布设形式完全相同,其特点是易于自由扩展,地形条件限制少,观测方便,控制灵活。一般分为附合导线、闭合导线、支导线。不同的是全站仪在一个点

位上,可以同时测定后视方向与前视方向之间所夹的水平角、照准方向的垂直角、天顶距、测站距后视点和前视点的倾斜距离或水平距离、测站与后视点及前视点间的高差,即全站仪在一个点位上可以同时进行三要素的测量,与传统导线测量相比,极大地提高了工作效率。

一般来说,导线的边长采用全站仪双向施测,每个单向施测一测回,即盘左、盘右分别进行观测,读数较差和往返测较差均不宜超过 20 mm。施测前应测定温度、气压,进行气象改正。水平角施测一测回,测角中误差不宜超过 20″。

每边的高差采用全站仪往返观测,每个单向施测一测回,即盘左、盘右分别进行观测,盘左、盘右和往返测高差较差均不宜超过 0.02D(m)(D 为边长,单位为 km,300 m 内按 300 m 计算)。

全站仪导线测量角度闭合差不大于 $\pm 60\sqrt{n}''$（n 为测站数）,导线相对闭合差不大于 1/2 500,高差闭合差不大于 $\pm 40\sqrt{D}$ mm（D 为边长,单位为 km）。

2. 辐射点法

"辐射点法"就是在某一通视良好的等级控制点上,用极坐标测量方法,按全圆方向观测方式,一次测定周围几个图根点,如图 4-14 所示。这种方法无须平差计算,直接测出坐标。点位精度可以达到 1～3 cm。为了保证图根点的可靠性,最后测定的一个点必须与第一个点重合,以检查观测质量。

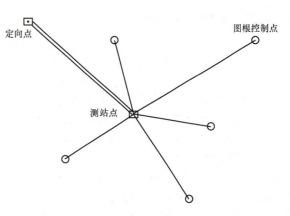

图 4-14　辐射点法

3. 一步测量法

"一步测量法"即充分利用全站仪测量精度高、可以及时得到测量点位坐标的优势,在采集碎部点时根据现场测量需要随时布设和测量图根点。图根点的测量方法与测量碎部点相同。迁站时直接将测站搬至新测定的图根点上,图根点的坐标直接从仪器内存读取,最后图根点与高级点附合,以检核测量图根点的过程中有无粗差。如果最后的不符值小于图根导线的不符值限差,则测量成果可以使用;如果不符值超限,则需找出原因,改正图根点坐标,或返工重测图根点坐标。但这个返工工作量仅限于图根点的返工,而碎部点原始测量的数据仍可利用,闭合后,利用内业绘图软件的坐标改正功能重算碎部点坐标即可。这种将图根测量与碎部测量同时作业的方法效率非常高,省去了图根导线的单独的测量和计算平差过程,适合数字测图。如图 4-15 所示。

图 4-15　一步测量法

4. GNSS－RTK 图根测量

随着 GNSS 实时动态定位技术（RTK）的不断发展,利用 RTK 软件中的图根测量程序得到的地面点坐标已经能够达到图根控制测量的精度要求。RTK 软件中的图根测量程序进行图根控制点测量时,将测量模式设定为平滑存储,并设定测量次数,测量时其结果为多次平滑测量的平均值,其点位精度可以达到 1~3 cm。由于 RTK 一个普通基准站即可控制半径超过 10 km 的作业范围,使用 RTK 布设图根控制点时,甚至不需要逐级加密测区的控制点,只需在测区的首级控制网下直接布设图根控制点即可。因此,RTK 的使用是数字测图技术的又一次飞跃。

4.2.2 外业数据采集

完成图根控制测量后即可进行野外数据采集工作,即以图根点为测站,测定出测站周围碎部点的平面位置和高程,并记录其连接关系及属性。所谓碎部点即地形的特征点,包括地物特征点和地貌特征点。

 指点迷津

> 测量工作分级原则之一"先控制后碎部"中"碎部"这个词找到来历了!

地物特征点:能够代表地物平面位置,反映地物形状、性质的特殊点位,简称地物点,如建筑轮廓线的转折点、交叉和弯曲等变化处的点,路线边界的转折点,电力线的走向中心,独立地物的中心点等,如图 4-16 所示。

地貌特征点:是指地貌起伏变化最明显、最典型的点位,简称地貌点,如山顶点、盆地中心点、鞍部最低点、山脚点等。

目前,数据采集方法主要有全站仪数据采集、RTK 数据采集。

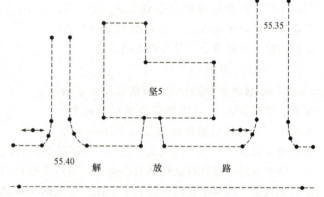

图 4-16 地物特征点

在数据采集时,如何选择适当的碎部点至关重要。由于地物形状极不规则,所以碎部点选择时一定坚持综合取舍的原则。一般规定主要地物凹凸部分在图上大于 0.4 mm 均应表示出来,小于 0.4 mm 时,可用直线连接。对于地貌来说,碎部点应选在最能反映地貌特征的山脊线、山谷线等地性线上,如山顶、鞍部、山脊、山谷、山坡、山脚等坡度变化及方向变化处,这样采集的数据才能最好地反映实地地形情况。

1. 全站仪草图法数据采集

(1)全站仪测图原理。全站仪测图即利用全站仪的坐标测量功能在测站点上采集测站附近碎部点的三维坐标,然后经通信接口将采集数据传输至计算机中,最终借助数字制图软件实现数字地形图的计算机辅助成图。如图 4-17 所示,O 为测站点,A 为定向点,P 为待测点。在 O 点安置仪器,输入测站点和后视点的点号与坐标,量取仪器高 i,照准 A 点,全站仪利用测站点和后视点坐标计算 OA 方向的方位角值 α_{OA},然后在仪器上按相应定向键完成定向。仪器设置完成后,全站仪照准 P 点上的棱镜高 v,方位角读数为 α_{OP},再测出 O 至 P 点的平距 D_{OP} 及竖直角 α。全站仪可由下式计算待定点坐标和高程,在屏幕上显示并存储。

$$X_P = X_O + D_{OP} \cdot \cos\alpha_{OP}$$
$$Y_P = Y_O + D_{OP} \cdot \sin\alpha_{OP} \quad (4\text{-}4)$$
$$H_P = H_O + D_{OP} \cdot \tan\alpha + i - v$$

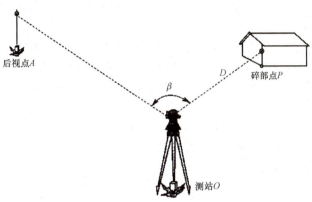

图 4-17　全站仪数据采集原理

(2)全站仪草图法步骤。在外业数据采集过程中，仅记录碎部点的坐标信息是不够的，因为在内业机助成图时除需要各碎部点的坐标外，还需明确各碎部点的属性和各点之间的连接关系。因此，在数据采集同时还需绘制地形草图，各碎部点的属性和它们之间的连接关系通过在现场绘制外业草图记录，如图 4-18 所示。这种作业方法就称为全站仪草图法作业。内业绘图时将碎部点展绘在计算机屏幕上以后，根据工作草图，采用人机交互方式使用相应的地物、地貌符号连接碎部点生成数字图形。

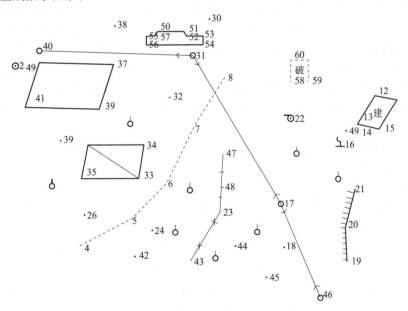

图 4-18　外业草图

全站仪草图法作业具体操作如下：
1)准备工作。在图根点上架设全站仪，量取仪器高。启动仪器，设置测距相关参数（大气温度、大气压、使用的棱镜常数等）。进入数据采集程序，新建保存本次数据的文件。

2)设置测站点。输入测站点点号、平面坐标、高程、仪器高。

3)设置后视点。输入后视点点号、平面坐标、高程、棱镜高,照准后视点完成定向。为确保设站无误,定向完成后需测量后视点或其他图根点进行检核,若坐标差值在规定的范围内,即可开始采集数据,检核不通过则需要重新定向。

操作视频 全站仪坐标测量

4)碎部点测量。上述工作完成后,即开始碎部点数据采集。照准目标点,输入棱镜高,按测量键即可测量碎部点坐标。每观测一个碎部点,观测员都要与立镜员核对该点的点号、属性、棱镜高并存入全站仪的存储器中。

原则上,采集的碎部点要能全面反应地物、地貌的特征。但限于实地的复杂条件,外业数据采集时不可能观测到所有的碎部点,对于这些碎部点可利用皮尺或钢尺量距,将丈量结果记录在草图上。然后,在内业时依据丈量的距离展绘图形。

2. GNSS—RTK 草图法数据采集

(1)GNSS—RTK 测量概述。

1)GNSS—RTK 测量的概念。RTK,即实时动态测量(Real Time Kinematic)。RTK 技术是全球卫星导航定位技术与数据通信技术相结合的载波相位实时动态差分定位技术,它能够实时地提供测站点在指定坐标系中的三维定位结果。

微课 GNSS—RTK 外业数据采集

2)GNSS—RTK 测量系统组成。GNSS—RTK 测量系统由基准站和流动站组成。

①基准站。在一定的观测时间内,一台或几台接收机分别固定在一个或几个测站上,一直保持跟踪观测卫星,其余接收机在这些测站的一定范围内流动设站作业,这些固定测站就称为基准站。

②流动站。在基准站的一定范围内流动作业的接收机所设立的测站,也称为移动站。

3)GNSS—RTK 测量基本原理。基准站实时地将测量的载波相位观测值、伪距观测值、基准站坐标等信息通过数据通信技术(电台或移动网络信号)传送给运动中的流动站;流动站通过数据通信技术(电台或移动网络信号)接收基准站所发射的信息,将载波相位观测值实时进行差分处理,得到基准站与流动站间的基线向量(Δx、Δy、Δz);基线向量加上基准站坐标得到流动站每个点的 WGS-84 坐标,通过坐标转换参数转换得出流动站每个点的平面坐标 x、y 和高程 h。

4)GNSS—RTK 测量分类。根据基准站的特点,GNSS—RTK 测量分为以下两类:

①单基准站 RTK 测量。只利用一个基准站,并通过数据通信技术接收基准站发布的载波相位差分改正参数进行 RTK 测量。

单基准站 RTK 测量系统由基准站和移动站组成,如图 4-19 所示(虚线所围部分为移动站,右侧其余部分为基准站)。

a. 基准站。基准站包括 GNSS 接收机和数据链的发送部分,发送方式有电台发送和移动网络发送,而电台又分为内置电台及外挂电台。如图 4-19 所示,右侧部分为基准站,采用外挂电台发送方式,由 RTK 主机(内置接收装置及数据链)、固定 RTK 主机的基座及三脚架、外挂电台、蓄电池、电台发射天线、数据线、电源线、固定天线的基座及三脚架组成。

b. 移动站。移动站包括 GNSS 接收机、数据链的接收部分和电子手簿,接收方式有电台接收和移动网接收两种方式。为使用方便,RTK 测量一般通过电子手簿进行操作。如图 4-19 所示,左侧虚线所围部分为移动站,由 RTK 主机(内置接收装置及数据链)、电子手簿及固定二者的跟踪杆组成。

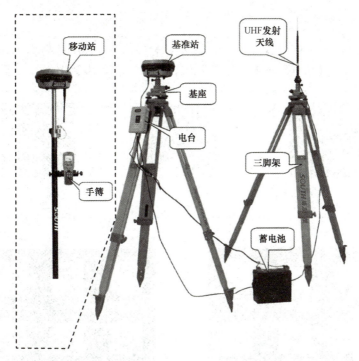

图 4-19 单基准站 RTK 测量系统组成

> 💡 **小贴士**
>
> RTK 主机已集成 GNSS 接收机、数据链的发送与接收部分；若主机设置为基准站，则使用数据链的发送部分；若主机设置为移动站，则使用数据链的接收部分。

②网络 RTK。网络 RTK 是指在一定区域内建立多个基准站，对该地区构成网状覆盖，并进行连续跟踪观测，通过这些站点组成卫星定位观测值的网络解算，获取覆盖该地区和某时间段的 RTK 改正参数，用于该区域内 RTK 用户进行实时 RTK 改正的定位方式。

> 💡 **小贴士**
>
> 一般来说，单基准站 RTK 测量使用者需自行架设基准站，可以通过电台或移动网络传输信息；网络 RTK 使用者不需自行架设基准站，而是由专业机构架设组成网络的基准站，使用者需通过移动网络登录专业机构服务网站接收 RTK 改正数据信息，该信息使用需要付出一定的费用。
>
> 网络 RTK 相对于单基准站 RTK 测量，使用比较方便，可以省略架设及设置基准站的过程，但只适用于网络 RTK 服务范围内且移动网络信息比较好的区域，而单基准站 RTK 测量则不需考虑以上因素。

(2) GNSS-RTK 数据采集步骤。不同厂家的 GNSS-RTK 数据采集步骤基本相同，但 RTK 测量软件的操作界面不同。下面主要以中海达 RTK 测量软件 Hi-Survey 为例进行介绍。

> 📝 **提示**
>
> 现在 RTK 移动站配套电子手簿（可以看作是手机）大部分都是安卓（Android）系统，Hi-Survey 也是安卓版；所以，安卓系统手机可以到中海达官网下载 Hi-Survey，安装到手机上，

熟悉软件界面及练习部分操作。

移动站配备的电子手簿开机，打开 Hi-Survey 软件，显示软件主界面，如图 4-20 所示。该主界面分为 4 个页面：【项目】(图 4-20)；【设备】(图 4-21)；【测量】(图 4-22)；【工具】(图 4-23)。

微课 GNSS—RTK 测量操作

动画 RTK 数据采集

操作视频 GNSS—RTK 外业数据采集

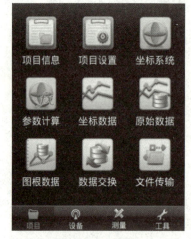

图 4-20 主界面【项目】页面

图 4-21 主界面【设备】页面

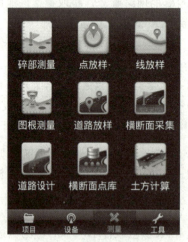

图 4-22 主界面【测量】页面

图 4-23 主界面【工具】页面

GNSS—RTK 数据采集一般包括工程项目设置、仪器架设、仪器设置、坐标转换参数计算、碎部测量等步骤。

1）工程项目设置。每开展一项新的测量工程项目，首先要对工程项目相关内容进行设置，如项目名称、坐标系统等。Hi-Survey 软件在【项目】页面进行【项目信息】【项目设置】和【坐标系统】的设置。

①项目信息。如图 4-20 所示的【项目】页面，单击【项目信息】进入项目信息界面，如图 4-24 所示，在【项目名】输入新的项目名称（设为"某测量项目"），单击【确定】按钮，软件会自动新建与项目名称相同的文件夹，并建立相关参数文件，相关测量数据也会保存在该文件夹下。

单击【确定】按钮后，软件自动进入【项目设置】界面，如图 4-25 所示。

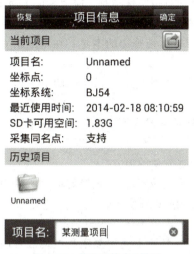

图 4-24 【项目信息】界面　　　　　图 4-25 【项目设置】界面

②项目设置。对于新建工程项目，该部分不需设置。如图 4-25 所示，单击"坐标系统"右侧区域进入【坐标系统】界面，如图 4-26 所示。

③坐标系统。对于新建工程项目，坐标系统只需设置投影、基准面两项内容。

a. 投影。如图 4-26 所示，单击【投影】右侧区域，选择投影类型（我国一般采用"高斯三度带"）。单击【中央子午线】右侧区域，输入测区中央子午线（设为 114°）。

b. 基准面。单击【源椭球】右侧三角形，选择 GNSS 坐标系椭球类型（GPS 系统"WGS84"，北斗系统"国家 2000"，示例项目主要接收 GPS 卫星信号，选择"WGS84"）。单击【目标椭球】右侧三角形，选择工程项目坐标系椭球类型（一般选择"国家 2000"），如图 4-27 所示。

图 4-26 【坐标系统】【投影】界面　　　图 4-27 【坐标系统】【基准面】界面

以上设置完成，单击【保存】按钮，返回主界面【项目】页面，如图 4-20 所示。

2)仪器架设。

①基准站架设。如图 4-19 所示，根据架设点位坐标是否已知，基准站有以下两种架设方式：

a. 架设在坐标已知点(控制点)：因点位选择受限制，一般不用。

b. 架设在坐标未知点(任意设站法)：可以选择最合适的点位。以下介绍此方式。

为了达到更好的定位效果，基准站需要选择合适的点位。选择时，应考虑以下两个方面：

a. 观测到更好的观测数据。为保证对卫星的连续跟踪观测和卫星信号的质量，要求基准站上空应尽可能开阔，让基准站尽可能跟踪和观测到所有在视野中的卫星；在基准站 GNSS 天线的 5°～15°高度角以上，不能有成片的障碍物。

为减少各种电磁波对 GNSS 卫星信号的干扰，在基准站周围约 200 m 的范围内不能有强电磁波干扰源，如大功率无线电发射设施、高压输电线等。

为避免或减少多路径效应的发生，基准站应远离对电磁波信号反射强烈的地形、地物，如高层建筑、成片水域等。

为了提高作业效率，基准站应选在交通便利、上点方便的地方。

b. 保证数据链(电台)更好的传输数据。由于电台信号传播属于直线传播，所以为了基准站和移动站数据传输距离更远，基准站应选择在地势比较高的测点上。

基准站电台的功率越大越好。

电台频率应选择本地区无线电使用较少的频率，并且要求使用频率和本地区常用频率差值较大，所以应到工作区域的无线电管理委员会作调查。

②移动站架设。如图 4-19 所示，移动站的架设比较简单，RTK 主机安装好天线，固定在跟踪杆上，并在跟踪杆上固定电子手簿。

3)仪器设置。中海达 RTK 仪器的设置都可以通过电子手簿进行，但首先需要手簿与 RTK 主机进行设备连接，一般采用蓝牙方式连接。

①基准站设备连接。如图 4-21 所示，【设备】页面，单击【设备连接】按钮，显示【设备连接】界面，如图 4-28 所示，单击【连接】，显示蓝牙连接界面，如图 4-29 所示，单击已与手簿蓝牙配对的基准站编号(设为"10011702")→在所显示对话框单击【是】以连接基准站，显示连接以后的界面，如图 4-30 所示，按键盘返回键 ↶ 返回【设备】页面。

图 4-28 【设备连接】【未连接】界面

图 4-29 【蓝牙连接】界面

②基准站设置。如图 4-21 所示,在主界面【设备】页面单击【基准站】按钮,显示【设置基准站】页面,如图 4-31 所示。

基准站的设置主要包括接收机、数据链设置。

a. 接收机设置。如图 4-31 所示,【设置基准站】【接收机】页面,单击 进行平滑采集,进入【平滑采集】界面,如图 4-32 所示,测量完毕,单击【确定】按钮,保存测量数据并返回【接收机】页面,如图 4-31 所示。

b. 数据链接设置。参见【设置基准站】【数据链】页面,如图 4-33 所示。

图 4-30 【设备连接】【已连接】界面

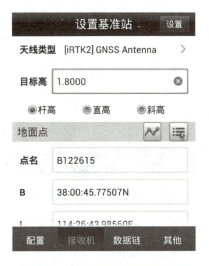

图 4-31 【基准站】【接收机】页面

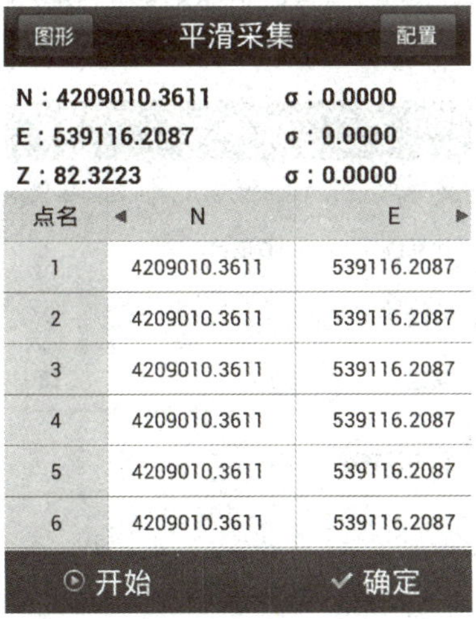

图 4-32 【平滑采集】界面

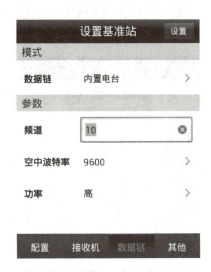

图 4-33 【基准站】【数据链】页面 1

基准站数据链发送方式包括电台和移动网络两种方式。

a. 电台发送:有内置电台(图 4-33)和外部数据链(图 4-34)两种模式。

内置电台模式在软件中设置频道号(发射频率)、空中波特率(传输速率);外部数据链(外挂电台)模式由外挂电台设置频道号、空中波特率。

b. 移动网络发送:有内置网络模式,如图 4-35 所示。该模式需由基准站插手机卡上网,登录 RTK 服务器,设置分组号、小组号等内容。

选择一种数据链模式并设置相关参数后，单击页面右上角【设置】完成设置，显示对话框【基准站设置成功，是否断开当前连接，转去连接移动站】，单击【是】断开手簿与基准站的连接，显示【设备连接】界面，如图4-28所示。

图4-34 【基准站】【数据链】页面2　　　图4-35 【基准站】【数据链】页面3

③移动站设备连接。如图4-28所示，在【设备连接】界面单击【连接】，显示蓝牙连接界面，如图4-29所示，单击已与手簿配对的移动站编号（设为"10016031"），并在所显示对话框单击【是】连接移动站，显示连接后的界面，如图4-36所示，按键盘返回键 ，返回【设备】页面，如图4-21所示。

④移动站设置。如图4-21所示，在主界面【设备】页面单击【移动站】按钮，显示【设置移动站】页面，如图4-37所示。

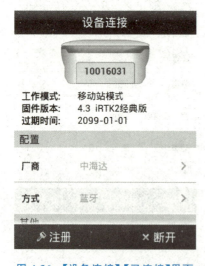 

图4-36 【设备连接】【已连接】界面　　　图4-37 【移动站】【数据链】页面1

移动站主要设置数据链。移动站数据链接收方式包括电台和移动网络两种方式。

a. 电台接收：内置电台模式，如图4-37所示。设置与基准站相同的频道号、空中波特率。

b. 移动网络接收：包括内置网络、手簿差分和外部数据链（外置网络）三种模式。内置网络模式，如图4-38所示，需移动站插入手机卡上网；手簿差分模式，如图4-39所示，需手簿插入手机卡或通过 WLAN 信号上网；外部数据链需通过外置网络上网。三种模式都需上网后登录与基准站相同的 RTK 服务器 IP 地址，并设置相同的分组号、小组号等内容。

选择一种与基准站一致的数据链模式并设置相同参数后，单击页面右上角【设置】完成设置，按键盘返回键 ，返回【设备】页面，如图 4-21 所示。

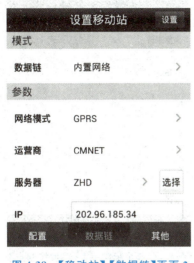
图 4-38 【移动站】【数据链】页面 2

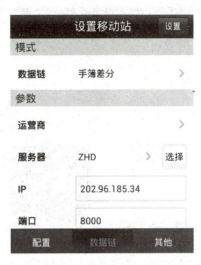
图 4-39 【移动站】【数据链】页面 3

4）坐标转换参数计算。无论是坐标测量所测坐标还是坐标放样所给坐标，都是工程项目坐标系坐标；而 RTK 直接测量的坐标是 GNSS 坐标，因此必须进行坐标转换——将 GNSS 坐标转换为工程项目坐标。RTK 软件首先计算坐标转换参数，再利用参数完成坐标转换。坐标转换参数通过公共控制点（Hi-Survey 软件称为"点对"）完成计算，每个公共控制点有两套坐标，一套坐标为 GNSS 坐标（源坐标），另一套为工程项目坐标（目标坐标）。

坐标转换方式有许多种，这里只介绍工程测量中最常用的方式。

在工程测量中，平面坐标与高程分开进行转换。

①平面坐标转换。一般采用"四参数"方式，即两个平面直角坐标系（GNSS 投影平面直角坐标系与工程项目平面直角坐标系）的转换需要 4 个参数。采用"四参数"方式进行平面坐标转换，至少需要 2 个公共控制点的平面坐标。

②高程转换。GNSS 高程是大地高系统，而工程项目高程是正常高系统，两者需进行转换。一般采用"参数拟合"方式。根据公共控制点的个数，又分为"固定差改正"（至少 1 个）、"平面拟合"（至少 3 个）、"曲面拟合"（至少 6 个）等。注意：如 RTK 测量时不测高程，可不进行高程转换，只进行平面坐标转换。

计算坐标转换参数，按以下步骤进行。

①公共控制点工程项目坐标测量。平面坐标由平面控制测量（三角形网测量、导线测量、卫星定位测量等）确定。

高程由高程控制测量（水准测量、三角高程测量等）确定。注意：如 RTK 测量时不测高程，可不进行高程控制测量。

对于地形图测绘，公共控制点工程项目坐标由图根控制测量确定。

②公共控制点工程项目坐标输入坐标库。为便于多次使用，一般将所测控制点坐标输入坐标库。

如图 4-20 所示，在主界面【项目】页面单击【坐标数据】，在显示页面中单击【控制点】按钮，显示【控制点】页面，如图 4-40 所示。

单击【⋯更多】→【添加】按钮，显示【添加控制点】页面，如图 4-41 所示。输入第 1 个控制点的点名(设为"D1")、平面坐标(N，E)、高程(Z)，如图 4-42 所示。单击【确定】按钮，返回【控制点】页面，如图 4-43 所示。

图 4-40　【坐标数据】【控制点】1　　　图 4-41　【坐标数据】【添加控制点】

图 4-42　【坐标数据】【控制点】2　　　图 4-43　【坐标数据】【控制点】3

按上述操作，继续添加第 2 个控制点("四参数"平面转换需要至少 2 个控制点)的点名(设为"D2")、平面坐标、高程，添加完成后，如图 4-43 所示。按键盘返回键，返回【项目】页面，如图 4-20 所示。

③公共控制点 GNSS 坐标测量。公共控制点的 GNSS 坐标，精度要求高的由 GNSS 控制测量(静态相对定位)确定；精度要求相对低一些的，由 RTK 平滑采集确定。此处介绍第二种方式。

因现阶段 GNSS 测量一般接收 GPS 卫星信号，故 GNSS 坐标以 WGS－84 坐标为例。

工程项目设置、仪器架设、仪器设置完成后，即可采用平滑测量方式现场采集公共控制点的 WGS－84 坐标。两个公共控制点应为坐标已输入坐标库的两个点。

a. 第 1 个控制点 WGS—84 坐标测量。在第 1 个控制点(点名"D1")上架设移动站,在固定解状态下,按以下步骤进行平滑测量。

如图 4-22 所示,在主界面【测量】页面单击【碎部测量】按钮,进入碎部测量图形界面,如图 4-44 所示。按左上角【文本】,进入碎部测量文本界面,如图 4-45 所示,在【点名】位置输入点名(设与控制点"D1"对应的点名为"GPS1");【目标高】右侧选择"杆高",并输入杆高值(设为 1.37 m)。单击平滑采集键 ∼ 进行平滑测量,如图 4-32 所示。测量完毕,按单击【确定】按钮,保存测量数据。

图 4-44 【碎部测量】图形界面

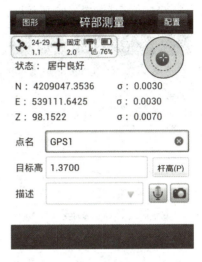

图 4-45 【碎部测量】文本界面

b. 第 2 个控制点 WGS—84 坐标测量。在第 2 个控制点(点名"D2")上架设移动站,参照上述过程测量第 2 个控制点(设点名为"GPS2")WGS—84 坐标。

以上测量的坐标数据均保存在坐标库中,查看步骤:如图 4-20 所示,在主界面【项目】页面单击【坐标数据】→【坐标点】查看所测坐标数据,如图 4-46 所示。

④坐标转换参数计算。两个公共控制点(点对)的 WGS—84 坐标(源坐标)、工程项目坐标(目标坐标)都测量完毕,并保存或输入坐标库中后,即可进行坐标转换参数计算。

如图 4-20 所示,在主界面【项目】页面单击【参数计算】按钮,显示【参数计算】页面,如图 4-47 所示。

图 4-46 【坐标数据】【坐标点】1   图 4-47 【参数计算】页面

选择"计算类型"。若 RTK 测量三维坐标（平面坐标＋高程），选择"四参数＋高程拟合"，因示例只有两个公共控制点，故"高程拟合"方式选择"固定差改正"。

若 RTK 只测量平面坐标，选择"四参数"，不进行"高程拟合"。

添加第 1 个公共控制点（点对）坐标。如图 4-47 所示，在【参数计算】页面单击【添加】按钮，显示【点对坐标信息】页面，如图 4-48 所示。

a. 添加"源点"坐标（WGS－84 坐标）。点选 ◉BLH（大地纬度、大地经度、大地高），如图 4-49 所示，单击【源点】右侧 按钮，打开【坐标数据】【坐标点】，如图 4-46 所示，选择点名"GPS1"输入 WGS－84 坐标，显示如图 4-50 所示。

图 4-48　【参数计算】【点对坐标信息】1　　　图 4-49　【参数计算】【点对坐标信息】2

b. 添加"目标点"坐标（工程项目坐标）。如图 4-50 所示，单击【目标点】右侧 按钮，打开【坐标数据】【控制点】，如图 4-43 所示，选择与"GPS1"对应的点名"D1"输入工程项目坐标，显示如图 4-51 所示。注意：如点对参与平面坐标转换，勾选【平面】；如参与高程转换，勾选【高程】。

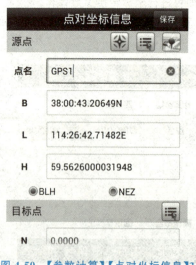 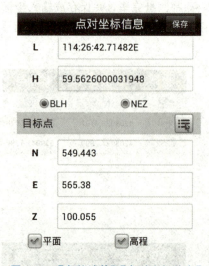

图 4-50　【参数计算】【点对坐标信息】3　　　图 4-51　【参数计算】【点对坐标信息】4

输入第 1 个点对坐标信息后，单击【保存】按钮返回【参数计算】页面，如图 4-52 所示，该页面已添加第 1 个点对坐标信息。

c. 添加第 2 个公共控制点（点对）坐标。参照上述过程，添加第 2 个点对坐标。添加完成后返回【参数计算】页面，如图 4-53 所示。

d. 计算坐标转换参数。如图 4-53 所示，在【参数计算】页面单击【计算】按钮，显示计算的平面转换参数，如图 4-54 所示，尺度（K）应接近 1（0.999 * 或 1.000 *），向左滑动页面→显示计算的高程转换参数，如图 4-55 所示，单击【应用】按钮，即按转换参数重新计算已测点坐标，并返回主界面【项目】页面，如图 4-20 所示。

图 4-52 【参数计算】【第 1 个点对坐标】　　图 4-53 【参数计算】【第 2 个点对坐标】

图 4-54 【参数计算】【计算结果】1　　图 4-55 【参数计算】【计算结果】2

在主界面【项目】页面单击【坐标数据】【坐标点】，查看坐标数据，如图 4-56 所示，为坐标转换后的坐标，与图 4-46 所显示坐标数据不同。

5）碎部测量。坐标转换参数计算完成，即可进行碎部测量。

如果坐标转换参数计算完成后，基准站改变位置重新架设，则只需在一个控制点上进行"点校验"（也称为"点校正"），而不需要重新进行坐标转换参数计算。

①点校验。坐标转换参数计算完成，已正常工作；由于客观原因，基准站改变位置重新架

设后,进行"点校验"。如图 4-25 所示,在【项目设置】界面打开【点校验】(OFF→ON),如图 4-57 所示,单击【点校验信息】右侧区域,显示【点校验】界面,如图 4-58 所示。

a. 平滑采集当前(源点)坐标。在控制点(设为"D1")上架设移动站,并进行以下操作:如图 4-58 所示,在【点校验】界面单击 进行平滑测量,如图 4-32 所示,单击【确定】按钮,保存测量数据并返回【点校验】界面,如图 4-59 所示。

b. 输入已知点坐标。如图 4-59 所示,单击【已知点】右侧 按钮,打开坐标库,如图 4-43 所示,单击点名"D1"输入已知点坐标,如图 4-60 所示。

c. 计算改正量。如图 4-60 所示,单击【计算】按钮,显示计算的改正量,如图 4-61 所示,勾选【应用】 应用,单击【确定】按钮,返回【项目设置】界面,如图 4-57 所示,按键盘返回键 返回【项目】页面,如图 4-20 所示。

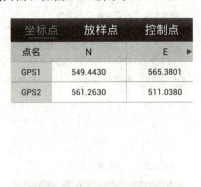

图 4-56 【坐标数据】【坐标点】2

图 4-57 【项目设置】界面 2

图 4-58 【项目设置】【点校验】1

图 4-59 【项目设置】【点校验】2

②碎部测量。碎部测量有平滑采集、自动采集和手动采集三种采集方式。

a. 平滑采集( )。采集多次坐标,取平均值。

图 4-60 【项目设置】【点校验】3

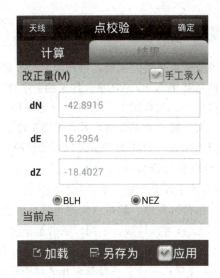

图 4-61 【项目设置】【点校验】4

b. 自动采集(▶)。设置时间或距离间隔,即按设置自动采集。

c. 手动采集(♀)。移动站到达测量位置,跟踪杆气泡居中,按键盘或屏幕♀存储碎部点坐标,即完成测量。

下面介绍手动采集方式。

如图 4-22 所示,在主界面【测量】页面单击【碎部测量】按钮,进入图形界面,如图 4-44 所示,单击左上角【文本】,进入文本界面,如图 4-45 所示。在该界面输入点名(设为"1")、目标高,如图 4-62 所示。固定解状态下,单击♀完成测量并保存所测数据。保存后,点名编号自动累加 1,如图 4-63 所示。

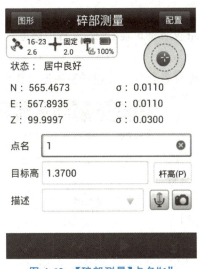

图 4-62 【碎部测量】点名"1"

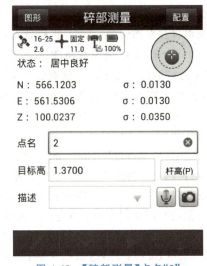

图 4-63 【碎部测量】点名"2"

按上述步骤测量其他碎部点坐标。

(3)绘制草图。在移动站进行数据采集时,始终有一个工作人员跟随绘制草图,把所测碎部点的点号、属性、连接信息等内容记录下来提供给内业成图时使用。

4.2.3 数据传输与转换

在外业数据采集完成后,可利用 CASS 软件绘制数字地形图。CASS 成图软件是基于 AutoCAD 平台技术的数字化测绘数据采集系统,广泛应用于地形成图、地籍成图、工程测量等领域。要使用成图软件绘制地形图,首先需要将外业采集的点号、平面坐标、高程等数据传输到计算机。全站仪与 GNSS－RTK 的传输过程不太相同。

微课 内业成图

1. 全站仪数据传输与转换

(1)全站仪数据传输。全站仪与计算机之间的通信需要有驱动程序,不同厂家的全站仪都有自己的数据传输程序,都可以实现把数据传输到计算机中。

(2)全站仪数据转换。不同厂家的全站仪上传至计算机的数据格式不尽相同,这些数据必须编辑成 CASS 专用的 dat 文件格式后才能在 CASS 软件下展出。

dat 文件格式:每个点号数据在文件中占一行;每行数据格式:点号,编码,E 坐标,N 坐标,高程。

一般可以通过 Excel 软件将不同格式的数据文件转换成 dat 文件格式。其步骤如下:

1)由全站仪数据传输程序将观测数据传输到计算机,并存储为坐标数据文件(文件类型为逗号分隔的文本文件)。

该文本文件每行数据也包括点号、E 坐标、N 坐标、高程、编码等数据,但各数据顺序与 dat 文件不同,具体的数据顺序需查询数据传输程序相关的文件格式说明。

2)更改文本文件为 csv 文件,即扩展名改为.csv。

3)在 Excel 中打开 csv 文件,调整列顺序,使之与 dat 文件数据顺序(点号,编码,E 坐标,N 坐标,高程)一致。注意 E 坐标与 N 坐标的顺序不能互换,点号与 E 坐标之间如果没有该点的编码值,一定要留出空列。

4)保存文件为.csv 格式。

5)更改保存好的.csv 文件,扩展名为.dat。该 dat 文件即可在 CASS 文件中展出。

2. GNSS－RTK 数据传输与转换

RTK 碎部测量的数据都存储在电子手簿中,RTK 测量软件可以把所测的原始数据导出为 CASS 软件专用的 dat 格式文件到电子手簿存储器上;将电子手簿与计算机连接后,即可将电子手簿存储的 dat 文件复制到计算机中。

中海达 RTK 测量软件 Hi－Survey 通过"数据导出"功能实现把 RTK 测量软件中的数据(原始数据、放样点、控制点、图根数据)以一定的文件格式导出到手簿存储器上。

地形图测绘需要把原始数据导出,具体操作步骤如下:

Hi－Survey 软件主界面【项目】页面,如图 4-20 所示,单击【数据交换】按钮,进入【数据交换】页面,如图 4-64 所示。单击【原始数据】,【交换类型】选择【导入】,选择文件格式"南方 CASS7.0(.dat)"、文件存储目录(设为"/storage/sdcard0/ZHD/Out"),输入文件名(设为"某测量项目.dat"),单击【确定】按钮,显示【数据导出成功】并保存文件到目录中。按键盘返回键 ⮌ ,返回【项目】页面。

图 4-64 【数据交换】导出

4.2.4 计算机辅助成图

外业采集的数据传输到计算机中,并转换为 CASS 专用的 dat 格式文件后,即可利用该 dat 文件、数据采集过程中所画草图用 CASS 成图软件绘制地形图。

1. 绘制地物

(1)展点号。此操作的作用是将 dat 文件中记录的碎部点的点号根据坐标展绘在 CASS 工作窗口。

执行【绘图处理】菜单下的【展野外测点点号】命令,如图 4-65 所示,定位到数据文件所在文件夹,选择 dat 数据文件,如图 4-66 所示,将点号展出。展出的点号如图 4-67 所示。

图 4-65 【展野外测点点号】命令

图 4-66 选择需展点的 dat 文件

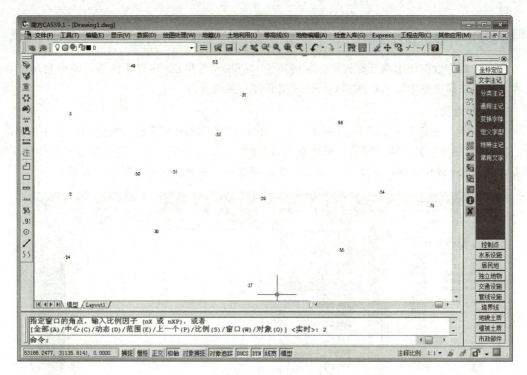

图 4-67 展点完成界面

(2)绘制地物。CASS 软件根据现行的规范《地形图图式》将所有的地物进行分类,并列示在屏幕右侧地物绘制菜单区。根据野外作业时绘制的草图,移动鼠标至地物绘制菜单,首先选择地物所属类型,再选择相应的地物绘制命令,根据命令提示就可以在软件绘图区将地物的地形图图式(符号)绘制出来。

各种地物符号是按地物的分类绘制在相应的图层中。例如,所有表示测量控制点的符号都绘制在"KZD"(控制点)图层,所有表示房屋及其附属设施的符号都绘制在"JMD"(居民地)图层,所有表示独立地物的符号都放在"DLDW"(独立地物)图层,所有表示植被土质的符号都绘制在"ZBTZ"(植被土质)图层。

具体绘制过程,此处不再详述。如图 4-68 所示为部分地物已绘制完成的平面图。

CASS 系统提供了两种点位的捕捉方式,即使用光标直接在屏幕上捕捉和输入点号捕捉。如果需要在坐标定位的过程中使用点号定位,可以单击屏幕菜单上的【坐标定位】菜单项关闭坐标定位,然后在显示出的菜单项中单击【点号定位】,系统会提示打开展点的数据文件。再次打开该数据文件后即进入点号定位状态,在点号定位状态下只需在命令行提示状态下输入点号就可以绘图了。如果想回到鼠标定位状态时可根据命令行提示按"P"键即可。

利用地物绘制菜单的相关命令可以将所有测点用地形图图式符号绘制出来。在操作的过程中可以嵌用 CAD 的透明命令,如放大显示、移动图纸、删除、文字注记等。

2. 绘制等高线

(1)展高程点。单击【绘图处理】菜单下的【展高程点】,将弹出数据文件的对话框,找到数据文件所在路径,如 C:\Program Files\Cass91_NET For AutoCAD2008\demo\Dgx.dat,单击【确定】,命令区提示:注记高程点的距离(米)<直接回车全部注记>:直接按回车键,表示不对高程点注记进行取舍,全部展出来。

(2)建立 DTM 模型。单击【等高线】菜单下"建立 DTM",弹出如图 4-69 所示对话框。

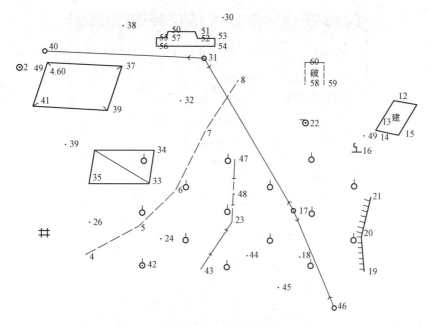

图 4-68 部分地物已绘制完成的平面图

根据需要选择建立 DTM 的方式和坐标数据文件名,然后选择建模过程是否考虑陡坎和地性线,单击【确定】按钮,生成如图 4-70 所示的 DTM 模型。

图 4-69 【建立 DTM】对话框　　　　　　　　图 4-70 建立 DTM 模型

(3)绘制等值线。单击【等高线】菜单下【绘制等值线】按钮,弹出如图 4-71 所示的对话框。输入等高距和选择拟合方式后,单击【确定】按钮,即可绘制出等高线。

(4)删除或不显示三角网。当前图形界面仍显示三角网,该三角网有两种处理方式。

1)不显示三角网:关闭"三角网"所在图层。

2)删除三角网:单击【等高线】菜单下【删三角网】按钮。

另外,关闭"GCD"(高程点)图层——不显示各高程点坐标。屏幕显示如图 4-72 所示。

(5)等高线修剪。利用【等高线】菜单下【等高线修剪】子菜单中的相关命令修剪等高线,如图 4-73 所示。

179

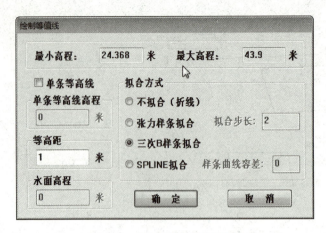

图 4-71 【绘制等值线】对话框

图 4-72 绘制的等高线

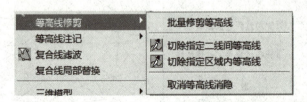

图 4-73 【等高线修剪】子菜单

单击【批量修剪等高线】，软件将自动搜寻穿过各类地物(如建筑物、陡坎等)及注记(高程注记、文字注记等)的等高线并将其进行修剪。单击【切除指定二线间等高线】，依提示依次用鼠标左键选取两条线(如道路两边线)，CASS 将自动切除两条线间的等高线。单击【切除指定区域内等高线】，依提示选择封闭区域，CASS 将自动切除封闭区域内的等高线。

3. 加注记

单击右侧屏幕菜单的【文字注记】分类项中的【通用注记】，弹出如图 4-74 所示的界面。

如果是线状地物的注记，需要在添加文字注记的位置绘制一条拟合的多功能复合线，然后在注记内容中输入文字，如"建国路"，并选择注记排列和注记类型，输入文字大小等，确定后选择绘制的拟合的多功能复合线即可完成注记。

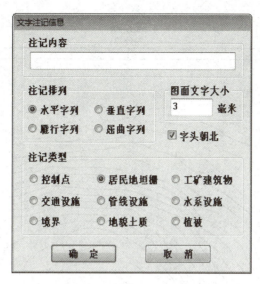

图 4-74　文字注记对话框

4. 图幅整饰

单击【绘图处理】菜单下的【标准图幅(50×50)】按钮，弹出如图 4-75 所示的界面。

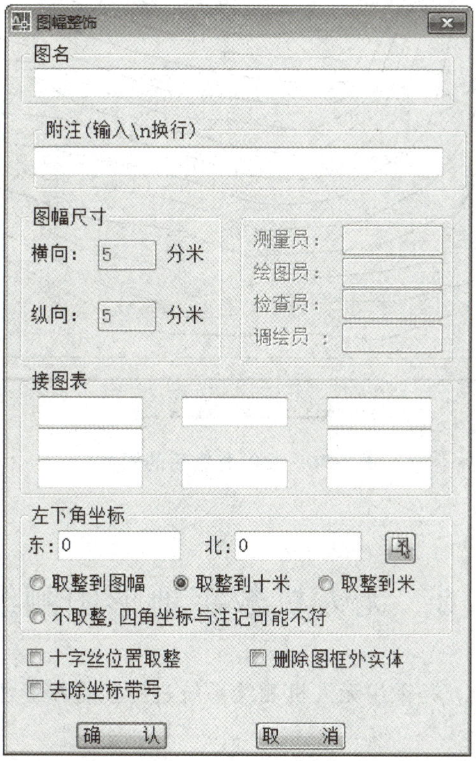

图 4-75　输入图幅信息

在【图名】栏里输入"某区域地形图"；在【左下角坐标】的【东】【北】栏内分别输入"53 326" "31 311"；在【删除图框外实体】栏前打勾，然后单击【确认】按钮，图幅整饰完成。整饰完成的地形图如图 4-76 所示。

图 4-76　图幅整饰后的图形

4.3　无人机数字地形图测绘

无人机数字地形图测绘，是采用无人机测绘系统进行航空摄影测量以获取数字地形图的测绘过程。

近年来，随着无人机航空摄影测量技术的发展及成本的下降，无人机航空摄影测量已成为大比例尺数字地形图详细测绘的主要方法。相应地，全站仪、GNSS－RTK测图一般只用于局部区域的补充测绘，即无人机不易准确测绘的区域。

下面介绍航空摄影测量相关概念、无人机测绘系统、无人机数字地形图测绘步骤等内容。

4.3.1 航空摄影测量相关概念

1. 航空摄影测量

航空摄影测量是从飞机等航空飞行器上采用航空摄影机获取地面影像所进行的摄影测量。

航空摄影测量的主要任务是测制各种比例尺的地形图和影像地图、建立地形数据库,并为各种地理信息系统和土地信息系统提供基础数据。

2. 大比例尺航空摄影测量

大比例尺航空摄影测量是指成图比例尺为1∶500、1∶1 000、1∶2 000、1∶5 000的航空摄影测量。无人机一般用于大比例尺航空摄影测量。

3. GNSS辅助航空摄影测量

GNSS辅助航空摄影测量是由设在地面和飞机上的GNSS接收机进行相位差分定位来测定摄站位置的航空摄影测量。

无人机航空摄影测量可以采用GNSS-RTK或GNSS-PPK两种辅助技术。考虑到无人机的飞行速度、与地面GNSS基站的距离等因素,一般采用GNSS-PPK技术。

4. GNSS-PPK技术

GNSS-PPK(Post Processed Kinematic)技术,即动态后处理技术,是利用载波相位进行事后差分的卫星定位技术。其系统也是由基准站和流动站组成的。

GNSS-PPK技术不能实时得到厘米级点位坐标等信息,只能外业观测完成后再通过内业数据处理得到厘米级点位信息。

5. 空中三角测量

空中三角测量是利用航摄像片与所摄目标之间的空间几何关系,根据少量像片控制点,计算待求点的平面位置、高程和像片外方位元素的测量方法。

GNSS辅助空中三角测量是利用装在飞机和地面基准站上的GNSS接收机,在航空摄影的同时获取航摄仪曝光时刻摄站的三维坐标,将其视为观测值引入摄影测量区域网平差中,采用统一的数学模型和算法整体确定点位并对其质量进行评定的理论、技术和方法。

POS辅助空中三角测量是将GNSS和IMU组成的定位定姿系统(POS)安装在航摄平台上,获取航摄仪曝光时刻摄站的空间位置和姿态信息,将其视为观测值引入摄影测量区域网平差中,采用统一的数学模型和算法整体确定点位并对其质量进行评定的理论、技术和方法。

6. 数字线划图(DLG)

数字线划图(DLG)是以点、线、面形式或地图特定图形符号形式表达地形要素的地理信息矢量数据集。

7. 数字高程模型(DEM)

数字高程模型(DEM)是在一定范围内通过规则格网点描述地面高程信息的数据集,用于反映区域地貌形态的空间分布。

8. 数字正射影像图(DOM)

数字正射影像图(DOM)是将航摄影像经垂直投影而生成的影像数据集,并参照地形图要求对正射影像数据按图幅范围进行裁切,配以图廓整饰而成。它具有像片的影像特征和地图的几何精度。

> **提示**
>
> 数字线划图(DLG)、数字高程模型(DEM)、数字正射影像图(DOM)是数字航空摄影测量的典型测绘成果。此外,根据具体情况还有三维模型、数字栅格地图等。

4.3.2 无人机测绘系统简介

1. 无人机测绘系统基本概念

(1)无人机。无人机,即无人驾驶航空器,是由遥控设备或自备程序控制装置操纵,机上无人驾驶的航空器(飞机)。

(2)无人机系统。无人机系统,即无人驾驶航空器系统,是以无人驾驶航空器为主体,配有相关的遥控站、所需的指挥和控制链路及设计规定的任何其他部件,能完成特定任务的一组设备。

(3)无人机测绘系统。无人机测绘系统,也称为无人机航测系统,是指能完成航空摄影测量的无人机系统。

2. 常用测绘无人机类型

常用的测绘无人机类型有固定翼无人机(图4-77)、多旋翼无人机(图4-78)、垂直起降固定翼无人机(图4-79)。

图4-77 固定翼无人机　　　　图4-78 多旋翼无人机　　　　图4-79 垂直起降固定翼无人机

(1)固定翼无人机。固定翼无人机是由动力装置产生前进的推力或拉力,由机翼产生升力,在大气层内飞行的无人机。固定翼无人机飞行中的升力主要由作用于机身的机翼翼面上的空气动力的反作用力获取,此翼面在给定飞行条件下保持固定不变。

固定翼无人机具有飞行速度快、结构简单、加工维修方便、安全性好、机动性好等特点,但起降要求场地空旷、视野好,起飞时需借助长距离跑道或弹射架,降落时需借助长距离跑道或降落伞等辅助措施。固定翼无人机飞行速度快,适合大面积的测绘任务。

(2)多旋翼无人机。旋翼无人机是由动力驱动,飞行时凭借一个或多个旋翼提供升力和操纵,能够垂直起降、自由悬停的无人机。多旋翼无人机是由动力驱动,飞行时凭借三个及以上旋翼,依靠空气的反作用力获得支撑,能够垂直起降、自由悬停的无人机。

多旋翼无人机具有良好的飞行稳定性,对起飞场地要求不高,具备人工遥控、定点悬停、航线飞行等多种飞行模式。其主要不足是续航时间较短,故适用于起降空间小、任务环境复杂的场合。

(3)垂直起降固定翼无人机。垂直起降固定翼无人机,也称为复合式旋翼无人机,即有固定机翼和推进装置的旋翼无人机。其垂直起飞、降落和悬停由旋翼提供升力,前飞时所需前进力主要由推进装置提供,所需升力由机翼提供。

垂直起降固定翼无人机既有固定翼无人机的优点,也克服了固定翼无人机对起降场地要求高的特点，其适用范围广泛。但因其增加了旋翼，故结构比固定翼无人机要复杂。

3. 无人机测绘系统组成

无人机测绘系统一般由无人驾驶飞行平台、任务载荷、飞行控制系统、地面控制系统、动力系统、定位定向系统、无人机数据链、弹射与回收系统等几部分组成。其中，飞行控制系统、动力系统、定位定向系统、无人机数据链（机载部分）等一般集成在无人驾驶飞行平台中；弹射与回收系统仅用于固定翼无人机。

无人驾驶飞行平台即无人机本身，是搭载测绘设备的载体，是无人机测绘系统的平台保障。

飞行控制系统俗称自动驾驶仪，是无人机完成起飞、空中飞行、执行任务和返场回收等整个飞行过程的核心系统。飞行控制系统功能包括无人机姿态稳定和控制、无人机任务设备管理和应急控制三大类。其基本任务是当无人机在空中正常飞行或在受到干扰的情况下保持无人机姿态和航迹的稳定。

动力系统可分为电池、电机和调速器、螺旋桨三个部分。目前，测绘无人机从飞行安全角度考量，采用的动力装置主要是无刷直流电动机。

定位定向系统主要指高精度惯性测量单元（IMU）和差分 GNSS 系统。IMU 主要由陀螺、加速度计及相关辅助电路构成，能够不依赖外界信息，独立自主地提供较高精度的导航参数（位置、速度、姿态等），但其导航参数尤其是位置误差会随时间累积，不适合长时间单独导航。差分 GNSS 系统使用一台 GNSS 基准接收机（地面或网络）和一台用户接收机（机载），利用实时差分（RTK）或事后差分（PPK）处理技术，对测量数据进行修正，提高 GNSS 定位精度；但 GNSS 接收机在高速运动时不易捕获和跟踪卫星载波信号，会产生"周跳"现象。IMU 和差分 GNSS 系统优势互补、组合导航，能精确记录每个时刻的位置、加速度和角度等定向定位数据，从而获得测图所需的每张像片高精度外方位元素。

无人机数据链是飞行器与地面系统联系的纽带，能够根据环境特征和通行要求，实时动态地调整通信系统工作参数（包括通信协议、工作频率、调制特性和网络结构等），达到可靠通信的目的。无人机数据链一般由机载部分和地面部分组成，机载部分包括机载数据终端和天线，地面部分包括地面数据终端和一副或几副天线。

任务载荷主要指搭载在无人机飞行平台的各种传感器设备。无人机测绘中常用的传感器设备有光学传感器（非量测型相机、量测型相机等）、红外传感器、倾斜摄影相机（图 4-80）、机载激光雷达（图 4-81）、视频摄像机、机载稳定平台等。实际作业根据测量任务的不同，配置相应的任务载荷。

图 4-80 倾斜摄影相机

图 4-81 机载激光雷达

地面控制系统（俗称地面站）用于地面操作人员能够有效地对无人机的飞行状态和机载任务载荷的工作状态进行控制。其主要功能包括任务规划、飞行航迹显示、测控参数显示、图像显示与任务载荷管理、系统监控、数据记录和通信指挥等。地面站主要由计算机、信号接收设备、遥控器等组成。在特殊情况下,可手动遥控无人机。

4.3.3 无人机数字地形图测绘步骤

无人机航空摄影测量测绘大比例尺数字地形图分为外业观测和内业数据处理两大步骤。

1. 外业观测

外业观测包括像片控制测量与无人机航测两部分内容。

(1)像片控制测量。像片控制测量是为获得像片控制点的平面坐标和高程而进行的实地测量工作。像片控制点是直接为影像测量加密或测图需要,在实地测定坐标和高程的控制点,简称像控点。

像片控制测量的基本作业流程包括像控点目标选取、像控点野外布设及施测等。

像片控制测量的流程如下:

1)像控点目标选取。根据测区范围及航摄要求选择合适的像控点位置。像控点的布设和选择应规范、严格、精确。现在测绘无人机一般都带 RTK 或 PPK 功能,对像控点的数量要求比较少。

2)像控点野外布设及施测。根据选定的像控点在野外布设,建立标志,并做好点之记。

采用测量仪器测量像控点平面坐标和高程。主要测量仪器有 RTK 及全站仪。

(2)无人机航测。以中海达 D100 多旋翼倾斜摄影系统(以下简称 D100)为例。该系统采用四旋翼无人机(图 4-78),配备模块化快拆式五镜头倾斜相机(图 4-80),可实现 1∶500 高精度测绘项目作业。其航测流程包括无人机安装及挂载、飞机参数设置、航线规划、飞行前检查、执行飞行任务、飞机降落等。

1)无人机安装及挂载。为方便运输,无人机一般分拆后装箱运输;待到达航测区域起降场地后,再现场组装。组装前,应先开箱检查,确保组件齐全无损。

①设备安装。打开仪器箱,拿出机体,安装电池和桨叶,挂载相机;拿出遥控器(电台),安装电池。

> **!! 注意**
>
> 电池应提前充满电;桨叶分正反桨,安装时务必与电机颜色相对应。

②通电。遥控器(电台)开机。无人机开机(短按一下再长按飞机顶部按钮直到飞机发出声音,放开),开始初始化。

> **!! 注意**
>
> 在飞机尚未完成初始化前切忌拍照,否则会影响 PPK 的数据采集导致漏点。

③地面站连接飞机。打开 D100 适配地面站(笔记本开机,打开中海达无人机管家 ZRUAV 飞控软件)。软件主界面如图 4-82 所示。

计算机 USB 口插入蓝牙连接器,连接遥控器(电台)和计算机。

飞控软件主界面(图 4-82),单击三个菜单【规划】【航飞】或【设置】中任意一个按钮,在打开的页面右上角均有连接无人机的红色按钮,单击按钮,打开无人机连接窗口(图 4-83),设置好端口及波特率(一般默认),单击【开始连接】按钮连接无人机。无人机连接成功后,按钮图

标 会变为绿色。

图 4-82　D100 飞控软件主界面

> **小贴士**
>
> 无人机安装注意事项：
> a. 检查所有配件是否完好。
> b. 安装好所有部件后，再装入动力电池。
> c. 每飞完一个架次必须检查所有紧固件。

2) 飞机参数设置。地面站连接飞机后，在飞控软件主界面（图 4-82）单击【设置】按钮，进入飞机参数设置页面。在该页面，可以对以下参数进行设置：加速度计、指南针、RTK、电机测试、故障保护、电池监测、手柄设置、遥控器校准。

以 RTK 设置为例：单击页面左侧【RTK】按钮，显示 RTK 设置界面（图 4-84）。选择端口（NTRIP）、波特率（默认），单击【连接】按钮；在弹出窗口（图 4-85）中输入网络 RTK 登录信息（账号、密码、域名或 IP、端口号、挂载点），再单击【连接】按钮。连接之后，返回主界面（图 4-82），单击【航飞】按钮，打开航飞页面（图 4-94），静置飞行器几分钟，直至页面下部右侧 位置出现"RTK 固定解"提示，表示已做好 RTK 飞行准备，可以使用 RTK 飞行。

 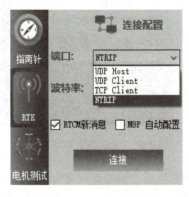 

图 4-83　无人机连接　　　　图 4-84　RTK 设置　　　　图 4-85　网络 RTK 连接

3) 航线规划。航线规划包括以下内容：打开航线规划界面，绘制测区范围，选择航线类型，设置飞行参数，航线任务保存，生成航线，写入航线。

①打开航线规划界面。在飞控软件主界面（图 4-82）单击【规划】按钮，显示【规划】页面（图 4-86）。单击左侧【任务规划】按钮，显示【任务规划】界面（图 4-87）。单击【开始规划】按钮，显示【开始任务规划】界面（图 4-88），提示航线规划操作顺序：生成多边形（绘制测区范围）→选择航线类型→设置飞行参数→生成航线。

图 4-86 【规划】界面　　图 4-87 【任务规划】界面

> **注意**

航线规划时需要联网加载地图,直到测区及外扩范围每处的海拔高度出现数值为止。

②绘制测区范围(生成多边形)。【开始任务规划】界面(图 4-88),单击"生成多边形"右侧按键⇧,显示如图 4-89 所示的界面。绘制测区范围(生成多边形)有以下三种方式:

 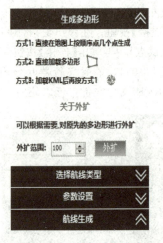 

图 4-88 操作顺序　　图 4-89 生成多边形方式　　图 4-90 单击生成多边形

方式 1:直接在地图上按几个点生成。所按点位应为测区边界特征点(转折点等)。
方式 2:直接加载多边形文件。即加载其他 GIS 软件绘制并导出的多边形文件。
方式 3:加载 KML 文件。即加载其他 GIS 软件绘制并导出的 KML 文件。
本示例按方式 1,在地图上单击绘制完成的多边形如图 4-90 所示。

③选择航线类型。在【开始任务规划】界面(图 4-88)单击"选择航线类型"右侧按键⇧,显示如图 4-91 所示的界面。
一般航线类型有常规、带状、自适应三种;特殊航线类型有交叉航线、跟随地形两种。
根据测绘项目具体要求,选择适用的航线类型。本示例选择常规航线类型。

④设置飞行参数。在【开始任务规划】界面(图 4-88)单击"参数设置"右侧按键⇧,显示如图 4-92 所示的界面。
根据任务需要,设置以下飞行参数:相机型号、分辨率、航向重叠度、旁向重叠度、飞行

速度、航线角度、航线间距、起始位置、带状宽度(带状航线类型)、仿地高度差(跟随地形航线类型)、是否显示航点、是否保持机头、5镜头是否自动外扩等。

⑤生成航线。飞行参数设置完成后，单击【生成航线】按钮，即生成航线并显示在地形图上，如图4-93所示。

⑥航线任务保存。生成航线后，在【任务规划】界面(图4-87)单击【任务保存】按钮，保存本次任务航线。保存后的任务，可以在测绘现场直接调用(图4-86【规划】界面单击【任务加载】)。

图4-91　选择航线类型

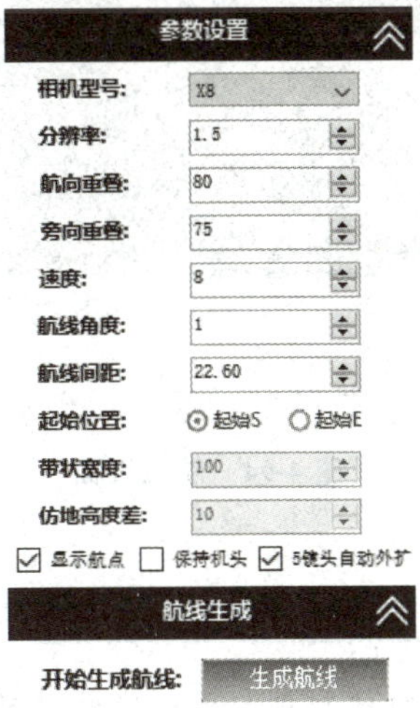

图4-92　设置飞行参数

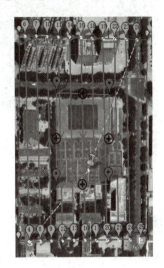
图4-93　航线图

⑦写入航线。地面站连接飞机后，加载规划好的航线。确认无问题后，写入航线(图4-86【规划】界面单击【航点写入】)。

> **提示**
>
> 航线规划可以在办公室内完成并保存；待到达起降现场，连接飞机后，再进行加载。

4)飞行前检查。在飞控软件主界面(图4-82)单击【航飞】按钮，进入航飞页面(图4-94)。确认航线无误，并检查飞机各个参数指标达到飞行要求，包括并不限于以下内容：飞行高度安全，电池状态良好，卫星颗数大于18颗；查看机身编号和固件版本，判断飞机机器码是否过期。

> **注意**
>
> 航飞页面左下角方框会有飞机命令的提示，包括问题报错！

5)执行飞行任务。单击【执行任务】按钮，飞行界面会弹出检查指示框，单击【确认】按钮。

飞机右上角电机开始旋转，依次顺时针方向，四个电机旋转完成，飞行界面会提示"四个电机正常，是否起飞"，单击【确定】按钮。

飞机开始爬升。想取消飞行，可以单击【取消】按钮。

爬升到8 m左右，地面站提示"是否执行任务"，单击【确认】按钮，飞机开始执行航线任务。若单击【取消】按钮，飞机会原地降落。

6)飞机降落。航线任务飞行完毕，飞机会飞到返航点自动降落。降落到离地15 m左右，飞机会悬停，飞行界面弹出对话框，提示是否降落，此时根据现场情况单击【确认】按钮。

图 4-94 航飞页面

!!! 注意

紧急情况下，若需要获取飞机的控制权，单击地面站键盘 WSDA 四个键位，飞机即可悬停，以保证飞机和人身安全。按照提示调整飞机的位置，保证安全降落。

知识宝典

飞行注意事项：
①地面风速必须小于 6 m/秒（空中风速会比地面风速大 1.5 倍）。
②天气适合作业条件。
③起降点需平坦开阔，无障碍物，远离人群儿童、高建筑物、高压线、道路、停车场、树木、水面等。
④控制好电池电量，为了飞行安全，返航电压通常设置 20.5 V。

2. 内业数据处理

内业数据处理包括航测数据预处理、航测数据处理两部分内容。

（1）航测数据预处理。为获取比较精确的摄站三维坐标，无人机测绘采用 RTK 或 PPK 两种辅助技术。RTK 可以实时得到厘米级点位坐标等信息，故航测数据不需要进行预处理；但 PPK 技术不能实时得到厘米级点位坐标等信息，故外业观测完成后必须进行数据预处理才能得到比较精确的点位坐标等信息。

D100 地面站飞控软件可以实现 PPK 解算及航摄像片的预处理（图 4-82【PPK】【预处理】菜单）。预处理步骤如下：

1）无人机云台 GNSS 原始观测数据文件提取。
2）PPK 基准站 GNSS 原始观测数据文件导出。
3）PPK 解算：在 PPK 解算软件（如 ZRPPK 等）中导入基准站 GNSS 文件、流动站（无人机云台)GNSS 文件、精密星历文件(需要时);设置相应的坐标系统后进行解算。

4)像片预处理:在预处理软件中下载航摄像片,对像片进行改名等处理。

5)导出 POS 数据文件:将 PPK 解算成果导出为 POS 数据文件——数据处理过程中要用到。

(2)航测数据处理。本部分以武汉天际航信息科技股份有限公司的 DP-Smart 软件(以下简称 DPS)为例介绍航测数据处理流程。DPS 软件主界面如图 4-95 所示。

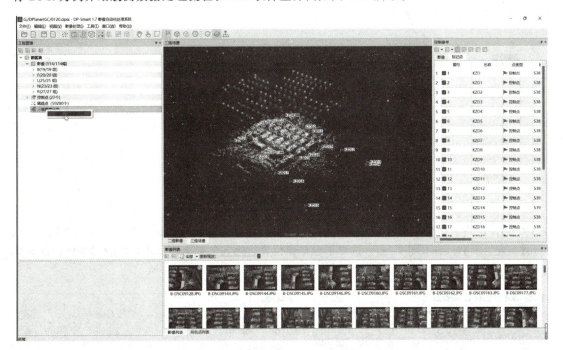

图 4-95　DP 软件主界面

在 DPS 软件主界面中,除标题栏、菜单栏和工具栏外,还有 5 个区域窗口1)~5)。各窗口功能如下:

1)【工程管理】窗口:用树状结构对项目涉及的目录进行管理。目录结构中一个分组大层(区块)下有四个小层,分别为影像、控制点、稀疏点、三维重建任务。

2)【二维影像】/【三维场景】窗口:单击底部标签切换两个窗口。【二维影像】窗口,用于影像平铺浏览及标记像控点位置;【三维场景】窗口,数据解算前用于展示 POS 分布位置,数据解算后用于展示三维场景、相机拍摄位置分布及控制点位置分布。

3)【控制参考】窗口:包含工具栏、两个页面(【影像】和【标记点】)。工具栏用于导入、导出 POS 和控制点坐标及其他操作;【影像】页面显示影像的初始 POS、解算后 POS、解算前和解算后的误差等;【标记点】页面显示控制点初始坐标、解算后坐标、解算前和解算后的误差、控制点标记像片的数量、投影像片的数量等。

4)【影像列表】/【控制台输出】窗口:单击底部标签切换两个窗口。【影像列表】窗口,显示工程加载的全部影像或控制点标记筛选的影像缩略图;【控制台输出】窗口,记录软件每一步执行命令及消耗时间,便于观察软件的工作效率;操作记录可导出保存,也可清除。

5)【影像缩略图】窗口:切换为【二维影像】窗口时显示选中影像的缩略图、影像存储的路径和分辨率等信息。

DPS 软件航测影像处理流程包括:数据准备,创建工程,导入数据,第一次空中三角测量,刺点,第二次空中三角测量,三维建模,数据交换文件导出,生成数字正射影像图。

1)数据准备。需要准备的数据包括航摄像片、POS 文件、控制点坐标文件。航摄像片、影像 POS 文件用飞控软件从无人机中导出(如采用 PPK 技术辅助航测,还需按前述方法进行 PPK 解算预处理);控制点(像控点)坐标由像片控制测量得出,为方便找到像控点实地位置,应做好点之记。以上数据文件应复制到安装 DPS 软件的计算机上,建议复制到同一文件夹中。航摄像片、影像 POS 文件存储示例如图 4-96 所示。本示例为 5 镜头倾斜相机像片,各镜头像片分别存在 B、F、L、N、R 文件夹中。

图 4-96　航摄像片、影像 POS 文件存储

2)创建工程。DPS 软件主界面(图 4-95),选择菜单【文件】→【创建工程…】命令(图 4-97),弹出【新建工程】对话框(图 4-98)。选择工程存储位置、输入工程名称,单击【保存】按钮,以保存工程相关数据信息。

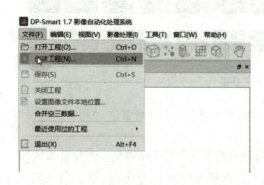

图 4-97　创建工程

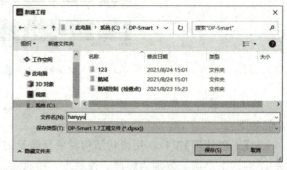

图 4-98　【新建工程】对话框

3)导入数据。导入数据的步骤包括:导入影像文件(选择相机文件夹根目录,选择导入模式,选择摄站分组模式,设置相机参数);导入影像 POS 文件;导入控制点文件。

①选择相机文件夹根目录:DPS 软件主界面(图 4-95),在【工程管理】窗口新区块下【影像】上单击鼠标右键,在弹出的快捷菜单选择【导入】→【导入影像文件…】命令(图 4-99),弹出【选择相机文件夹根目录】对话框(图 4-100)。选择存储航测数据(航摄像片、POS 文件、控制点坐标)的文件夹根目录,单击【选择文件夹】按钮,弹出【导入影像文件夹向导】对话框"勾选准备导入的文件夹"页面(图 4-101)。选定要导入的文件夹后,单击【下一步】按钮,弹出【导入影像文件夹向导】对话框"导入模式"页面(图 4-102)。

②选择导入模式(图 4-102):导入模式有三种:全部影像(根据影像属性信息自动设置所属相机);摄站(每个文件夹的影像共用一个摄站信息);相机(每个文件夹中的影像将共用一套相机参数)。根据实际情况选择合适的导入模式(本示例选择第 3 种),单击【下一步】按钮,弹出【导入影像文件夹向导】对话框"摄站分组模式"页面(图 4-103)。

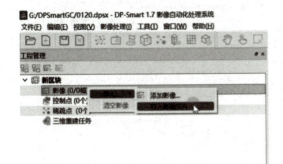

图 4-99　导入影像文件　　　　　图 4-100　【选择相机文件夹根目录】对话框

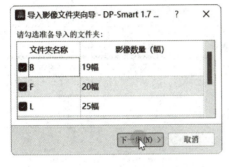 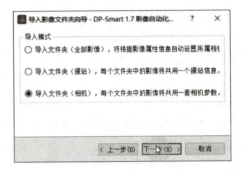

图 4-101　勾选准备导入的文件夹　　　　图 4-102　导入模式

③选择摄站分组模式(图 4-103)：摄站分组模式有两种：不划分摄站分组(5 个文件夹，创建 5 个相机)；按照一定顺序(如文件名等)划分摄站。根据实际情况选择合适的摄站分组模式(本示例选择第 1 种)，单击【完成】按钮，弹出【导入完成】对话框(图 4-104)，显示导入的影像数量，并提示设置相机。单击【是】按钮(图 4-104)，弹出【相机参数设置】对话框(图 4-105)。

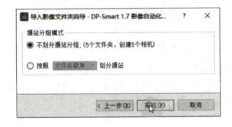 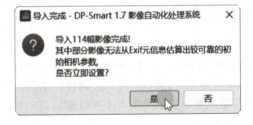

图 4-103　摄站分组模式　　　　　　图 4-104　导入完成

④设置相机参数(图 4-105)：本示例外业航测时采用 5 镜头倾斜摄影相机，故每个镜头设置一套相机参数：相机类型(透视、鱼眼或全景)，分辨率(像素)，传感器尺寸，像元大小，焦距，初始内方位元素，计算内方位元素等。依次选择各镜头(B、F、L、N、R)设置参数后，单击【确定】按钮，完成设置。

⑤导入影像 POS 文件：DPS 软件主界面(图 4-95)【控制参考】窗口，单击工具栏第一个下拉按钮 →【导入影像 POS...】，弹出【导入影像 POS 文件】对话框(图 4-106)。单击【选择...】按钮，弹出【选择导入的文件】对话框(图 4-107)，找到存储位置并选择影像 POS 文件，单击【打开】按钮，打开文件后关闭对话框，返回图 4-106 所示的界面。设置 POS 坐标系统(图 4-108)、文件格式，单击【确定】按钮，导入 POS 文件。

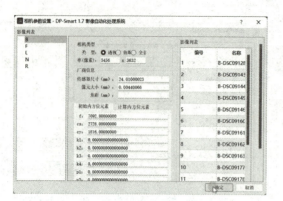
图 4-105 【相机参数设置】对话框

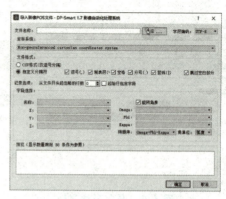
图 4-106 【导入影像 POS 文件】对话框

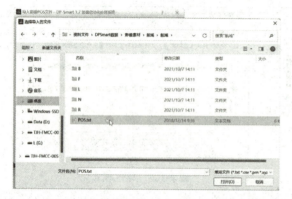
图 4-107 【选择导入的文件】对话框

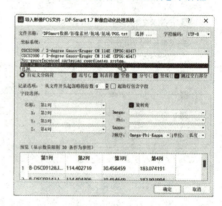
图 4-108 设置 POS 坐标系统

小贴士

POS 文件格式包括：字段分隔符（逗号、制表符、空格、分号或竖线等），记录选项（从文件开头起忽略的行数），四个字段顺序（名称、X、Y、Z），旋转角度等。

⑥导入控制点文件：DPS 软件主界面（图 4-95）【控制参考】窗口，单击工具栏第一个下拉按钮 →【导入控制点…】，弹出【导入控制点文件】对话框（图 4-109）。单击【选择…】按钮，弹出【选择导入的文件】对话框找到并选择控制点文件。设置控制点坐标系统（图 4-110）、文件格式后，在预览位置会显示控制点 4 项数据信息，单击【确定】按钮导入控制点文件。

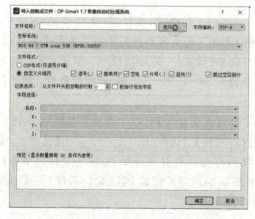
图 4-109 导入控制点文件

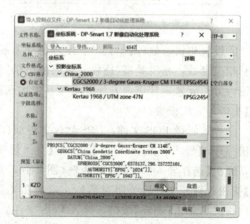
图 4-110 设置控制点坐标系统

> **小贴士**
>
> 控制点文件格式包括：字段分隔符（逗号、制表符、空格、分号或竖线等）、记录选项（从文件开头起忽略的行数）、四个字段顺序（名称、X、Y、Z）。

4）第一次空中三角测量。第一次空中三角测量（简称空三），平差方法采用基于 POS 数据的自由网平差。

具体操作步骤：DPS 软件主界面（图 4-95），选择【影像处理】→【空中三角测量…】命令（图 4-111），弹出【设置空三处理参数】对话框（图 4-112）。第一次空中三角测量，解算模式选择"初始定向"，再根据实际情况设置其他参数：特征匹配常规选项（包括像对筛选模式、最大特征点数量、特征提取方法等），相机内参数标定等。参数设置完成后，单击【确定】按钮，开始自动化空中三角测量计算。空中三角测量完成后，提示"影像定向计算成功！"。

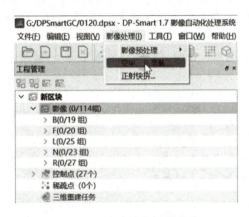

图 4-111　空中三角测量命令 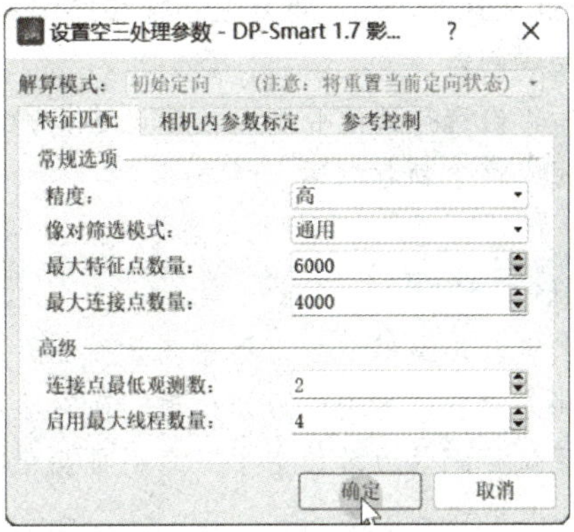　　　　图 4-112　设置空三处理参数

5）刺点。DPS 软件主界面（图 4-95）【控制参考】窗口，单击【标记点】页面标签，显示标记点（控制点）列表（图 4-113）。

在选定要刺点的控制点上单击鼠标右键，在弹出的快捷菜单中单击【影像筛选】按钮（图 4-114），则在 DPS 软件主界面【影像列表】窗口显示按所选控制点坐标筛选出的航摄像片（图 4-115），并在像片上空三计算的控制点坐标位置做标记▶。空三计算的标记▶位置与控制点的实际位置一般有偏差。

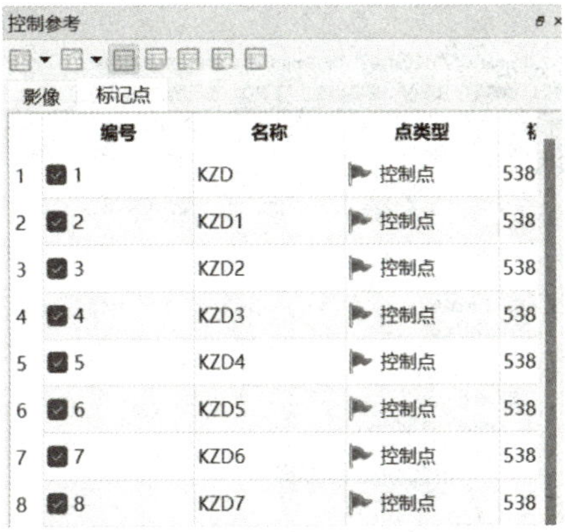

图 4-113　标记点列表 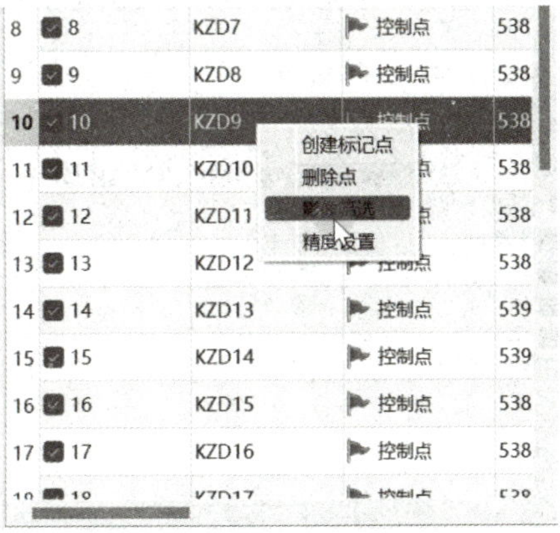　　　　　　　图 4-114　影像筛选

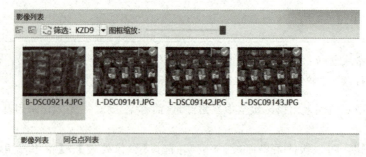

图 4-115 筛选后的影像列表

刺点就是把像片上计算的标记⚑位置精确移到控制点实地位置。方法如下：【影像列表】窗口点选像片，【二维影像】窗口会显示该像片及控制点标记⚑，从控制点点之记找到控制点实地准确位置，再将标记⚑拖移到像片上的控制点实地位置，则第一张像片完成标记；再在【影像列表】窗口点选其他像片，重复上述拖移操作；当刺点像片数量达到规定值（一般至少 3 张）后，该控制点完成刺点。

然后，再选择其他控制点，按上述步骤进行刺点。控制点数量达到规定值（一般至少 4 个）时，即完成整个刺点流程。

🔍 **指点迷津**

> 刺点：早期模拟航空摄影测量内业数据处理，需要在航摄像片（胶卷）上控制点位置用细针刺入小孔，再进行后期处理。而对于数字航空摄影测量，则是指在航摄像片上的控制点位置做标记，为后续空中三角测量优化（控制网平差）做准备。

6）第二次空中三角测量。平差方法采用基于控制点坐标的控制网平差，是对第一次空三计算成果进行优化。第二次空三命令执行程序与第一次空三相同，但要注意解算模式选择"优化定向"（图 4-116）。

7）三维建模。DPS 软件主界面（图 4-95），在【工程管理】窗口"新区块"下"三维重建任务"上单击鼠标右键，在出现的快捷菜单中单击【创建三维重建任务…】按钮（图 4-117），显示【三维重建】窗口（图 4-118）。根据实际情况设置相关参数后，单击【提交任务】按钮后开始三维建模。建模完成后，【三维场景】窗口显示三维模型（图 4-119），并弹出【三维重建】对话框（图 4-119），提示"执行三维重建任务完成！"，单击【确定】按钮。

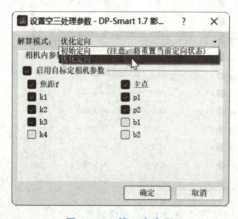

图 4-116 第二次空三

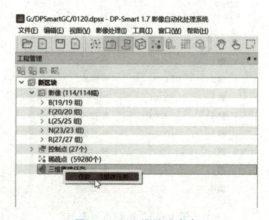

图 4-117 三维重建命令

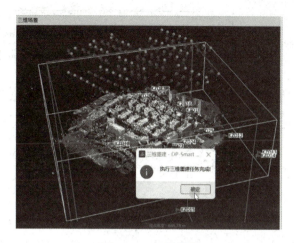

图 4-118　设置建模参数　　　　　　　　　图 4-119　三维模型

8) 数据交换文件导出。三维重建后的数据可以导出为数据交换文件(包括空三计算成果、无畸变影像等)，以方便其他软件导入，如单体模型精细化修饰软件 DP-Modeler、数字线划图(DLG)编辑软件 DP-Mapper 等。数据交换文件导出的具体操作步骤如下：

DPS 软件主界面(图 4-95)，在【工程管理】窗口"新区块"上单击鼠标右键，在出现的快捷菜单中选择【导出 Block Exchange...】选项(图 4-120)，显示【导出 Block Exchange】窗口(图 4-121)。选择输出位置文件夹，选择转角元素格式类型、相机转角方向类型，勾选"输出无畸变影像"选项，单击【导出】，即导出数据交换文件；其中，"新区块.xml"是空三数据；"mesh"文件夹下是模型文件；"新区块_export_undistorted_photos"文件夹下是无畸变影像。

9) 生成数字正射影像图(DOM)。DPS 软件主界面(图 4-95)，选择【影像处理】→【正射快拼...】选项(图 4-122)，显示正射快拼处理进度条(图 4-123)。拼接完成后的数字正射影像图存储在工程项目文件夹下，在该文件夹下搜索"ortho_mosaic"，找到"ortho_mosaic"文件夹下"ortho.tif"图像文件(图 4-124)，即为拼接完成的数字正射影像图(DOM)。

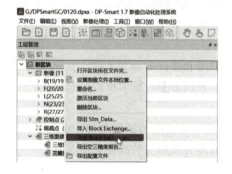

图 4-120　数据交换文件导出　　　　　　　图 4-121　数据交换文件导出设置

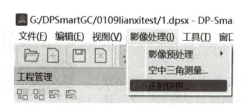

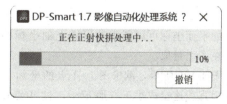

图 4-122　正射快拼命令　　　　　　　　　图 4-123　正射快拼进度条

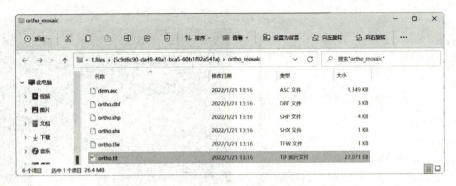

图 4-124　图像文件

4.4　地形图的应用

4.4.1　地形图的识读

地形图是包含丰富的自然地理、人文地理和社会经济信息的载体。在地形图上可以获取地貌、地物、居民点、水系、交通、通信、管线、农林等多方面的自然地理和社会政治经济信息。因此，地形图是进行建设工程规划、设计和施工的重要依据。正确地应用地形图，是工程技术人员必须具备的基本技能。

1. 地形图图廓内容的识读

根据地形图图廓相关内容，可全面了解地形的基本情况。例如，由地形图的比例尺可以知道该地形图反映的地物、地貌的详略程度；根据测图日期的注记可以知道地形图的新旧，从而判断地物、地貌的变化程度；从图廓坐标可以掌握地形图幅的范围；通过接合图表可以了解与相邻图幅的关系；了解地形图所使用的《地形图图式》版别，对地物、地貌的识读非常重要；了解地形图的坐标系统、高程系统、等高距、测图方法等，对正确用图也有很重要的作用。

2. 地物识读

地物识读前，要熟悉一些常用地物符号，了解地物符号和注记的确切含义。根据地物符号，了解图内主要地物的分布情况，如村庄名称、公路走向、河流分布、地面植被、农田等。

3. 地貌识读

地貌识读前，要正确理解等高线的特性，根据等高线了解图内的地貌情况。首先要知道等高距的大小，然后根据等高线的疏密程度判断地面坡度及地势走向与特殊地貌情况。

4.4.2　纸质地形图的应用

1. 确定点的平面坐标

点的平面坐标可以利用地形图上的坐标格网的坐标值确定，具体用比例尺在图上量取。

如图 4-125 所示，欲求图上 A 点的坐标，首先找到 A 点所处的小方格，并用直线连接成小正方形 abcd，过 A 点作格网线的平行线，交小格网边于 g、e 点，再量取 ag 和 ae 的图上长度，即可得到 A 点的坐标为

微课　纸质地形图的应用

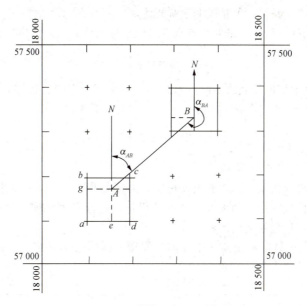

图 4-125　点的平面位置量测

$$x_A = x_a + ag \times M$$
$$y_A = y_a + ae \times M \tag{4-5}$$

式中　M——地形图比例尺分母。

考虑图纸伸缩变形的影响，则 A 点坐标可按下式计算：

$$x_A = x_a + \frac{10}{ab}ag \times M$$
$$y_A = y_a + \frac{10}{ab}ae \times M \tag{4-6}$$

2. 确定点的高程

地形图上点的高程可根据等高线或高程注记点来确定。如果一点的位置恰好位于图上某一条等高线上，则此点高程与该等高线的高程相同。如图 4-126 所示的 A 点，其高程为 30 m。如果点在两条相邻等高线之间，则其高程可以由相邻等高线的高程内插求得。如图 4-126 所示的 B 点位于两条等高线(等高距 h)之间，则可用以下方式求得 B 点高程：

(1)过待求点 B 作等高线的正交线与相邻等高线交于 m、n；

(2)图上量出 mn 和 mB 的距离，计算 B 点高程。

$$H_B = H_m + \frac{mB}{mn}h \tag{4-7}$$

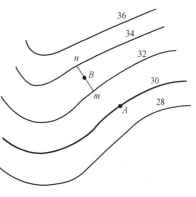

图 4-126　确定点的高程

3. 确定图上直线的距离、方向(方位角)、坡度

(1)图上直线距离。

1)解析法。量取两点坐标，用距离公式计算。

$$D_{AB} = \sqrt{(x_B - x_A)^2 + (y_B - y_A)^2} \tag{4-8}$$

此法既适用于 A、B 点在同一图幅内，也适用于不在同一图幅内的情况。

2)图解法。用比例尺量取,但精度低于解析法。

(2)图上直线的坐标方位角。量取两点坐标,用坐标反算公式计算出方位角。

$$\alpha_{AB} = \arctan \frac{y_B - y_A}{x_B - x_A} \tag{4-9}$$

(3)确定图上直线的坡度。直线上两点的高差与其水平距离的比值称为坡度,用 i 表示。先由上述方法求出两点间的水平距离和高差,再由下式计算其坡度。即

$$i = \frac{H_B - H_A}{D_{AB}} \tag{4-10}$$

4. 按限制的坡度选定最短线路

道路、渠道、管线等的设计,均有坡度限制。有了地形图,就可以根据工程项目的技术要求,规划设计路线的位置、走向和坡度,计算工程量,进行方案比较。下面说明如何按限制坡度在地形图上选择一条最短的路线问题。

如图 4-127 所示,由坡度和比例尺计算相邻等高线间的最小平距 $d = h/i \cdot M$,再按此距离画弧与等高线相交得路线点位。

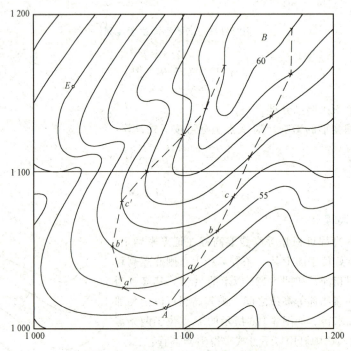

图 4-127 按坡度限值选定最短路线

具体步骤如下:

(1)已知待选线路的限制坡度。

(2)从图上可读出等高距。

(3)计算路线通过相邻等高线的平距 d。

(4)从起点开始用半径为 d 的圆弧找出下一个等高线上的点,直至终点。然后把相邻点连接起来,即所选线路。当两条相邻等高线间平距大于 d 时,说明地面坡度已小于限制坡度,线路方向可以按地面实际情况在图上任意确定。

这样得出的线路就是满足限制坡度的最短线路,通常可能有若干方案,应选择路线顺畅、工程简单、施工方便的线路。

5. 绘制指定方向的纵断面图

纵断面图是指以所求方向的水平距离为横轴、高程为纵轴，按一定比例尺绘制的表示地形变化的图形。绘制要点：确定纵横轴的比例尺得出所求方向上各地形变换点的水平距离，量算出各地形变换点的高程，以水平距离为横轴、高程为纵轴绘制各点，连接各点成断面线。

有了地形图，可以绘制任何方向的断面图，表示出特定方向的地形起伏变化，如图 4-128 所示。

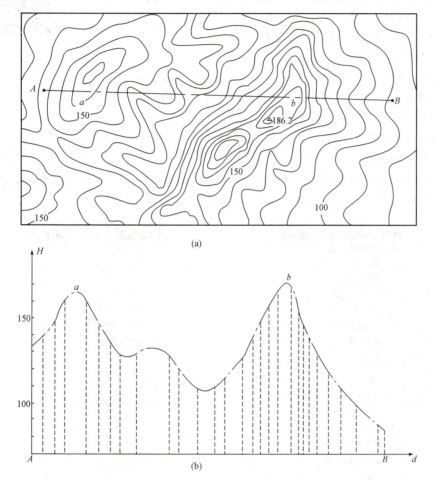

图 4-128　纵断面图的绘制

（1）沿指定方向量取两相邻等高线间的平距，用一定比例标在横轴上。

（2）再按各点的高程以一定比例标在纵轴上（为了较明显地表示地面起伏变化，纵轴高程比例一般比水平比例大 5～10 倍）。

（3）把相邻点用平滑曲线连接起来。断面图对于路线、管线、隧道、涵洞、桥梁等的规划设计有着重要的意义和作用。

在断面图上还可以解决点与点之间是否通视的问题，例如，要知道山顶是否和山脚通视，在断面图上连接两点做直线，若直线在地面上空通过，沿线没有障碍物，则能通视，否则不能通视。若要研究某点通视扇面的问题，则可在点的不同方向上绘制断面图来研究通视情况，综合起来，可得该点的视界区和掩蔽区。若以弹道抛物线代替直线，则可研究炮击点、死角地区和死角空间。这些问题的解决，对于架空索道、输电线路、水文观测、测量控制网的布设、军事指挥和军事设施的兴建都有很重要的意义。

4.4.3 数字地形图的应用

数字地形图需要通过计算机中的地形图绘制软件或专业软件来显示相应内容。地形图绘制软件(以 CASS 软件为例)主要用于绘制地形图,纸质地形图的相关应用如确定点的平面坐标与高程、直线的距离与方位角均有相关的命令能够查询得到;而选定最短路线、绘制纵断面图则可以由专业软件(以公路设计软件纬地为例)完成。

微课　数字地形图的应用

1. 确定点的平面坐标

对于纸质地形图,点的平面坐标利用坐标格网的坐标值确定;而对于数字地形图,则可以由绘图软件直接查询相应点位的平面坐标。

CASS 软件相关命令如图 4-129 所示。

执行【查询指定点坐标】命令,捕捉点位,即可显示该点位平面坐标。

2. 确定点的高程

数字地形图要确定点的高程,需首先建立数字地面模型 DTM,再执行【查询指定点高程】命令,捕捉点位,即可显示该点位高程。命令位置如图 4-130 所示。

图 4-129　CASS 工程应用相关命令

图 4-130　CASS 等高线命令

3. 确定直线的距离与方位角

CASS 软件中执行【查询两点距离及方位】命令,捕捉两点,即可显示两点连线的距离和方位角。命令位置如图 4-129 所示。

4. 土方量计算

CASS 软件可以进行土方量计算，方法有断面法、DTM 法、方格网法、等高线法等。命令位置如图 4-129 所示。

5. 绘制断面图

CASS 软件可以进行纵断面的绘制。命令位置如图 4-129 所示的【绘断面图】。

但在实际设计时还是使用支持数字地形图的专业设计软件(如纬地数模版)比较多一些。

能力训练

一、选择题

1. 地形是(　　)的总称。
   A. 地物和地貌　　　B. 地貌和地势　　　C. 地理和地势　　　D. 地物和地势
2. 在 1∶1 000 的比例尺图上，量得某绿地规划区的边长为 60 mm，则其实际水平距离为(　　)m。
   A. 30　　　　　　　B. 40　　　　　　　C. 60　　　　　　　D. 80
3. 下列各种比例尺的地形图中，比例尺最小的是(　　)。
   A. 1∶500　　　　　B. 1∶1 000　　　　C. 1∶2 000　　　　D. 1∶5 000
4. 在地形图上有高程分别为 26 m、27 m、28 m、29 m、30 m、31 m、32 m 等高线，则需加粗的等高线为(　　)m。
   A. 26、31　　　　　B. 27、32　　　　　C. 29　　　　　　　D. 30
5. 比例尺为 1∶1 000 的地形图，它的比例尺精度为(　　)m。
   A. 0.001　　　　　B. 0.01　　　　　　C. 0.1　　　　　　D. 1
6. 等高距是两相邻等高线之间的(　　)。
   A. 高程之差　　　　B. 平距　　　　　　C. 间距　　　　　　D. 斜距
7. 等高线越密集说明(　　)。
   A. 坡度越大　　　　B. 坡度越小　　　　C. 地面越高　　　　D. 地面越低
8. 从高程基准面起算，按基本等高距描绘的等高线称为(　　)。
   A. 首曲线　　　　　B. 计曲线　　　　　C. 间曲线　　　　　D. 助曲线

二、填空题

1. 地形是_____和_____的总称。
2. 比例尺表现形式有_____、_____和_____。
3. 相当于图上_____的实地水平距离称为比例尺精度。
4. 地形图图式中的符号有_____、_____和_____三种。
5. 地物符号分为_____、_____、_____、_____。
6. 大比例尺数字地形图测绘分为四个步骤：_____、_____、_____、_____。
7. GNSS—RTK 测量系统由_____和_____组成。
8. GNSS—RTK 测量分为_____、_____两类。
9. GNSS—PPK 测量系统由_____和_____组成。
10. 常用的测绘无人机类型有_____、_____、_____、_____。

三、名词解释

1. 地形 2. 地物 3. 地貌 4. 地形图 5. 平面图 6. 数字地形图 7. 纸质地形图 8. 比例尺 9. 比例尺精度 10. 等高线 11. 等高距 12. 等高线平距 13. 首曲线 14. 计曲线 15. 间曲线 16. 助曲线 17. 图根点 18. 碎部点 19. RTK 20. 基准站 21. 移动站 22. 网络RTK 23. 单基准站RTK 24. 航空摄影测量 25. 空中三角测量 26. 无人机 27. 无人机系统

四、简答题

1. 简述比例尺精度的作用。
2. 简述等高距、等高线平距与地面坡度三者之间的关系。
3. 简述等高线的特性。
4. 简述图根控制测量方法。
5. 简述全站仪外业数据采集步骤。
6. 简述 GNSS-RTK 测量基本原理。
7. 简述 CASS 软件绘制等高线步骤。
8. 简述无人机测绘系统组成部分。
9. 简述 DPS 软件航测影像处理流程。

考核评价

考核评价表

考核评价点	评价等级与分数				学生自评	小组互评	教师评价	小计（自评30%＋互评30%＋教师评价40%）
	较差	一般	较好	好				
地形图基本知识认知	8	12	16	20				
地形图的应用知识认知	4	6	8	10				
全站仪、RTK外业数据采集实施	8	12	16	20				
CASS软件基本操作实施	4	6	8	10				
无人机模拟操控实施	4	6	8	10				
操作规范、数据严谨	4	6	8	10				
遵守国标、规范绘图	4	6	8	10				
协同合作、团结一致	4	6	8	10				
总分	100							
自我反思提升								

模块 5　道路定测测量

子模块 1　道路中线测量

知识目标

1. 理解道路中线的平面线形及道路中线测量内容；
2. 熟悉交点的测设、里程桩的设置及道路中线逐桩坐标计算方法；
3. 掌握圆曲线测设及带有缓和曲线的平曲线测设方法。

技能目标

1. 能进行交点的测设及里程桩的设置；
2. 能进行圆曲线测设及带有缓和曲线的平曲线测设；
3. 能计算中线逐桩坐标，用全站仪、GNSS—RTK 进行道路中线测量。

素养目标

1. 养成团结合作，规范操作全站仪、GNSS—RTK 进行中线测量的良好习惯；
2. 养成勤于思考、乐于总结、善于分析中线测量误差的优良品质；
3. 发扬一丝不苟，力求测设精准的工作作风。

学习引导

道路中线测量是公路设计的外业工作，是把图纸上设计好的道路中心线的平面位置在地面上用木桩具体地标定出来，并测定线的里程，以此作为公路施工的依据。其主要任务是对公路的交点、转点、转角、直线和平曲线的测设。

本模块的主要内容结构如图 5-1 所示。

趣味阅读——琼·玛卡若线的由来

你知道吗？马路中间的那条分割线叫作"琼·玛卡若线"，是百年前一名女医生给车祸频发的马路开出的"药方"。

琼玛卡若是美国内布拉斯加州的一名外科医生，看到太多因车祸受伤的患者，她感同身受，开始思考如何能减少交通事故的发生。琼玛卡若注意到，驾驶员总喜欢靠马路的中间行驶，这就大大增加了车祸的发生。一个念头闪现在她脑海里：在马路中间画一条醒目的线，让不同方向的车辆各自行驶在线的一侧。然而她的想法却得到了有关部门的冷漠和拒绝，在琼玛卡若长达 7 年的不懈努力下，直到 1924 年，州公路管理委员会终于同意在 99 号高速公路上做试验,试验结果是当地的所有公路都画上了这样一条线,并称之为"琼·玛卡若线"。

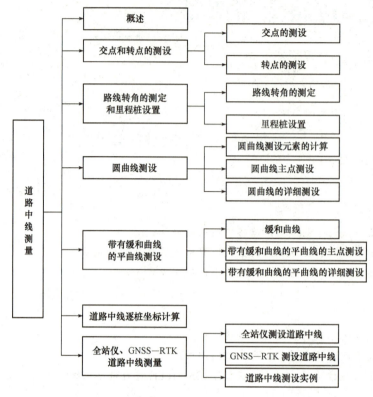

图 5-1　主要内容结构图

1.1　概　述

道路是一种承受行车荷载的带状构造物,如图 5-2(a)所示,它的中线是一条空间曲线,其中线在水平面的投影称之为平面线形,如图 5-2(b)所示。当平面线形受到地形、地质、水文及其他条件限制时,通常会改变方向,为保证行车舒适、安全,在路线改变方向的转折处,需要用适当的曲线连接起来,这种曲线称为平曲线。故道路平面线形是由直线和平曲线两部分组成的,如图 5-2(c)所示。平曲线包括圆曲线和缓和曲线。圆曲线是具有一定曲率半径的圆弧;缓和曲线是在直线和圆曲线之间或两不同半径的圆曲线之间设置的曲率半径连续变化的曲线。

微课　道路中线线型及测量

道路中线测量是通过直线和平曲线的测设,将道路中线的平面位置用木桩具体地标定在地面上,并测定其里程,供设计与施工之用。

小贴士

工程上常将道路中线测量俗称为中桩放样。

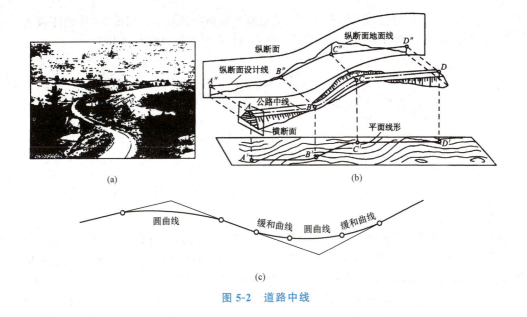

图 5-2　道路中线

1.2　交点和转点的测设

要进行中线测量，须先进行定线测量，即在实地标定交点和转点。所谓交点，是指路线改变方向的转折点，通常以 JD 表示，它是中线测量的主要控制点；而转点是指当相邻两交点之间距离较长或互不通视时，需要在其连线或延长线上定出的一点或数点，以供交点、测角、量距或延长直线瞄准之用，通常以 ZD 表示。

1.2.1　交点的测设

对于低等级公路，在地形条件较简单时，通常根据技术标准，并结合地形、地质条件，在现场反复插设比较，直接标定出交点的位置；在地形条件复杂、现场标定困难的地段，则先在实地布设导线，测绘大比例尺地形图(通常 1∶1 000 或 1∶2 000)，在地形图上进行纸上定线，然后再实地放线，把交点在实地标定出来，一般可采用以下三种方法。

1. 放点穿线法

放点穿线法是利用测图时实地和地形图上已有的导线点与纸上定线后路线之间的角度和距离关系，在实地将中线的直线段测设出来，然后将相邻直线段延长相交，从而定出交点的位置。具体步骤如下：

微课　放点穿线法测设交点

(1)放点。在地面上测设中线的直线部分，只需定出直线上若干个点(称之为临时点)，就可确定这一直线的位置，为便于检查核对，一条直线至少应选择三个临时点。

如图 5-3 所示，欲将纸上定出的两直线段 JD$_3$—JD$_4$ 和 JD$_4$—JD$_5$ 测设于地面，只需在地面上定出 1、2、3、4、5、6 等临时点即可。这些临时点可选择支距点，即垂直于初测导线边垂足为导线点的直线与纸上所定路线的直线相交的点，如 1、2、4、6 点；也可选择初测导线边与纸上所定路线的直线相交的点，如 3 点；或选择能够控制中线位置的任意点，如 5 点。这些点一般应选择在地势较高、通视良好、距初测导线点较近、便于测设的地方。

临时点选定后,即可在图上用比例尺和量角器量取相应的数据,如图 5-3 中的距离 l_1、l_2、l_3、l_4、l_5、l_6 和角 β。然后绘制放点示意图,标明点位和数据作为放点的依据。

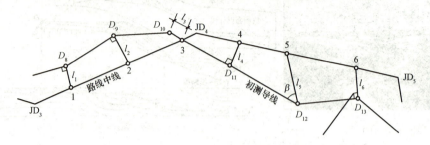

图 5-3　初测导线与纸上定线

放点时,在现场找到相应的导线点。如果临时点是支距点,可用支距法放点,即用经纬仪或方向架定出垂线方向,再用皮尺量出支距 l 定出点位。如果是任意点,则用极坐标法放点,即将经纬仪安置在相应的导线点上,拨角 β 定出临时点的方向,再用皮尺量距 l 定出点位。

(2)穿线。由于图解数据和测量误差的影响,在图上同一直线上的各点放到地面后,通常都不能准确地位于同一直线上。图 5-4 所示为图上某一直线段上的 1、2、3、4 点放样到实地的情况,显然所放 4 点是不共线的。这时可根据实地情况,采用目估或经纬仪法穿线,通过比较和选择定出一条尽可能多地穿过或靠近临时点的直线,并在该直线方向上打两个方向桩 A、B,这一工作称为穿线。

图 5-4　穿线

 指点迷津

> 如图 5-4 中的 1、2、3、4 点,之所以称之为临时点,是在穿线工作完成后,这些点随即就取消了。

(3)交点。当相邻两直线 AB、CD 经穿线在实地标定后,即可延长直线进行交会定出交点(JD)。如图 5-5 所示,将经纬仪安置于 B 点,盘左瞄准 A 点,倒转望远镜,沿视线方向在交点(JD)的概略位置前后打下两个木桩,并沿视线方向用铅笔在两桩顶上分别标出其中心位置 a_1 和 b_1。

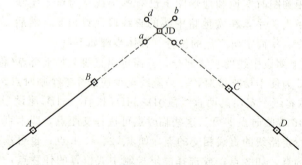

图 5-5　交点

> 小贴士
>
> 工程上将打下的这两个木桩形象地称之为骑马桩。

盘右仍瞄准 A 点，再倒转望远镜，用与上述同样的方法在两桩顶上标出其中心位置 a_2 和 b_2。取 a_1 与 a_2、b_1 与 b_2 的中点 a、b 钉上小钉，并用细线将 a、b 两点相连，这种以盘左、盘右两个盘位延长直线的方法称为正倒镜分中法。将仪器置于 C 点，瞄准 D 点，同法定出 c、d 两点，拉上细线，在两条细线（ab、cd）相交处打下木桩，并在桩顶钉以小钉，便得到交点（JD）。

2. 拨角放线法

拨角放线法是先在地形图上量出纸上定线的交点坐标，反算相邻交点间的距离、坐标方位角及转角；然后在实地将仪器置于中线起点或已确定的交点上，拨出转角，测设直线长度，依次定出各交点的位置。

微课 拨角放线法
测设交点

如图 5-6 所示，N_1、N_2、$\cdots$ 为初测导线点，在 N_1 点安置经纬仪，瞄准 N_2 点，拨水平角 β_1，量出距离 S_1，由此便可定出交点 JD_1。然后在 JD_1 上安置经纬仪，瞄准 N_1 点，拨水平角 β_2，量出距离 S_2，便可定出交点 JD_2。用同样的方法，将经纬仪安置于 JD_2，瞄准 JD_1，拨水平角量出距离定出交点 JD_3。同法依次定出其他交点。

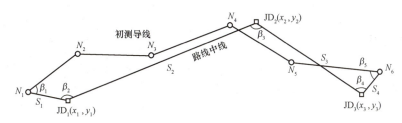

图 5-6 拨角放线法定线

这种方法工作效率高，适用于测量导线点较少的线路，其缺点是拨角放线的次数越多，误差累积也就越大，故每隔一定距离（一般每隔 3～5 个交点）应将测设的中线与测图导线联测，以检查拨角放线的质量，检查满足要求，可重新以初测导线点开始继续放出以后的交点，否则，应查明原因予以纠正。

 动动脑

拨角放线法为何具有误差累积性？

3. 坐标放样法

根据交点的坐标，利用测图导线点按坐标放样法进行放点。这种方法外业工作最快，且无误差累积、精度高。

（1）全站仪坐标放样法。

1）坐标放样的基本原理。如图 5-7 所示，已知 A、B、C 三点的坐标为 (X_A, Y_A)、(X_B, Y_B)、(X_C, Y_C)。其中 A、B 两点在地面上的位置已确定，要求在

微课 全站仪
坐标放样法

操作视频 全站仪
坐标放样

实地确定 C 点的位置。

设 A 点为测站点，B 点为后视点，C 点为放样点。安置全站仪于 A 点，后视 B 点。

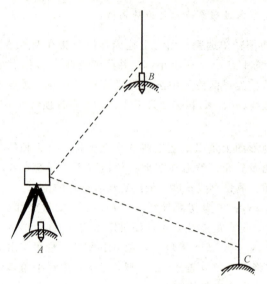

图 5-7　坐标放样的基本原理

> **知识宝典**
>
> 　　对于地面上的两个已知点 A、B，其任意一点均可作为测站点，而另一点则为后视点，在此，也可以 B 点为测站点，A 点为后视点。

直线 AB 坐标方位角 α_{AB} 的计算：

$$\alpha = \arctan \frac{|Y_B - Y_A|}{|X_B - X_A|}$$

$\Delta Y = Y_B - Y_A$，$\Delta X = X_B - X_A$

$\Delta X > 0$，$\Delta Y > 0$，则 $\alpha_{AB} = \alpha$

$\Delta X > 0$，$\Delta Y < 0$，则 $\alpha_{AB} = 360° - \alpha$

$\Delta X < 0$，$\Delta Y < 0$，则 $\alpha_{AB} = 180° + \alpha$

$\Delta X < 0$，$\Delta Y > 0$，则 $\alpha_{AB} = 180° - \alpha$

同理，可计算出直线 AC 的坐标方位角 α_{AC}，则

$$\angle BAC = \alpha_{AC} - \alpha_{AB}$$

$$D_{AC} = \sqrt{\Delta Y_{AC}^2 + \Delta X_{AC}^2}$$

水平角 $\angle BAC$ 和距离 D_{AC} 即为 C 点的放样数据，而利用全站仪进行放样时，只需要将 A、B、C 三点坐标输入仪器，仪器自动计算并显示放样角度 $\angle BAC$ 和放样距离 D_{AC}。然后进行具体操作，找到满足放样数据的未知点的位置。

2）坐标放样的基本设置。

①测量模式的选择和棱镜常数、大气改正数的设置。

②测站点坐标的输入。

③已知测站点至后视点坐标方位角的设置或后视点坐标的输入。

3）坐标放样的步骤。

操作视频　全站仪
坐标放样测站设置

①安置仪器于导线点(即测站点),进行对中、整平等基本操作。

②对仪器进行基本设置,包括棱镜常数、大气改正数、测距模式、测站点坐标及后视点坐标等输入。

③按照全站仪坐标放样的操作步骤进行交点的测设。

(2)GNSS—RTK坐标放样(点放样)法。如图5-8所示,在主界面【测量】页面选择【点放样】选项,进入点放样界面,如图5-9所示。

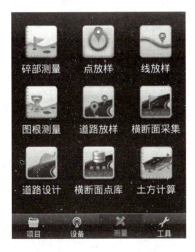 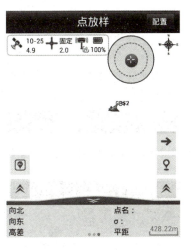

图5-8　主界面【测量】页面　　　　　图5-9　【点放样】界面1

1)输入放样点坐标。按→,进入【选择放样点】界面,如图5-10所示。放样点的坐标一般有以下两种输入方式:

①直接输入。输入点名、平面坐标(N、E)、高程(Z),如图5-11所示。

图5-10　【点放样】【选择放样点】1　　图5-11　【点放样】【选择放样点】2

②从坐标库选择。单击▤打开【坐标数据】【放样点】,如图5-12所示。选择"P1"后,界面如图5-11所示。

2)点放样过程。输入放样点坐标后,单击【确定】按钮,返回【点放样】界面,如图5-13所示,显示放样数据(示例"向南7.668 5""向东15.495 6""平距17.289"等)。移动站按放样数据移动位置,放样数据随之变化;当接近到放样点坐标位置时,手簿会声音提示、图形显示红圈,如图 5-14 所示。继续移动,直至达到点位精度要求,如图 5-15 所示。

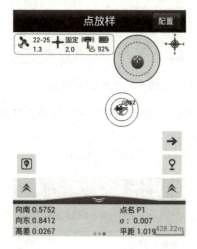

图 5-12 【点放样】【选择放样点】3

图 5-13 【点放样】界面 2

图 5-14 【点放样】界面 3

图 5-15 【点放样】界面 4

3)数据传输(数据交换)。如选用坐标库方式,则需提前将计算机中含有放样点坐标的数据文件导入到 RTK 测量软件中。其步骤如下:

如图 5-16 所示,在【项目】页面中选择【数据交换】选项进入【数据交换】页面,如图 5-17 所示。在【数据交换】页面中单击【放样点】,【交换类型】选择【导入】,单击文件所在目录("/storage/sdcard0/ZHD/Out"),选择文件名("放样点导入示例.CSV"),如图 5-18 所示。单击"确定",进入【自定义格式设置】,如图 5-19 所示。按文件数据格式("点名,N,E,Z,描述"),依次点选【可选字段】相应内容,设置完成后如图 5-20 所示。单击【确定】按钮,显示【数据导入成功】并返回【数据交换】页面,如图 5-18 所示。按键盘返回键返回【项目】页面,如图 5-16 所示。

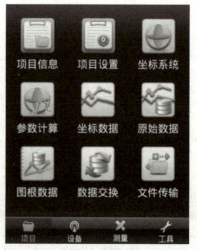

图 5-16 主界面【项目】页面

· 212 ·

图 5-17 【数据交换】页面

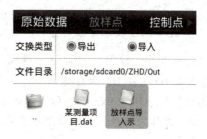

图 5-18 【数据交换】导入

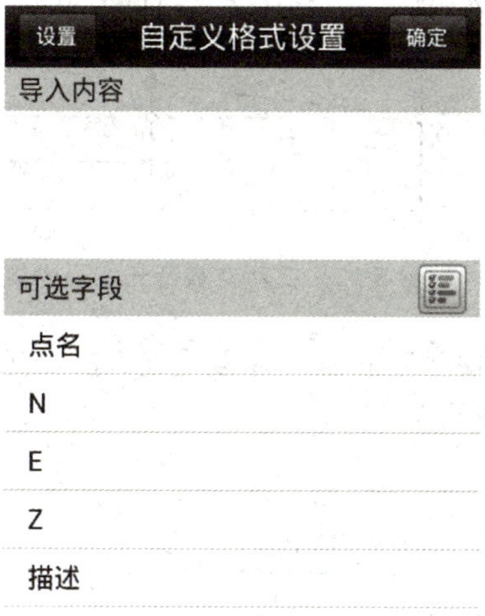

图 5-19 【自定义格式设置】1

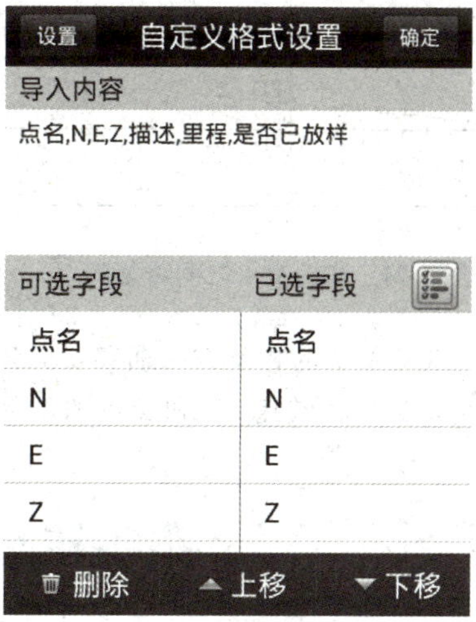

图 5-20 【自定义格式设置】2

1.2.2 转点的测设

当两相邻交点之间距离较长或互不通视时，需要设置转点。

1. 在两交点之间设置转点

如图 5-21 所示，设 JD_5、JD_6 为互不通视的两相邻交点，ZD' 为目估定出的转点位置。将经纬仪置于 ZD' 上，用正倒镜分中法延长直线 $JD_5—ZD'$ 至 JD'_6，如 JD'_6 与 JD_6 重合或偏差 f 在路线容许移动的范围内，则转点位置即 ZD'，此时，应将 JD_6 移动至 JD'_6 并在桩顶钉上小钉表示交点位置。

当偏差 f 超过容许范围或 JD_6 为死点不允许移动时，则需重新设置转点。设 e 为 ZD' 应横向移动的距离，仪器在 ZD' 处，用视距测量方法测出距离 a、b，则

$$e = \frac{a}{a+b}f \tag{5-1}$$

将 ZD' 沿偏差 f 的相反方向横移 e 至 ZD。将仪器移动至 ZD，延长直线 $JD_5—ZD$ 看是否通过

JD$_6$ 或偏差 f 是否小于容许值。否则，应再次设置转点，直至符合要求为止。

2. 在两交点延长线上设置转点

如图 5-22 所示，设 JD$_8$、JD$_9$ 互不通视，ZD′ 为其延长线上转点的目估位置。仪器置于 ZD′ 处，盘左瞄准 JD$_8$，在 JD$_9$ 附近标出一点，盘右再瞄准 JD$_8$，在 JD$_9$ 附近处又标出一点，取两次所标点的中点得 JD′$_9$。若 JD′$_9$ 和 JD$_9$ 重合或偏差 f 在容许范围内，即可将 JD′$_9$ 代替 JD$_9$ 作为交点，ZD′ 即作为转点。若偏差 f 超出容许范围或 JD$_9$ 为死点不允许移动时，则应调整 ZD′ 的位置。则

$$e=\frac{a}{a-b}f \tag{5-2}$$

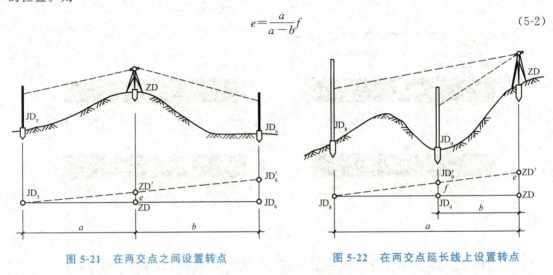

图 5-21　在两交点之间设置转点　　　图 5-22　在两交点延长线上设置转点

将 ZD′ 沿偏差 f 的相反方向横移 e 至 ZD，然后将仪器移至 ZD，重复上述方法，直至 f 小于容许值为止，最后将转点 ZD 和交点 JD$_9$ 用木桩标定在地面上。

1.3　路线转角的测定和里程桩设置

1.3.1　路线转角的测定

1. 路线转角的测定

所谓转角，是指路线由一个方向偏转为另一个方向时，偏转后的方向与原方向的夹角，通常以 α 表示，如图 5-23 所示。

转角有左转和右转之分，按路线的前进方向，偏转后的方向在原方向的左侧称为左转角，通常以 $\alpha_{左}$（或 α_Z）表示；反之，为右转角，通常以 $\alpha_{右}$（或 α_Y）表示。

微课　路线转角的测定

> **提示**
>
> 路线交点由小到大的编号顺序方向，即路线的前进方向。
>
> 转角是通过观测路线的右角 β 计算求得的。

若 $\beta>180°$ 为左转角，则 $\alpha_{左}=\beta-180°$

若 $\beta<180°$ 为右转角，则 $\alpha_{右}=180°-\beta$ 　　　　　　　　(5-3)

2. 路线右角的观测

按路线的前进方向，以路线中心线为界，在路线右侧的水平角称为右角，通常以 β 表示，如图 5-23 所示。

路线右角通常采用测回法观测。上、下两个半测回所测角值的不符值视公路等级而定：高速公路、一级公路限差为 $±20″$，满足要求取平均值，取位至 $1″$；二级及二级以下的公路限差为 $±60″$，满足要求取平均值，取位至 $30″$（即 $10″$ 舍去，$20″$、$30″$、$40″$ 取为 $30″$，$50″$ 进为 $1′$）。

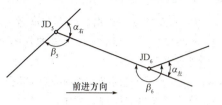

图 5-23　路线的转角和右角

3. 路线右角的分角线测定

为便于设置曲线中点桩，在测右角的同时，需将曲线中点方向（也即右角分角线方向）测定出来，如图 5-24 所示。根据测得右角的前后视读数，按下式即可计算出分角线方向的读数：

$$分角线方向的水平度盘读数=\frac{1}{2}(前视读数+后视读数)\qquad(5-4)$$

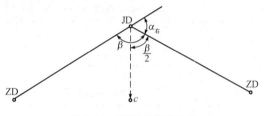

图 5-24　测定分角线方向

> **注意**
>
> 瞄准前视方向上的交点读取的水平度盘读数为前视读数；反之则为后视读数。

在右角测定后，保持水平度盘位置不变，即可转动照准部使水平度盘读数为分角线方向的水平度盘读数，此时，望远镜照准的方向即分角线方向（分角线方向应设在设置曲线的一侧，如果望远镜指向相反一侧，只需倒转望远镜）。沿视线指向钉桩，即曲线中点方向桩。

4. 路线角度闭合差的检核

为了保证测角的精度，一般应在每天作业开始与结束时，用罗盘仪观测磁方位角至少各一次，以便与推算的方位角校核，要求误差不超过 $2°$。若超过规定，必须查明原因并及时予以纠正；若符合要求，则可继续观测。

5. 距离观测

(1) 角度观测后，用视距测量方法测量出相邻交点之间的距离，以校核中线测量量距的结果。

(2) 采用全站仪测量时，可将全站仪架设在交点上，直接测量路线转角和交点间距，也可将全站仪架设在坐标已知的导线点上，测出交点的坐标，通过计算得到路线转角和交点间距。

1.3.2 里程桩设置

1. 道路中线测量的基本要求

(1)在路中线上,由起点开始每隔一段距离钉设木桩标志,称为里程桩,也称中桩。桩点表示路中线的具体位置,桩的正面写有桩号,桩号表示该桩点沿路中线至路线起点的水平距离(里程),如某桩点桩号为 K2+456.257,表示该桩点距路线起点的里程为 2 456.257 m;桩的背面写有编号,编号反映桩间的排列顺序,宜按 0～9 为一组循环标注。

微课 里程桩设置

> **小贴士**
>
> 可根据桩背面的编号是否连续,来判断有无漏桩。

(2)中桩的设置应按照规定满足其桩距及精度要求,见表 5-1 和表 5-2。

表 5-1 中桩间距表

直线/m		曲线/m			
平原、微丘	重丘、山岭	不设超高的曲线	$R>60$	$30<R<60$	$R<30$
50	25	25	20	10	5

注:表中 R 为曲线半径(m)。

表 5-2 中桩平面桩位精度表

公路等级	中桩位置中误差/cm		桩位检测之差/cm	
	平原微丘区	山岭重丘区	平原微丘区	山岭重丘区
高速、一、二级	≤±5	≤±10	≤10	≤20
三、四级	≤±10	≤±15	≤20	≤30

2. 里程桩设置

里程桩包括路线起终点桩、公里桩、百米桩和一系列加桩,还有起控制作用的交点桩、转点桩、平曲线主点桩、桥梁和隧道轴线桩、断链桩等。

按其所表示的里程数,里程桩可分为整桩和加桩两类。

(1)整桩。在路中线上,按表 5-1 的规定要求桩距而设置的桩号均为整数的桩称为整桩。在实测过程中,为了测设方便,一般宜采用 20 m 或 50 m 的桩距。当量距至每百米及每公里时置的桩称之为百米桩及公里桩。

(2)加桩。加桩又分为地形加桩、地物加桩、曲线加桩、地质加桩、断链加桩和行政区域加桩等。

1)地形加桩。地形加桩是沿路线中线在地面起伏突变处、横向坡度变化处及天然河沟处等均应设置的里程桩。

2)地物加桩。地物加桩是沿路线中线在有人工构造物处(如拟建桥梁、涵洞、隧道、挡土墙等构造物处;路线与其他公路、铁路、渠道、高压线、地下管道等交叉处,拆迁建筑物处、占用耕地及经济林的起终点处),均应设置的里程桩。

3)曲线加桩。曲线加桩是指曲线上设置的起点、中点、终点桩等。

4) 地质加桩。地质加桩是沿路线在土质变化处及地质不良地段的起、终点处要设置的里程桩。

5) 断链加桩。由于局部改线或事后发现距离错误或分段测量中由于假设起点里程等原因，致使路线的里程不连续，桩号与路线的实际里程不一致，这种现象称为"断链"；为说明该情况而设置的桩称为断链加桩。测量中应尽量避免出现"断链"现象。

6) 行政区域加桩。在省、地(市)县级行政区分界处应加桩。

7) 改、扩建路加桩。改、扩建路加桩是在改、扩建公路地形特征点、构造物和路面面层类型变化处应加的桩。

加桩应取位至米，特殊情况下可取位至 0.1 m。

3. 里程桩的书写、钉设及保护

对于中线控制桩，如路线起点桩、终点桩、公里桩、交点桩、转点桩、大中桥位桩及隧道起、终点等重要桩，一般采用尺寸为 5 cm×5 cm×30 cm 的方桩；其余桩一般多采用(1.5～2)cm× 5 cm×25 cm 的板桩。

(1) 书写。所有中桩均应写明桩号和编号，在桩号书写时，除百米桩、公里桩和桥位桩要写明公里数外，其余桩可不写。另外，对于交点桩、转点桩及曲线基本桩还应在桩号之前标明桩名(一般标其缩写名称)。目前，我国公路工程上桩名采用汉语拼音的缩写名称，见表 5-3。

表 5-3 路线主要标志桩名称表

标志桩名称	简称	汉语拼音缩写	英文缩写	标志桩名称	简称	汉语拼音缩写	英文缩写
转角点	交点	JD	IP	公切点	—	GQ	CP
转点	—	ZD	TP	第一缓和曲线起点	直缓点	ZH	TS
圆曲线起点	直圆点	ZY	BC	第一缓和曲线终点	缓圆点	HY	SC
圆曲线中点	曲中点	QZ	MC	第二缓和曲线起点	圆缓点	YH	CS
圆曲线终点	圆直点	YZ	EC	第二缓和曲线终点	缓直点	HZ	ST

桩志一般用红色油漆或记号笔书写(在干旱地区或马上施工的路线也可用墨汁书写)，书写字迹应工整、醒目，一般应写在桩顶以下 5 cm 范围内，否则将被埋于地面下无法判别里程桩号。

(2) 钉设。新建路桩志打桩，不要露出地面太高，一般以 5 cm 左右能露出桩号为宜。钉设时将写有桩号的一面朝向路线起点方向，写有编号的一面朝向路线前进方向，如图 5-25 所示。对起控制作用的交点桩、转点桩及一些重要的地物加桩，如桥位桩、隧道定位桩等桩顶钉一小铁钉表示点位。在距方桩 20 cm 左右设置指示桩，上面书写桩的名称和桩号，字面朝向方桩。

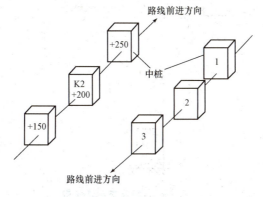

图 5-25 桩点和编号方向

指点迷津

工程人员习惯于从路线的起点向终点方向行进，将写有桩号的一面朝向路线起点，人员迎面即可看到桩号，便于判断路线的位置，待走过后回头来看编号，便知是否有丢桩。

改建桩志位于旧路上时，由于路面坚硬，不宜采用木桩，此时常采用大帽钢钉。钉桩时一律打桩至与地面齐平，然后在路旁一侧打上指示桩，桩上注明距中线的横向距离及其桩号，并以箭头指示中桩位置。直线段上中桩的指示桩应钉在路线的同一侧，交点桩的指示桩应在圆心和交点连线方向的外侧，字面朝向交点，曲线段上主点桩的指示桩均应钉在曲线的外侧，字面朝向圆心。

遇到岩石地段无法钉桩时，应在岩石上凿刻"⊕"标记表示桩位，并在其旁边写明桩号、编号等。在潮湿或有虫蚀地区，特别是近期不施工的路线，对重要桩位(如路线起终点、交点、转点等)可改埋混凝土桩，以利于桩的长期保存。

(3)保护。对于中线控制桩等重要桩志，须妥善保护，以防止丢失和破坏。桩志保护方法应因地制宜地采取埋土堆、垒石堆、设护桩等。

知识宝典

护桩又俗称为栓桩。护桩方法很多，如距离交会法、方向交会法、导线延长法等，通常多采用距离交会法。护桩一般设三个，尽可能利用附近固定的地物点，如房基墙角、电杆、树木、岩石等设置，如无此条件时可埋没混凝土桩或钉设大木桩。要求护桩间夹角不宜小于60°，以减少交会误差。在护桩上用红油漆画出标记和方向箭头，写明所保护的桩志名称、编号，以及与桩志的斜向距离，并绘制出示意草图，记录在手簿上，供日后编制"路线固定护桩一览表"，如图5-26所示。

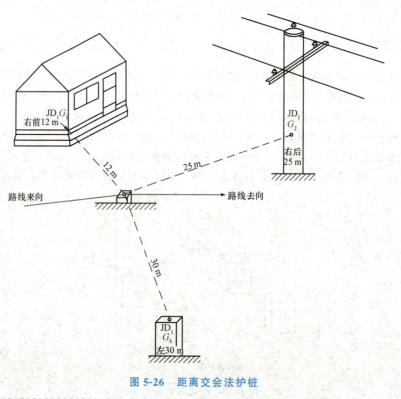

图5-26 距离交会法护桩

1.4 圆曲线测设

圆曲线是具有一定半径的圆弧，其测设一般分两步进行：第一步，圆曲线的主点测设，即圆曲线起点（ZY）、中点（QZ）和终点（YZ）的测设；第二步，圆曲线的详细测设，即在圆曲线的主点之间加密设桩并测设。

1.4.1 圆曲线测设元素的计算

如图 5-27 所示，设交点（JD）的转角为 α，圆曲线半径为 R，则圆曲线的测设元素可按下式计算：

$$\left.\begin{aligned}&\text{切线长：} T = R \cdot \tan\frac{\alpha}{2} \\ &\text{曲线长：} L = R \cdot \alpha \cdot \frac{\pi}{180°} \\ &\text{外距：} E = \frac{R}{\cos\frac{\alpha}{2}} - R = R\left(\sec\frac{\alpha}{2} - 1\right) \\ &\text{切曲差：} D = 2T - L\end{aligned}\right\} \quad (5\text{-}5)$$

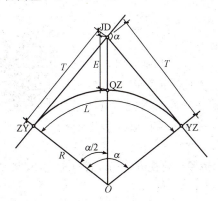

图 5-27　圆曲线主点及测设元素

1.4.2 圆曲线主点测设

1. 主点里程的计算

交点 JD 的里程是在中线丈量中得到，根据交点的里程和圆曲线测设元素，即可计算出圆曲线各主点的里程。

$$\left.\begin{aligned}&\text{ZY 里程} = \text{JD 里程} - T \\ &\text{YZ 里程} = \text{ZY 里程} + L \\ &\text{QZ 里程} = \text{YZ 里程} - L/2 \\ &\text{JD 里程} = \text{QZ 里程} + D/2 \text{（校核）}\end{aligned}\right\} \quad (5\text{-}6)$$

> **注意**
>
> 通过计算 QZ 点里程与 1/2 切曲差之和，并判断与交点里程是否相等来加以校核。

【例5-1】 已知某JD的里程为K2+968.43，转角α=34°12′，拟定圆曲线半径R=200 m，计算圆曲线测设元素及主点里程。

解：(1)圆曲线测设元素的计算。

由式(5-5)代入数据计算得：$T=61.53$ m；$L=119.38$ m；$E=9.25$ m；$D=3.68$ m。

(2)主点里程的计算。

JD 里程	K2+968.43
$-T$	-61.53
ZY 里程	K2+906.90
$+L$	$+119.38$
YZ 里程	K3+026.28
$-L/2$	-59.69
QZ 里程	K2+966.59
$+D/2$	$+1.84$
JD 里程	K2+968.43

2. 主点的测设

(1)ZY点的测设：将经纬仪置于交点JD_i上，照准后视方向相邻交点JD_{i-1}或此方向上的转点，沿视线方向量取切线长T，得ZY点，先插一测钎标志。然后量取ZY点至最近一个直线桩的距离与两桩号之差作比较，如两者差值在容许范围内，即可在测钎处打下ZY桩。如超出容许范围，应查明原因，重新测设。

微课 圆曲线主点测设

动画 圆曲线主点测设

(2)YZ点的测设：将望远镜照准前视方向相邻交点JD_{i+1}或此方向上的转点，沿视线方向往返量取切线长T，得YZ点，打下YZ桩。

(3)QZ点的测设：将望远镜照准已钉设的曲线中点方向桩，沿视线方向往返量取外距E，得QZ点，打下QZ桩。

1.4.3 圆曲线的详细测设

1. 圆曲线详细测设的基本要求

在圆曲线的主点之间加密设桩，其桩距l_0与曲线半径有关，应符合表5-1的规定。加密设桩通常有以下两种方法：

(1)整桩号法。将曲线上靠近ZY点的第一个桩的桩号凑整成为l_0倍数的整桩号，且与ZY点的桩距小于l_0，然后按桩距l_0连续向YZ点设桩。

> **小贴士**
> 整桩号法设桩的桩号均为整数，也正因为如此，加密设桩时通常采用整桩号法。

(2)整桩距法。从曲线起点ZY和终点YZ开始，分别以桩距l_0连续向曲中点QZ设桩，或从曲线的起点开始，按桩距 l_0 设桩至终点。

!! 注意

整桩距法设桩的桩号一般为零数，测设过程中通常应加设百米桩和公里桩。

2. 圆曲线详细测设的方法

圆曲线详细测设的方法很多，最常用的有切线支距法和偏角法等。

（1）切线支距法。切线支距法又称直角坐标法，是以圆曲线起点 ZY（或终点 YZ）为坐标原点，以过原点的切线为 x 轴，过原点的半径为 y 轴建立直角坐标系，按圆曲线上各点的坐标 x、y 设置各点位置。

如图 5-28 所示，设 P_i 为圆曲线上的任一待测点，该点至 ZY 或 YZ 的弧长为 l_i，φ_i 为 l_i 所对的圆心角，R 为圆曲线半径，则 P_i 点的坐标按下式计算：

$$\left.\begin{array}{l} x_i = R \cdot \sin\varphi_i \\ y_i = R \cdot (1-\cos\varphi_i) = x_i \cdot \tan\dfrac{\varphi_i}{2} \end{array}\right\} \quad (5-7)$$

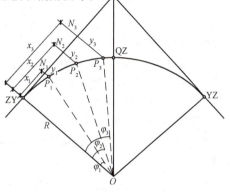

图 5-28　切线支距法测设圆曲线

式中，$\varphi_i = \dfrac{l_i}{R} \cdot \dfrac{180°}{\pi}$；$l_i$——$P_i$ 点至圆曲线起点 ZY（或 YZ）的弧长，即两者的里程桩号之差。

!! 注意

以 ZY 点为坐标原点建立的直角坐标系和以 YZ 点为坐标原点建立的直角坐标系，是完全对称的两个坐标系，坐标计算公式于两个坐标系中同样适用。

【例 5-2】 以例 5-1 的结果，采用切线支距法并按整桩号法设桩，计算各桩坐标。

解：按例 5-1 中已计算出的主点里程桩号，列出详细测设的桩号，并计算其坐标，计算结果见表 5-4。

表 5-4　切线支距法测设圆曲线计算表

桩　号	桩点至曲线起（终）点的弧长 l_i/m	x_i/m	y_i/m
ZY 桩：K2+906.90	0	0	0
+920	13.10	13.09	0.43
+940	33.10	32.95	2.73
+960	53.10	52.48	7.01

续表

桩　号	桩点至曲线起(终)点的弧长 l_i/m	x_i/m	y_i/m
QZ桩：K2+966.59	59.69	58.81	8.84
+980	46.28	45.87	5.33
K3+000	26.28	26.20	1.72
+020	6.28	6.28	0.10
YZ桩：K3+026.28	0	0	0

切线支距法测设圆曲线时，为了避免支距过长，一般由 ZY 点和 YZ 点分别向 QZ 点施测。其测设步骤如下：

1) 从 ZY 点(或 YZ 点)用钢尺或皮尺沿切线方向量取 P_i 点的 x_i，得垂足 N_i。

2) 在垂足 N_i 上，用方向架或经纬仪定出切线的垂直方向，沿垂直方向量取 P_i 点的 y_i，即得待测点 P_i。

3) 圆曲线上各点测设完毕后，应量取相邻各桩之间的距离，并与相应的桩号之差作比较，若较差均在限差之内，则曲线测设合格；否则，应查明原因，予以纠正。

微课　圆曲线详细测设—偏角法

(2) 偏角法。偏角法是以圆曲线起点 ZY(或终点 YZ)至曲线上任一待测点 P_i 的弦线与切线之间的偏角 Δ_i(即弦切角)和弦长 C_i 来确定 P_i 点的位置。弦长 C_i 可分为长弦和短弦两种。长弦是指桩点至圆曲线起点 ZY(或终点 YZ)的弦长；短弦是指相邻两桩点之间的弦长。

如图 5-29 所示，偏角 Δ_i 和长弦 C_i 可按下式计算：

$$\Delta_i = \frac{l_i}{2R}(\text{rad}) = \frac{l_i}{R} \cdot \frac{90°}{\pi} \quad (5\text{-}8)$$

$$C_i = 2R\sin\frac{\varphi_i}{2} = 2R\sin\Delta_i \quad (5\text{-}9)$$

式中，$\varphi_i = \frac{l_i}{R} \cdot \frac{180°}{\pi}$；$l_i$—$P_i$ 点至圆曲线起点 ZY(或 YZ)的弧长，即两者的里程桩号之差。

【例 5-3】仍以例 5-1 的结果，采用偏角法按整桩号法设桩，计算各桩的偏角和弦长。

解：设由圆曲线起点 ZY 向终点 YZ 测设，计算结果见表 5-5。

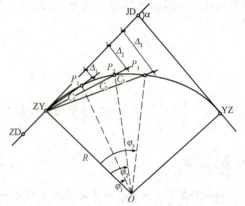

图 5-29　偏角法测设圆曲线

表 5-5　偏角法测设圆曲线计算表

桩　号	桩点至 ZY 点的弧长 l_i/m	偏角值 Δ_i /(° ′ ″)	长弦 C_i /m	短弦 C_i /m
ZY桩：K2+906.90	0	0　00　00	0	0
+920	13.10	1　52　35	13.10	13.10
+940	33.10	4　44　28	33.06	19.99
+960	53.10	7　36　22	52.94	19.99

续表

桩号	桩点至 ZY 点的弧长 l_i/m	偏角值 Δ_i /(° ′ ″)	长弦 C_i /m	短弦 c_i /m
QZ 桩：K2+966.59	59.69	8 33 00	59.47	6.59
+980	73.10	10 28 15	72.69	13.41
K3+000	93.10	13 20 08	92.26	19.99
+020	113.10	16 12 01	111.60	19.99
YZ 桩：K3+026.28	119.10	17 06 00	117.62	6.28

偏角法测设圆曲线时，因测设弦长的不同，可分为长弦偏角法和短弦偏角法两种。

小贴士

长弦偏角法适用于全站仪（或经纬仪加测距仪）；短弦偏角法适用于经纬仪加钢尺。

以例 5-3 为例，测设步骤如下：

1）安置经纬仪（或全站仪）于圆曲线起点 ZY 上，盘左瞄准交点 JD，将水平度盘读数配置为 0°00′00″。

2）转动照准部，使水平度盘读数为桩号 K2+920 的偏角值 $\Delta_1=1°52′35″$，从 ZY 点开始，沿望远镜视线方向量取弦长 $C_1=13.10$ m，定出 P_1 点，即为 K2+920 的桩位。

3）继续转动照准部，使水平度盘读数为桩号 K2+940 的偏角值 $\Delta_2=4°44′28″$，从 ZY 点开始，沿望远镜视线方向量取长弦 $C_2=33.06$ m，定出 P_2 点；或从 P_1 点量取短弦 19.99 m，与水平度盘读数为偏角 Δ_2 时的望远镜视线方向相交而定出 P_2 点。依此类推，测设 P_3、P_4、…，直至 YZ 点。

4）测设至圆曲线终点 YZ 作为检核。继续转动照准部，使水平度盘读数为 $\Delta_{YZ}=17°06′00″$，从 ZY 点开始，沿望远镜视线方向量取长弦 $C_{YZ}=117.62$ m，或从 K3+020 桩位量取短弦 6.28 m，定出一点。此点若与圆曲线终点 YZ 不重合，其闭合差应符合表 5-6 的规定。

表 5-6　距离偏角测量闭合差

公路等级	纵向相对闭合差		横向闭合差/cm		角度闭合差 /(″)
	平原、微丘	重丘、山岭	平原、微丘	重丘、山岭	
高速公路，一、二级公路	1/2 000	1/1 000	10	10	60
三级及三级以下公路	1/1 000	1/500	10	15	120

提示

除圆曲线终点 YZ 外，也可以测设圆曲线中点 QZ 作为检核。

知识宝典

当路线为左转时，由于经纬仪的水平度盘读数为顺时针转动时增加，而逆时针转动时减小，故应根据表 5-5 的数据，采用经纬仪角度反拨的方法。即经纬仪安置于 ZY 点上，瞄准

JD,使水平度盘的读数为0°00′00″(即360°00′00″),则瞄准K2+920桩位时,需拨偏角Δ_1= 01°52′35″,此时,水平度盘的读数应为358°07′25″(由360°00′00″−01°52′35″得到)。依此类推拨出其他桩位的偏角进行测设。

3. 两种测设方法的适用性

(1)偏角法不仅可以在ZY点上安置仪器测设曲线,还可以在YZ点或QZ点上安置仪器进行测设,甚至还可以在任一点上安置仪器测设。它是一种灵活性大、测设精度较高、适用性较强的方法,适用于地形较复杂的地区。但该方法的缺点是必须保证通视并便于量距,且短弦偏角法测设有误差累积,所以,宜从曲线两端向中点或自中点向两端测设曲线以减小误差。

(2)切线支距法适用于平坦开阔的地区,具有操作简单、测设方便、测点误差不累积的优点,但测设的点位精度较低。

1.5 带有缓和曲线的平曲线测设

1.5.1 缓和曲线

1. 缓和曲线的定义及设置

车辆在行驶中,当从直线段驶入圆曲线段时,由力学知识可知车辆将产生离心力,由于离心力的作用,车辆有向曲线外侧倾斜的趋势,使得安全性和舒适感受到一定的影响。为了减小离心力的影响,曲线段的路面要做成外侧高,内侧低,呈单向横坡形式,即超高。但超高不能在直线进入曲线段或曲线进入直线段时突然出现或消失,以免使路面出现台阶,引起车辆振动,从而产生更大的危险。因此,超高必须在一段长度内逐渐增加或减少,故在直线段与圆曲线段之间插入一段曲率半径由无穷大逐渐减小至圆曲线半径 R (或在圆曲线段与直线段间插入一段曲率半径由圆曲线半径 R 逐渐增大至无穷大)的曲线,这种曲线称为缓和曲线。

> **注意**
>
> 缓和曲线是一种特殊的曲线,线上各点的曲率半径都不相同,其设置目的是完成超高的过渡。

如图5-30所示,带有缓和曲线的平曲线由三部分组成,即由直线终点到圆曲线起点的缓和曲线,称为第一缓和曲线;由圆曲线起点到圆曲线终点的圆曲线曲线,以及由圆曲线终点到下一段直线起点的缓和曲线,称为第二缓和曲线。因此,带有缓和曲线的平曲线的主点有直缓点(ZH)、缓圆点(HY)、曲中点(QZ)、圆缓点(YH)和缓直点(HZ)。

缓和曲线可采用回旋线、三次抛物线及双纽线等线型。目前,我国公路设计中采用回旋线作为缓和曲线。

2. 回旋线型缓和曲线公式

(1)基本公式。如图5-31所示,回旋线是曲率半径 ρ 随曲线长度 l 的增大而成反比均匀减小的曲线,即在回旋线上任一点的曲率半径 ρ 与曲线长度 l 成反比,公式表示为

$$\rho=\frac{c}{l} \text{ 或 } c=\rho \cdot l \tag{5-10}$$

式中，c 为常数，表示缓和曲线曲率半径 ρ 的变化率，与行车速度有关。目前我国公路采用 $c=0.035v^3$（v 为计算行车速度，以 km/h 为单位）。

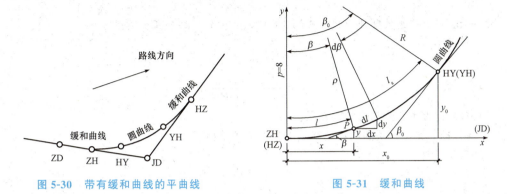

图 5-30　带有缓和曲线的平曲线　　　　　图 5-31　缓和曲线

在第一缓和曲线终点 HY（或第二缓和曲线起点 YH），曲率半径 ρ 等于圆曲线半径 R，该点的曲线长度即为缓和曲线的全长 l_s，得

$$c = R \cdot l_s \tag{5-11}$$

而 $c=0.035v^3$，故缓和曲线的全长为

$$l_s = \frac{0.035v^3}{R} \tag{5-12}$$

> **知识宝典**
>
> 《公路工程技术标准》(JTG B01—2014)规定：直线与小于本标准规定的不设超高最小半径的圆曲线相衔接处，应设置缓和曲线。缓和曲线采用回旋线，应符合下列规定：
>
> 1）缓和曲线参数及其长度应根据线形设计以及对安全、视觉、景观等的要求，选用较大的数值。
>
> 2）四级公路直线与小于不设超高最小半径的圆曲线相衔接处，可不设置缓和曲线，用超高、加宽缓和段径相连接。

(2) 切线角公式。缓和曲线上任一点 P 处的切线与缓和曲线的起点 ZH 或终点 HZ 切线的夹角称为该点的切线角，用 β 表示。该角值与 P 点至缓和曲线起点 ZH 或终点 HZ 的曲线长所对的中心角相等。在 P 点取一微分弧段 dl，其所对的中心角 $d\beta$ 为

$$d\beta = \frac{dl}{\rho} = \frac{l \cdot dl}{c}$$

积分得

$$\beta = \frac{l^2}{2c} = \frac{l^2}{2Rl_s} \cdot \frac{180°}{\pi} \tag{5-13}$$

当 $l=l_s$ 时，β 以 β_0 表示，为缓和曲线上 HY 点或 YH 点的切线角，即与缓和曲线全长 l_s 所对的中心角相等，也称为缓和曲线角。

$$\beta_0 = \frac{l_s}{2R} \cdot \frac{180°}{\pi} \tag{5-14}$$

(3) 缓和曲线的参数方程。如图 5-31 所示，以缓和曲线起点 ZH 或终点 HZ 为坐标原点，过 ZH 点或 HZ 点的切线为 x 轴，半径方向为 y 轴，缓和曲线上任意一点 P 的坐标为 x、y，仍在

P 点处取一微分弧段 dl，由图可知，微分弧段在坐标轴上的投影为

$$\left.\begin{array}{l} dx = dl \times \cos\beta \\ dy = dl \times \sin\beta \end{array}\right\} \tag{5-15}$$

将 $\cos\beta$、$\sin\beta$ 按级数展开，并将式(5-13)代入后积分，略去高次项得

$$\left.\begin{array}{l} x = l - \dfrac{l^5}{40R^2 l_s^2} \\ y = \dfrac{l^3}{6Rl_s} - \dfrac{l^7}{336R^3 l_s^3} \end{array}\right\} \tag{5-16}$$

式(5-16)称为缓和曲线的参数方程。

当 $l = l_s$ 时，则第一缓和曲线的终点 HY 的直角坐标为

$$\left.\begin{array}{l} x_0 = l_s - \dfrac{l_s^3}{40R^2} \\ y_0 = \dfrac{l_s^2}{6R} - \dfrac{l_s^4}{336R^3} \end{array}\right\} \tag{5-17}$$

> **注意**
>
> 以 ZH 点为坐标原点建立的直角坐标系和以 HZ 点为坐标原点建立的直角坐标系，是完全对称的两个坐标系，坐标计算公式于两个坐标系中同样适用。

1.5.2 带有缓和曲线的平曲线的主点测设

1. 内移值 p 和切线增长值 q 的计算

如图 5-32 所示，在直线与圆曲线之间插入缓和曲线时，必须将原来的圆曲线向内移动一段距离 p，称为内移值，这时切线增长距离 q，称为切线增长值。

圆曲线内移有两种方法：一种是圆心不动，使圆曲线半径减小；另一种是圆曲线半径不变，而圆心沿分角线方向内移。公路中一般采用圆心不动半径减小的平行移动方法，即未设缓和曲线时的圆曲线半径为 $(R+p)$，插入缓和曲线后，圆曲线内移 p，半径为 R，该段所对应的圆心角为 $(\alpha - 2\beta_0)$，测设时必须满足条件 $\alpha \geqslant 2\beta_0$，否则应缩短缓和曲线的长度或加大圆曲线的半径以满足要求。由图 5-32 可知：

微课　平曲线主点测设

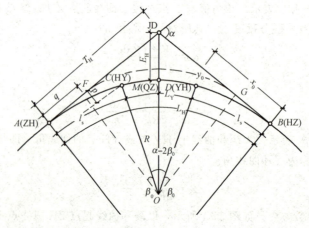

图 5-32　带有缓和曲线的平曲线主点及测设元素

$$p = y_0 - R(1-\cos\beta_0)$$
$$q = x_0 - R \cdot \sin\beta_0 \tag{5-18}$$

将式(5-18)中的 $\cos\beta_0$、$\sin\beta_0$ 按级数展开，略去高次项并将式(5-14)中 β_0 和式(5-17)中的 x_0、y_0 代入后可得

$$\left. \begin{array}{l} p = \dfrac{l_s^2}{24R} \\ q = \dfrac{l_s}{2} - \dfrac{l_s^3}{240R^2} \end{array} \right\} \tag{5-19}$$

2. 平曲线测设元素的计算

当测得转角 α，并确定圆曲线半径 R 与缓和曲线长 l_s 后，即可按下式计算测设元素：

$$\left. \begin{array}{l} 切线长：T_H = (R+p) \cdot \tan\dfrac{\alpha}{2} + q \\ 曲线长：L_H = R(\alpha - 2\beta_0) \cdot \dfrac{\pi}{180°} + 2l_s \\ 其中圆曲线长：L_Y = R(\alpha - 2\beta_0)\dfrac{\pi}{180°} \\ 外距：E_H = (R+p) \cdot \sec\dfrac{\alpha}{2} - R \\ 切曲差：D_H = 2T_H - L_H \end{array} \right\} \tag{5-20}$$

3. 主点里程的计算

根据交点的里程桩号和平曲线测设元素，可按下式计算各主点里程：

$$\left. \begin{array}{l} 直缓点：ZH = JD - T_H \\ 缓圆点：HY = ZH + l_s \\ 圆缓点：YH = HY + L_Y \\ 缓直点：HZ = YH + l_s \\ 曲中点：QZ = HZ - L_H/2 \\ 交点：JD = QZ + D_H/2（校核） \end{array} \right\} \tag{5-21}$$

4. 主点的测设

主点 ZH、HZ、QZ 的测设方法与圆曲线主点测设方法相同。HY、YH 点由其坐标 (x_0, y_0) 用切线支距法测设。

1.5.3 带有缓和曲线的平曲线的详细测设

1. 切线支距法

切线支距法是以 ZH 点或 HZ 点为坐标原点，以过原点的切线为 x 轴，过原点的半径为 y 轴建立直角坐标系，计算曲线上各点的坐标 (x, y) 进行测设。

(1) 曲线上各点坐标的计算。

1) 缓和曲线范围内。缓和曲线上各点的坐标 (x, y)，可按缓和曲线的参数方程求得，即

微课　平曲线详细测设之切线支距法

$$\left. \begin{array}{l} x = l - \dfrac{l^5}{40R^2 l_s^2} \\ y = \dfrac{l^3}{6Rl_s} - \dfrac{l^7}{336R^3 l_s^3} \end{array} \right\} \tag{5-22}$$

2)圆曲线范围内。圆曲线上各点的坐标(x,y)，可由图 5-33 求得，即

$$x = R \cdot \sin\varphi + q$$
$$y = R(1 - \cos\varphi) + p \quad (5-23)$$

式中，$\varphi = \dfrac{l - l_s}{R} \times \dfrac{180°}{\pi} + \beta_0$，单位为(°)；$l$ 为该点至 ZH 点或 HZ 点的曲线长。

(2)测设方法。计算出缓和曲线上和圆曲线上各点的坐标(x,y)后，即可按切线支距法测设圆曲线的方法进行测设。

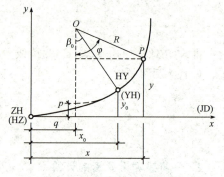

图 5-33 圆曲线上点的坐标

知识宝典

圆曲线上的各点也可以缓圆点 HY 或圆缓点 YH 为坐标原点，用切线支距法进行测设。此时需将 HY 点或 YH 点的切线定出，如图 5-34 所示，计算出 T_d 长度后，HY 点或 YH 点的切线即可确定。T_d 由下式计算：

$$T_d = x_0 - \dfrac{y_0}{\tan\beta_0} = \dfrac{2}{3}l_s + \dfrac{l_s^3}{360R^2} \quad (5-24)$$

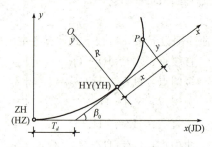

图 5-34 HY 点或 YH 点的切线方向

2. 偏角法

偏角法是根据曲线上各点的偏角值与弦长值进行测设，分为缓和曲线与圆曲线两部分进行。

(1)缓和曲线上各点的测设。如图 5-35 所示，缓和曲线上任一点 P 的偏角值为 δ，弦长为 c。由图可知：

$$\tan\delta = \dfrac{y}{x} \quad (5-25)$$

微课 平曲线的详细测设—偏角法

式中的 x、y 为 P 点的直角坐标，由缓和曲线参数方程可得，且由于实测中偏角 δ 较小，因此取：

$$\delta \approx \tan\delta = \dfrac{y}{x} \quad (5-26)$$

将缓和曲线参数方程中的 x、y 代入式(5-26)，并取第一项得

$$\delta = \dfrac{l^2}{6Rl_s} \quad (5-27)$$

当 $l = l_s$ 时，得 HY 点或 YH 点的偏角值 δ_0，称为缓和曲线的总偏角。即

$$\delta_0 = \frac{l_s}{6R} \tag{5-28}$$

由于 $\beta_0 = \frac{l_s}{2R}$，所以得

$$\delta_0 = \frac{1}{3}\beta_0 \tag{5-29}$$

弦长 c 可按下式计算：

$$c = l - \frac{l^5}{90R^2 l_s^2} \approx l \tag{5-30}$$

缓和曲线上各点的测设，可将经纬仪安置于缓和曲线的 ZH 点（或 HZ 点）上，采用与偏角法测设圆曲线的方法进行测设。

(2)圆曲线上各点的测设。圆曲线上各点的偏角值与弦长值可按式(5-8)和式(5-9)计算，然后可按前述偏角法测设圆曲线的方法进行各点的测设。但因测设时仪器要安置于 HY 点或 YH 点上进行，故需定出 HY 点或 YH 点的切线方向，即计算 b_0。如图 5-35 所示，b_0 可按下式计算：

$$b_0 = \beta_0 - \delta_0 = \frac{2}{3}\beta_0 \tag{5-31}$$

3. 极坐标法

在实际测量中，常将切线支距法和偏角法结合使用，使曲线测设更简便、迅速和精确。

首先设定直角坐标系：一般以 ZH 点或 HZ 点为坐标原点；以其切线方向为 x 轴，并且正向朝向交点 JD，自 x 轴正向顺时针旋转 90°为 y 轴正向。这时，曲线上任一点 P 的坐标$(x_P、y_P)$仍可按式(5-22)和式(5-23)计算。但当曲线位于 x 轴正向左侧时，y_P 应为负值。具体测设方法如下：

如图 5-36 所示，在待测设曲线附近选择一视野开阔、便于安置仪器的点 A，将仪器安置于坐标原点 O 上，测定 OA 的距离 S 和 x 轴正向顺时针至 A 点的角度 α_{OA}（即直线 OA 在设定坐标系中的方位角），则 A 点的坐标为

$$\begin{aligned} x_A &= S \cdot \cos\alpha_{OA} \\ y_A &= S \cdot \sin\alpha_{OA} \end{aligned} \tag{5-32}$$

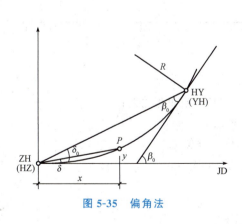

图 5-35　偏角法

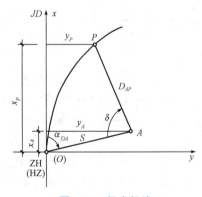

图 5-36　极坐标法

直线 AO 和 AP 在该设定的坐标系中的方位角为

$$\alpha_{AO} = \alpha_{OA} \pm 180°$$

$$\alpha_{AP} = \arctan\frac{y_P - y_A}{x_P - x_A} \tag{5-33}$$

则

$$\delta = \alpha_{AP} - \alpha_{AO}$$
$$D_{AP} = \sqrt{(x_P - x_A)^2 + (y_P - y_A)^2} \tag{5-34}$$

计算出曲线上各点的测设角度和距离后，将仪器安置在 A 点，后视坐标原点，并将水平度盘配置为 $00°00'00''$，然后转动照准部，拨水平角 δ，便得到 A 点至 P 点的方向线，沿此方向线测定距离 D_{AP} 即得待测点 P，按此方法便可将曲线上各点的位置测定。

1.6　道路中线逐桩坐标计算

如图 5-37 所示，交点 JD_i 的坐标 X_{JD_i}、Y_{JD_i} 已经测定，路线导线的坐标方位角 A 和边长 S 按坐标反算求得。在选定各圆曲线半径 R 和缓和曲线长度 l_s 后，根据各桩的里程桩号，按下述方法即可求出相应的坐标值 X、Y。

微课　中线逐桩坐标计算

1. HZ_{i-1} 点至 ZH_i 点之间的中桩坐标计算

如图 5-37 所示，此段为直线，桩点的坐标按下式计算：

$$\left. \begin{array}{l} X_i = X_{HZ_{i-1}} + D_i \cos A_{i-1,i} \\ Y_i = Y_{HZ_{i-1}} + D_i \sin A_{i-1,i} \end{array} \right\} \tag{5-35}$$

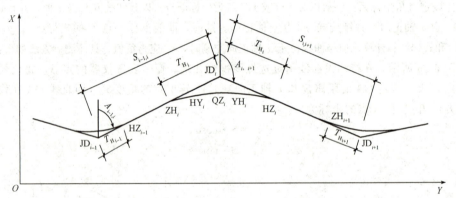

图 5-37　逐桩坐标计算

式中　$A_{i-1,i}$——JD_{i-1} 至 JD_i 的坐标方位角；

　　　D_i——桩点至 HZ_{i-1} 的距离，即桩点里程与 HZ_{i-1} 点里程之差；

　　　$X_{HZ_{i-1}}$，$Y_{HZ_{i-1}}$——HZ_{i-1} 的坐标，由下式计算：

$$\left. \begin{array}{l} X_{HZ_{i-1}} = X_{JD_{i-1}} + T_{H_{i-1}} \cos A_{i-1,i} \\ Y_{HZ_{i-1}} = Y_{JD_{i-1}} + T_{H_{i-1}} \sin A_{i-1,i} \end{array} \right\} \tag{5-36}$$

式中　$X_{JD_{i-1}}$，$Y_{JD_{i-1}}$——交点 JD_{i-1} 的坐标；

　　　$T_{H_{i-1}}$——切线长。

ZH 点除可按式(5-35)计算外，也可按下式计算：

$$\left. \begin{array}{l} X_{ZH_i} = X_{JD_{i-1}} + (S_{i-1,i} - T_{H_i}) \cos A_{i-1,i} \\ Y_{ZH_i} = Y_{JD_{i-1}} + (S_{i-1,i} - T_{H_i}) \sin A_{i-1,i} \end{array} \right\} \tag{5-37}$$

式中　$S_{i-1,i}$——JD_{i-1} 至 JD_i 的边长。

2. ZH_i 点至 QZ_i 点之间的中桩坐标计算

包括第一缓和曲线及前半圆曲线,可按切线支距坐标 x_i、y_i,然后通过坐标变换将其转换为测量坐标 X_i、Y_i。坐标变换公式为

$$\left. \begin{array}{l} X_i = X_{ZH_i} + x_i \cos A_{i-1,i} - y_i \sin A_{i-1,i} \\ Y_i = Y_{ZH_i} + x_i \sin A_{i-1,i} + y_i \cos A_{i-1,i} \end{array} \right\} \quad (5\text{-}38)$$

当曲线为左转角时,应以 $y_i = -y_i$ 代入。

3. QZ_i 点至 HZ_i 点之间的中桩坐标计算

此段为第二缓和曲线及后半圆曲线,仍可先计算出切线支距坐标 x_i、y_i,再按下式转换为测量坐标 X_i、Y_i:

$$\left. \begin{array}{l} X_i = X_{HZ_i} + x_i \cos A_{i+1,i} - y_i \sin A_{i+1,i} \\ Y_i = Y_{HZ_i} + x_i \sin A_{i+1,i} - y_i \cos A_{i+1,i} \end{array} \right\} \quad (5\text{-}39)$$

当曲线为右转角时,应以 $y_i = -y_i$ 代入。

【**例 5-4**】 路线交点 JD_2 的坐标为:$X_{JD_2} = 2\,588\,711.270$ m,$Y_{JD_2} = 20\,478\,702.880$ m;JD_3 的坐标为:$X_{JD_3} = 2\,591\,069.056$ m,$Y_{JD_3} = 20\,478\,662.850$ m;JD_4 的坐标为:$X_{JD_4} = 2\,594\,145.875$ m,$Y_{JD_4} = 20\,481\,070.750$ m。JD_3 的里程桩号为 K6+790.306,圆曲线半径 $R = 2\,000$ m,缓和曲线长 $l_s = 100$ m。试计算曲线主点及其他点中桩坐标。

解:(1)路线转角的计算。

$$\tan A_{32} = \frac{Y_{JD_2} - Y_{JD_3}}{X_{JD_2} - X_{JD_3}} = \frac{+40.030}{-2\,357.786} = -0.016\,977\,792$$

$$A_{32} = 180° - 0°58'21.6'' = 179°01'38.4''$$

$$\tan A_{34} = \frac{Y_{JD_4} - Y_{JD_3}}{X_{JD_4} - X_{JD_3}} = \frac{+2\,407.900}{+3\,076.819} = 0.782\,593\,97$$

$$A_{34} = 38°02'47.5''$$

$$A_{43} = 141°57'12.5''$$

右角 $\quad \beta = 179°01'38.4'' - 38°02'47.5'' = 140°58'50.9''$

$\beta < 180°$,为右转角。

转角 $\quad \alpha = 180° - 140°58'50.9'' = 39°01'09.1''$

(2)曲线测设元素的计算。

$$\beta_0 = \frac{l_s}{2R} \cdot \frac{180°}{\pi} = 1°25'56.6''$$

$$p = \frac{l_s^2}{24R} = 0.208$$

$$q = \frac{l_s}{2} - \frac{l_s^3}{240R^2} = 49.999$$

$$T_H = (R+p)\tan\frac{\alpha}{2} + q = 758.687$$

$$L_H = R(\alpha - 2\beta_0)\frac{\pi}{180°} + 2l_s = 1\,462.027$$

$$L_Y = R(\alpha - 2\beta_0)\frac{\pi}{180°} = 1\,262.027$$

$$E_H = (R+p)\sec\frac{\alpha}{2} - R = 122.044$$

$$D_H = 2T_H - L_H = 55.347$$

(3) 曲线主点里程桩号的计算。

$$ZH = JD_3 - T_H = K6+790.306 - 758.687 = K6+031.619$$
$$HY = ZH + l_s = K6+031.619 + 100 = K6+131.619$$
$$YH = HY + L_r = K6+131.619 + 1\,262.027 = K7+393.646$$
$$HZ = YH + l_s = K7+393.646 + 100 = K7+493.646$$
$$QZ = HZ - L_H/2 = K7+493.646 - 731.014 = K6+762.632$$
$$JD_3 = QZ + D_H/2 = K6+762.632 + 27.674 = K6+790.306(校核)$$

(4) 曲线主点及其他点中桩坐标的计算。

ZH 点的坐标计算：

$$S_{23} = \sqrt{(X_{JD_3} - X_{JD_2})^2 + (Y_{JD_3} - Y_{JD_2})^2} = 2\,358.126$$
$$A_{23} = A_{32} - 180° = 359°01'38.4''$$
$$X_{ZH_3} = X_{JD_2} + (S_{23} + T_{H_3})\cos A_{23} = 2\,590\,310.479$$
$$Y_{ZH_3} = Y_{JD_2} + (S_{23} - T_{H_3})\sin A_{23} = 20\,478\,675.729$$

第一缓和曲线上点的中桩坐标计算：

如中桩 K6+100 的切线支距法坐标为

$$x = l - \frac{l^5}{40R^2 l_s^2} = 68.380$$

$$y = \frac{l^3}{6Rl_s} = 0.266$$

按式(5-38)转换坐标：

$$X = X_{ZH_3} + x\cos A_{23} - y\sin A_{23} = 2\,590\,378.854$$
$$Y = Y_{ZH_3} + x\sin A_{23} + y\cos A_{23} = 20\,478\,674.834$$

圆曲线上点的中桩坐标计算：

如中桩 K6+500 的切线支距法坐标为

$$x = R\sin\varphi + q = 465.335$$
$$y = R(1-\cos\varphi) + p = 43.809$$

按式(5-38)转换坐标：

$$X = X_{ZH_3} + x\cos A_{23} - y\sin A_{23} = 2\,590\,776.491$$
$$Y = Y_{ZH_3} + x\sin A_{23} + y\cos A_{23} = 20\,478\,711.632$$

QZ 点的坐标计算同 K6+500：

$$X_{QZ} = 2\,591\,030.257$$
$$Y_{QZ} = 20\,478\,778.562$$

HZ 点的坐标计算：

$$X_{HZ_3} = X_{JD_3} - T_{H_3}\cos A_{43} = 2\,591\,666.530$$
$$Y_{HZ_3} = Y_{JD_3} - T_{H_3}\sin A_{43} = 20\,479\,130.430$$

YH 点的切线支距法坐标同 HY 点，即

$$x_0 = 99.994$$
$$y_0 = 0.833$$

按式(5-39)转换坐标，并顾及曲线为右转角，以 $y = -y_0$ 代入得

$$X_{YH_3} = X_{HZ_3} + x_0\cos A_{43} - (-y_0)\sin A_{43} = 2\,591\,587.270$$
$$Y_{YH_3} = Y_{HZ_3} + x_0\sin A_{43} + (-y_0)\cos A_{43} = 20\,479\,069.460$$

第二缓和曲线上点的中桩坐标计算：
如中桩 K7+450 的切线支距法坐标为
$$x=43.646$$
$$y=0.069$$
按式(5-39)转换坐标，以 $y=-y_0$ 代入得
$$X=2\ 591\ 632.116$$
$$Y=20\ 479\ 103.585$$

直线上点的中桩坐标计算：
如 K7+600，$D=106.354$，代入式(5-35)得
$$X=X_{HZ_3}+D\cos A_{34}=2\ 591\ 750.285$$
$$Y=Y_{HZ_3}+D\cos A_{34}=20\ 479\ 195.976$$

1.7　全站仪、GNSS-RTK 道路中线测量

1.7.1　全站仪测设道路中线

1. 导线控制

对于高等级公路，布设的导线一般应与附近的高级控制点进行联测，构成附合导线。联测一方面可以获得必要的起始数据——起始坐标和起始方位角；另一方面可以对观测的数据进行校核。

> **小贴士**
>
> 在导线测量时通常都是用全站仪观测三维坐标，将高程的观测结果作为路线高程的控制，以代替路线纵断面测量中的基平测量。

2. 中线测量

在用全站仪进行道路中线测量时，通常是按中桩的坐标测设，如图 5-38 所示。

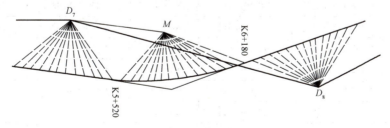

图 5-38　全站仪道路中线测量

1.7.2　GNSS-RTK 测设道路中线

1. 概述

GNSS-RTK 测量系统已广泛应用于施工放样等诸多工程测量中。

进行道路中线测量时，在沿线布设控制网并精确测得各控制点坐标和高程，作为定线测量设置基准站的条件。

2. 中线测量

利用 RTK 中线放样时，可利用计算软件算出各中桩点的坐标，并将其传输到手簿中，建立以桩号为标识的放样文件，然后在现场调用实时放样功能，快速放样出中桩点的点位。或是利用 RTK 系统中自带的道路放样模块，先将路线的平面定线元素（起点里程、起始方位角、直线段距离、圆曲线半径、缓和曲线等）输入手簿，然后按里程桩号进行放样，就可将道路中线进行准确定位并在实地上标定出来。这种方法简单迅速，随机性强，加桩方便，测设速度快。

> **知识宝典**
>
> 利用 RTK 放样时，一般采用 1+1 或 1+2 的作业模式，将基准站接收机设在已知点（或架设在未知点上，利用移动站进行校正）上，另一台或两台移动站接收机按中桩点坐标进行放样。放样时从手簿上可随时看到所在位置与放样点的偏距、方位及放样精度，满足要求时可获得放样点的高程。

1.7.3 道路中线测设实例

如图 5-39 所示为××××路纸上定线的结果，纸上定线后，根据逐桩坐标表中各中桩点的坐标，见表 5-7，采用全站仪或 RTK 进行测设。

表 5-7 逐桩坐标表

桩号	坐标		桩号	坐标	
	X	Y		X	Y
K0+000	4 458 693.985	501 144.495	K0+360	4 458 991.677	501 247.666
K0+020	4 458 713.960	501 143.498	K0+380	4 459 002.551	501 264.448
K0+040	4 458 733.935	501 142.501	K0+400	4 459 014.035	501 280.822
K0+060	4 458 753.911	501 141.504	K0+420	4 459 025.580	501 297.153
K0+080	4 458 773.886	501 140.508	K0+440	4 459 037.124	501 313.485
K0+100	4 458 793.861	501 139.511	K0+460	4 459 048.668	501 329.817
K0+120	4 458 813.836	501 138.514	K0+480	4 459 060.390	501 346.021
K0+140	4 458 833.811	501 137.517	K0+500	4 459 073.549	501 361.058
K0+160	4 458 853.786	501 136.520	K0+520	4 459 088.948	501 373.783
K0+180	4 458 873.761	501 135.524	K0+540	4 459 106.233	501 383.803
K0+200	4 458 893.749	501 134.958	K0+560	4 459 124.576	501 391.765
K0+220	4 458 913.506	501 137.692	K0+580	4 459 143.278	501 398.835
K0+240	4 458 931.741	501 145.740	K0+600	4 459 162.872	501 402.551
K0+260	4 458 946.969	501 158.601	K0+620	4 459 182.720	501 400.714
K0+280	4 458 958.040	501 175.187	K0+640	4 459 201.244	501 393.358
K0+300	4 458 965.968	501 193.541	K0+660	4 459 216.945	501 381.079
K0+320	4 458 973.532	501 212.055	K0+680	4 459 228.548	501 364.872
K0+340	4 458 981.976	501 230.181	K0+700	4 459 235.148	501 346.060

第 1 页	共 8 页

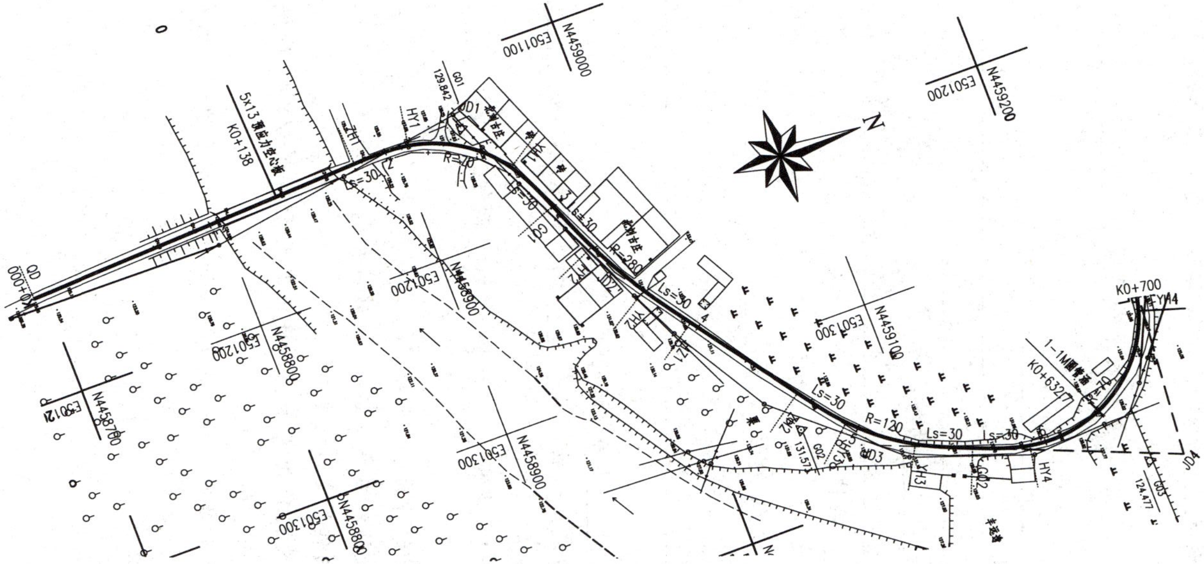

平曲线参数表

交点号	交点桩号	交点坐标		转角值	平曲线要素							
		X(N)	Y(E)		A1 / Ls1	R	A2 / Ls2	切线长 T1	切线长 T2	曲线长 L	外距 E	校正值
QD	K0+000	4458693.985	501144.495									
JD1	K0+247.829	4458941.506	501132.143	右偏 71°8′02.9″	45.8258/30	70	45.8258/30	65.414	65.414	116.907	16.712	13.921
JD2	K0+347.556	4458983.569	501237.72	左偏 13°31′55.7″	91.6515/30	280	91.6515/30	48.234	48.234	96.13	2.099	0.338
JD3	K0+513.379	4459079.479	501373.406	左偏 32°35′36.1″	60/30	120	60/30	50.166	50.166	98.263	5.349	2.069
JD4	K0+672.004	4459228.313	501433.998	左偏 107°7′52.9″	45.8258/30	70	45.8258/30	110.528	110.528	160.886	48.765	60.171

建设单位	项目名称	路线平面图	比例：1:2000	图 号	设计单位
			日期：2010.08	SⅡ-2	

审核	复核	设计

图 5-39 ××路线平面图

能力训练

一、名词解释

1. 里程　2. 路线转角　3. 交点　4. 转点　5. 路线右角　6. 切线角

二、填空题

1. 最基本最简单的平曲线是_____，复杂的平曲线是_____、_____以及_____等。
2. 所谓定线测量，即在实地标定_____和_____。
3. 圆曲线主点测设元素，分别是_____、_____、_____和_____四个。
4. 圆曲线的主点有_____、_____、_____。
5. 定线测量的方法有_____和_____两种。
6. 中线控制桩是指_____、_____、_____、_____等桩。
7. 中桩可分为_____和_____两种。
8. 圆曲线测设一般分_____、_____两步进行。
9. 圆曲线加缓和曲线的平曲线的主点有_____、_____、_____、_____、_____。
10. 加桩的类型有：_____，_____，_____，_____，_____，改、扩建路加桩等。
11. 道路中线是由_____和_____两部分组成的。
12. 用切线支距法详细测设圆曲线，一般是以_____为坐标原点，以_____为 X 轴，以_____为 Y 轴。
13. 圆曲线的主点之间加密设桩的方法有_____和_____两种。

三、判断题

1. 目前我国公路设计中采用抛物线作为缓和曲线。(　　)
2. 公路中线测量中测得某交点处路线右角为 124°，则转角为 $\alpha_右=56°$。(　　)
3. 公路中线测量中，设置转点的作用是传递方向的。(　　)
4. 偏角法详细测设圆曲线时，设转角为左偏角，将仪器置于起点(ZY)，后视切线方向(JD)，此时测设曲线上点的偏角是正拨。(　　)
5. 对于低等级公路，在地形条件复杂时，通常根据技术标准，并结合地形、地质条件，在现场反复插设比较，直接标定出交点位置。(　　)

四、简答题

1. 什么是道路中线测量？
2. 简述圆曲线主点测设的步骤。
3. 简述穿线交点法的步骤。
4. 简述拨角放线法的步骤。
5. 简述正倒镜分中法延长直线的操作步骤。
6. 测角工作内容有哪些？
7. 何为整桩号法设桩？何为整桩距法设桩？各有什么特点？
8. 简述切线支距法详细测设圆曲线的步骤。
9. 简述偏角法详细测设圆曲线的步骤。
10. 何为缓和曲线？设置缓和曲线有什么作用？

11. 简述在直线与圆曲线之间插入缓和曲线时，圆曲线内移的方法。

12. 简述带有缓和曲线的平曲线主点测设的步骤。

13. 简述如何设置里程桩。

14. 简述纸上定线的原则和方法。

五、计算题

1. 一测量员在路线交点 JD_6 上安置仪器，观测右角，测得前视读数为 $42°18'24''$，后视读数为 $174°36'8''$。问该弯道的转角是多少？是左转还是右转？若观测完毕后仪器度盘不动，分角线方向读数应是多少？

2. 已知弯道 JD_{10} 的桩号为 K5+119.99，右角 $\beta=136°24'$，圆曲线半径 $R=300$ m，试计算圆曲线主点元素和主点里程，并叙述测设曲线上主点的操作步骤。

3. 在道路中线测量中，已知交点的里程桩号为 K3+318.46，测得转角 $\alpha_左=15°28'$，圆曲线半径 $R=600$ m，若采用切线支距法并按整桩号法设桩，试计算各桩坐标，并说明测设方法。

4. 在道路中线测量中，设某交点 JD 的桩号为 K4+182.32，测得右偏角 $\alpha_右=38°32'$，设计圆曲线半径 $R=500$ m，若采用偏角法按整桩号设桩，试计算各桩的偏角及弦长，并说明步骤。

5. 在道路中线测量中，已知交点的里程桩号为 K19+318.46，转角 $\alpha_左=38°28'$，圆曲线半径 $R=300$ m，缓和曲线长 l_s 采用 75 m，试计算该曲线的测设元素、主点里程，并说明主点的测设方法。

6. 某山岭区二级公路，已知 JD_1、JD_2、JD_3 的坐标分别为(40 961.914，91 066.103)、(40 433.528，91 250.097)、(40 547.416，91 810.392)，JD_2 处的里程桩号为 K2+200.000，$R=150$ m，缓和曲线长为 40 m，计算此曲线的主点坐标。

7. 圆曲线半径 $R=600$ m，$\alpha_右=20°16'38''$，交点里程桩号为 K16+160.54。

  (1)计算圆曲线主点元素(测设元素)；

  (2)计算圆曲线主点里程桩号。

考核评价

考核评价表

考核评价点	评价等级与分数				学生自评	小组互评	教师评价	小计 （自评30%＋ 互评30%＋ 教师评价40%）
	较差	一般	较好	好				
道路中线测量相关知识认知	4	6	8	10				
交点、路线转角的测设方法掌握	4	6	8	10				
平曲线的测设方法掌握	4	6	8	10				
全站仪坐标放样实训实施	8	12	16	20				
全站仪、RTK 中线测量实训实施	8	12	16	20				
团结合作、规范操作	4	6	8	10				
勤于思考、善于分析	4	6	8	10				
一丝不苟、测设精准	4	6	8	10				
总分		100						
自我反思提升								

子模块 2　道路纵、横断面测量

知识目标

1. 了解路线纵、横断面测量的任务；
2. 理解路线纵、横断面测量的作用及纵、横断面图的构成；
3. 掌握路线纵、横断面测量的方法。

技能目标

1. 能利用水准仪进行基平测量；
2. 能利用全站仪进行中平测量；
3. 能标定横断面方向；
4. 能利用常用方法进行横断面测量。

素养目标

1. 养成团队合作，规范操作水准仪、全站仪进行道路纵、横断面测量的良好习惯；
2. 养成认真细致、规范绘制道路纵、横断面图的优良品质；
3. 弘扬一丝不苟、精益求精的工匠精神。

学习引导

道路纵、横断面测量是在道路中线测量之后进行的工作，目的是为道路纵、横断面设计提供基础资料。纵断面可以反映中线上地面的起伏状态，横断面可反映垂直中线方向的地面起伏情况。道路纵、横断面测量的成果是绘制纵、横断面图。

本模块的主要内容结构如图 5-40 所示。

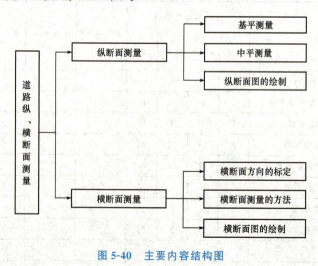

图 5-40　主要内容结构图

> **趣味阅读——三维激光扫描技术**

道路纵、横断面测量中通常使用的全站仪、水准仪、GNSS等仪器都是单点接触测量，工作效率低，测量数据密度低，无法准确反映地面起伏情况，特别是对一些地形复杂、起伏大的区域，采用传统测量手段无法顺利完成横断面测量工作。采用三维激光扫描技术，可以快速、准确、非接触式地获取目标区域精确的三维坐标和色彩纹理，扫描区域真实的空间形态。采用三维激光扫描技术，可以准确无误地记录现场的地形数据信息，利用点云数据生成道路纵、横断面三维图。

2.1 纵断面测量

路线纵断面测量又称为中线水准测量，它的任务是在道路中线测定之后，测定中线上各里程桩（即中桩）的地面高程，并绘制路线纵断面图，用以表示沿路线中线位置的地形起伏状态，供路线纵坡设计之用。纵断面测量一般分为两步：基平测量和中平测量。

2.1.1 基平测量

基平测量是沿路线方向设置水准点，并测定其高程，从而建立路线的高程控制。

1. 路线水准点的设置

水准点是路线高程测量的控制点，在勘测和施工阶段及竣工时都要使用。在设置水准点时，根据需要和用途可布设永久性水准点与临时性水准点。一般规定，在路线的起点、终点、大桥两岸、隧道两端、垭口，以及一些需要长期观测高程的重要工程附近，均应设置永久性水准点。在一般地区应每隔一定的长度设置一个永久性水准点。为便于引测，还需沿路线方向布设一定数量的临时性水准点。

微课 基平测量

临时性水准点的密度应根据地形和工程需要而定。一般情况下，水准点间距宜为1~1.5 km，山岭重丘区可根据需要适当加密。水准点点位应选择在稳固、醒目、易于引测及施工时不易被破坏的地方，一般距路中线50~300 m。

2. 基平测量的方法

基平测量采用水准测量的方法，通常采用一台水准仪在两个相邻的水准点间作往返观测；也可用两台水准仪作同向单程观测。高程控制测量等级应根据各级公路及构造物的等级要求确定，并应满足相应等级水准测量的技术要求，一般高等级公路或大型桥隧高程控制测量，采用三、四等水准测量的方法。

进行基平测量时，首先应将起始水准点与附近国家水准点进行联测，以获取水准点的绝对高程，如有可能，应构成附合水准路线。当路线附近没有国家水准点或引测困难时，则可用气压计测得近似高程或参考地形图选定一个与实地高程接近的数值作为起始水准点的假定高程。

2.1.2 中平测量

中平测量是根据基平测量完成后提供的水准点高程，按照附合水准路线测量各中桩处的地面高程。即从一个水准点开始，逐桩测定其地面高程，并且附合至另一个水准点上。中平测量的常用方法如下。

1. 用水准仪进行中平测量

（1）中平测量一般方法。水准仪进行中平测量一般是以两相邻水准点为一测段，从一个水准点开始，用视线高法，逐个测定中桩处的地面高程，直至附合到下一个水准点上。在每一个测站上，除观测中桩外，还需在一定距离内设置转点。相邻两转点间所观测的中桩，称为中间点。

微课 水准仪中平测量

> **知识宝典**
>
> 由于转点起着传递高程的作用，为了削弱高程传递的误差，在测站上应先观测转点，后观测中间点。观测转点时读数至毫米，视线长度一般应不大于100 m。观测中间点时读数，即中视读数可读至厘米，视线也可适当放长，立尺应在紧靠桩边的地面上。

如图 5-41 所示，若以水准点 A 为后视点（高程 H_A 已知），以 B 点为前视转点，K_i 点为中间点。在施测过程中，将水准仪安置在测站上，首先观测立于 A 点上的水准尺读数为 a，然后观测立于前视转点 B 点上的水准尺读数为 b，最后观测立于中间点 K_i 点上的水准尺读数为 k，则可用视线高法求得前视转点 B 的高程 H_B 和中桩点的高程 H_K：

$$\left.\begin{aligned}&\text{测站视线高}=\text{后视点高程}H_A+\text{后视读数}a\\&\text{前视转点}B\text{的高程}H_B=\text{视线高}-\text{前视读数}b\\&\text{中桩点高程}H_K=\text{视线高}-\text{中视读数}k\end{aligned}\right\} \quad (5-40)$$

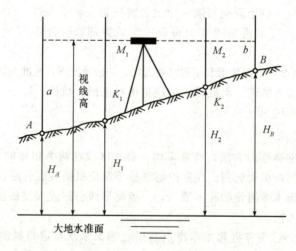

图 5-41 视线高法测高程

如图 5-42 所示为某段道路的中平测量示意图，由水准点 BM_1 开始，测定 K0+000 至 K1+480 间一系列中桩的地面高程，表 5-8 为中平测量记录计算表。

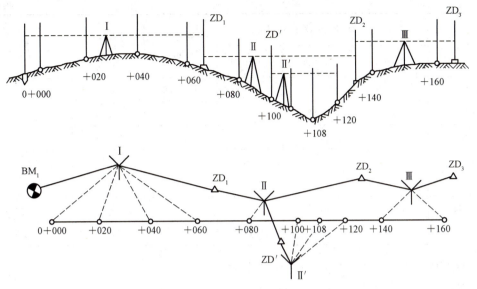

图 5-42 中平测量

实测方法：水准仪安置于Ⅰ站，后视水准点 BM_1，前视 ZD_1，将两读数分别记入表中相应的后视、前视栏内。然后，观测 BM_1 与 ZD_1 间的中间点 K0+000、+020、+040、+060，并将读数分别记入相应的中视栏，按式(5-40)分别计算 ZD_1 和各中桩点的高程，则第一个测站的观测与计算完成。再将仪器搬至Ⅱ站，后视 ZD_1，前视 ZD_2，将读数分别记入相应后视、前视栏。然后，观测两转点间的各中间点，将读数分别记入相应的中视栏，并计算 ZD_2 和各中桩点的高程，则第二个测站的观测与计算完成。按上述方法继续向前观测，直至附合于水准点 BM_2。

表 5-8 中平测量记录计算表

工程名称：_____ 日期：_____ 观测员：_____
仪器型号：_____ 天气：_____ 记录员：_____

测点	水准尺读数/m			视线高 /m	测点高程 /m	备注
	后视 a	中视 k	前视 b			
BM_1	2.317			106.573	104.256	基平测得
K0+000		2.16			104.41	
+020		1.83			104.74	
+040		1.20			105.37	
+060		1.43			105.14	
ZD_1	0.744		1.762	105.555	104.811	
+080		1.90			103.66	沟内分开测

· 241 ·

续表

测点	水准尺读数/m			视线高/m	测点高程/m	备注
	后视 a	中视 k	前视 b			
ZD_2	2.116		1.405	106.266	104.150	
+140		1.82			104.45	
+160		1.79			104.48	基平测得 BM_2 点高程为:104.795 m
ZD_3			1.834		104.432	
…	…	…	…	…	…	
K1+480		1.26			104.21	
BM_2			0.716		104.754	

复核:$h_测 = H_{BM_2} - H_{BM_1} = 104.754 - 104.256 = 0.498(m)$

$\sum a - \sum b = (2.317 + 0.744 + 2.116 + \cdots) - (1.762 + 1.405 + 1.834 + \cdots + 0.716) = 0.498$

说明高程计算无误。

$f_h = 104.754 - 104.795 = -0.041(m) = -41(mm)$

$f_{h容} = \pm 50\sqrt{L} = \pm 50\sqrt{1.48} = \pm 61(mm)$(按三级公路要求)

$f_h < f_{h容}$,说明满足精度要求。

知识宝典

中平测量只作单程观测。一测段结束后,应先计算中平测量测得的该测段两端水准点高差,并将其与基平所测该测段两端水准点高差进行比较,二者之差称为测段高差闭合差。

测段高差闭合差应满足下列要求:

高速公路,一、二级公路不得大于 $\pm 30\sqrt{L}$ mm;三级及三级以下公路不得大于 $\pm 50\sqrt{L}$ mm;L 为测段长度(km)。若不满足上述要求,必须重测。当高差闭合差在容许的范围内时,说明此段测量符合要求。中平测量闭合差一般不必调整,可直接使用各中桩点高程观测结果。

(2)跨越沟谷中平测量。中平测量遇到跨越沟谷时,由于沟坡和沟底钉有中桩,且高差较大,按中平测量一般方法进行,要增加许多测站和转点,以致影响测量的速度和精度。为避免这种情况,可采用以下方法进行施测:

1)沟内沟外分开测。如图 5-43 所示,当采用一般方法测至沟谷边缘时,仪器置于测站Ⅰ,在此测站上,应同时设两个转点:用于沟外测的 ZD_{16} 和用于沟内测的 ZD_A。施测时后视 ZD_{15},前视 ZD_{16} 和 ZD_A,分别求得 ZD_{16} 和 ZD_A 的高程。此后以 ZD_A 进行沟内中桩点高程的测量,以 ZD_{16} 继续沟外测量。

测量沟内中桩时,仪器下沟安置于测站Ⅱ并设置转点 ZD_B,后视 ZD_A,前视转点 ZD_B,观测沟谷内两侧的中桩。再将仪器迁至测站Ⅲ,后视 ZD_B,观测沟底各中桩,至此沟内观测结束。然后,仪器置于测站Ⅳ,后视 ZD_{16},继续前测。

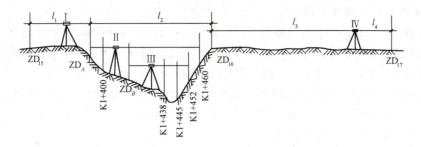

图 5-43 跨越沟谷中平测量

> 强调

这种测法使沟内、沟外高程传递各自独立，互不影响。沟内的测量不会影响到整个测段的闭合。但由于沟内的测量为支水准路线，缺少检核条件，故施测时应倍加注意。

> 提示

为了减少 Ⅰ 站前、后视距不等所引起的误差，仪器置于 Ⅳ 站时，应尽可能使 $l_3=l_2$、$l_4=l_1$ 或 $l_1+l_3=l_2+l_4$。

2) 接尺法。中平测量遇到跨越沟谷时，若沟谷较窄、沟边坡度较大，个别中桩处高程不便测量，可采用接尺的方法进行测量，如图 5-44 所示。用两根水准尺，一人扶 A 尺，另一人扶 B 尺，从而把水准尺接长使用。

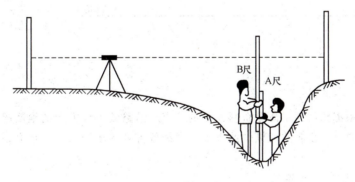

图 5-44 接尺法

> 注意

接尺法的正确读数应为望远镜内的读数加上接尺的数值。

> 强调

利用接尺法测量时，沟内、沟外分开测的记录须断开另作记录。接尺要加以说明，以利于计算和检查，否则容易引起混乱和误会。

2. 用全站仪进行中平测量

在中线测量的同时，将全站仪安置于已知高程的控制点，利用高程测量功能可直接测得中桩点的地面高程。该方法的优点是在中桩平面位置测设过程中直接完成中桩高程测量，不受地形起伏及高差大小的限制，并能进行较远距离的高程测量。

如图 5-45 所示，设 A 点为已知高程的控制点，B 点为待测高程的中桩点。将全站仪安置在已知高程的 A 点，棱镜立于待测高程的中桩点 B 上，测量出仪器高 i 和棱镜高 l，全站仪照准棱镜测出视线倾角 α。则 B 点的高程 H_B 为

$$H_B = H_A + S \cdot \sin\alpha + i - l \tag{5-41}$$

式中　H_A——已知控制点 A 的高程；
　　　H_B——待测高程的中桩点 B 的高程；
　　　i——仪器高；
　　　l——棱镜高；
　　　S——仪器至棱镜斜距离；
　　　α——视线倾角。

在实际测量中，只需将安置仪器的 A 点高程 H_A、仪器高 i、棱镜高 l 直接输入全站仪，在中桩放样完成的同时，就可直接从仪器的显示屏中读取中桩点 B 的高程 H_B。

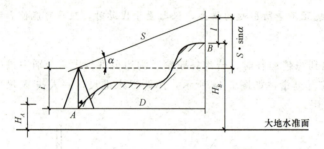

操作视频　全站仪中平测量

图 5-45　高程测量原理

2.1.3　纵断面图的绘制

纵断面图是根据路线中平测量资料绘制的，表示沿路线中线方向的地面起伏状态，是设计纵坡的线状图，它反映出各路段纵坡的大小和中线位置处的填挖尺寸，是道路设计和施工中的重要文件资料。

1. 纵断面图坐标及比例尺

纵断面图绘制采用直角坐标系，横坐标为里程，纵坐标为高程，里程比例尺一般对于平原微丘区常用 1∶5 000 或 1∶2 000，相应的高程比例尺为 1∶500 或 1∶200；山岭重丘区里程比例尺常用 1∶2 000 或 1∶1 000，相应的高程比例尺为 1∶200 或 1∶100。

> **小贴士**
>
> 为了明显地表示地形起伏状态，高程比例尺通常为里程比例尺的 10 倍。

2. 纵断面图的内容

如图 5-46 所示，在图的上半部，从左至右有两条贯穿全图的线，其中细的折线表示中线方向的实际地面线，粗线是纵坡设计线。此外，图上还注有水准点的位置和高程，桥涵的类型、

孔径、跨数、长度、里程桩号和设计水位，竖曲线示意图及其曲线元素，与现有公路、铁路交叉点的位置和有关说明等。

图的下部有几栏表格，用来填写相关测量及纵坡设计的资料，主要包括以下内容：

(1)直线与曲线。根据中线测量资料绘制的中线示意图。图中，路线的直线部分用直线表示，圆曲线部分用折线表示，上凸表示路线右转，下凸表示路线左转，并注明交点编号和圆曲线半径。带有缓和曲线的平曲线用梯形折线表示，还应注明缓和段的长度。

(2)里程桩号。根据中线测量资料绘制的里程数。为使纵断面图清晰起见，图上按里程比例尺只标注百米桩里程(以数字1~9注写)和公里桩里程(以 K_i 注写，如 K9、K10)。

(3)地面高程。根据中平测量成果填写相应里程桩的地面高程数值。

(4)设计高程。根据设计纵坡计算出各里程桩处的对应高程。

(5)坡度。表示中线设计线的坡度值。从左至右向上倾斜的直线表示上坡(正坡)，向下倾斜的表示下坡(负坡)，水平的表示平坡。斜线或水平线上面的数字是以百分数表示的坡度的大小，下面的数字表示坡长。

(6)土壤地质说明。标明路段的土壤地质情况。

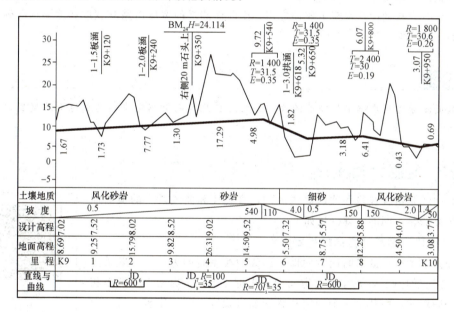

图 5-46　路线设计纵断面图

3. 纵断面图的绘制

(1)打格制表。在透明毫米方格纸上按规定尺寸制表，标出与该图相适应的横坐标与纵坐标，横坐标标出百米桩号，纵坐标按比例要求标出整 1 m、2 m 或 5 m 的高程。

(2)填表。按中线测量结果填写直线和曲线，按中平测量结果填写地面高程，填写土壤地质说明等资料。

(3)绘出地面线。首先，选定纵坐标的起始高程，使绘制出的地面线位于图上适当位置。一般是以 10 m 整数倍的高程定在 5 cm 方格的粗线上，便于绘图和阅图。然后，根据中桩的里程和高程，在图上按纵、横比例尺依次点出各中桩的地面位置，再用直线将相邻点一个个连接起来，就得到地面线。在高差变化较大的地区，如果纵向受到图幅限制时，可在适当地段变更图上高程起算位置，此时地面线将构成台阶形式。

(4)计算设计高程。当路线的纵坡确定后，即可根据设计纵坡和两点间的水平距离，由一点的高程计算另一点的设计高程。

设计坡度为 i，起算点的高程为 H_0，待推算点的高程为 H_P，待推算点至起算点的水平距离为 D，则

$$H_P = H_0 + i \cdot D \tag{5-42}$$

式中，上坡时 i 为正，下坡时 i 为负。

(5) 计算各桩的填挖尺寸。同一桩号的设计高程与地面高程之差，即该桩处的填挖高度，正号为填土高度，负号为挖土深度。在图上，填土高度应写在相应点纵坡设计线之上，挖土深度则相反。也可以在图中专列一栏注明填挖尺寸。

(6) 在图上注记有关资料，如水准点、桥涵、竖曲线等。

2.2 横断面测量

横断面测量是测定各中桩处两侧垂直于中线方向的地面起伏情况，并绘制横断面图，供路基设计、土石方数量计算及施工放样之用。横断面测量的宽度由路基宽度和地形情况确定，一般应在路中线两侧各测 15～50 m。

提示

横断面测量首先要确定横断面的方向，然后在此方向上测定中线两侧地面坡度变化点的距离和高差。

2.2.1 横断面方向的标定

路线中线是由直线段和曲线段构成的，直线段和曲线段上的横断面方向标定方法是不同的，现分述如下。

1. 直线段上横断面方向的标定

直线段上中桩点的横断面方向即与路线中线垂直的方向，一般采用方向架标定。如图 5-47 所示，将方向架置于桩点上，方向架上有两个相互垂直的固定片，用其中一个固定片瞄准该直线段上任一中桩，另一个固定片所指方向即该桩点的横断面方向。

微课　横断面方向的测定

2. 圆曲线段上横断面方向的标定

圆曲线段上中桩点的横断面方向为垂直于该中桩点切线的方向，即圆曲线上一点的横断面方向是沿该点指向圆心的半径方向。标定时一般采用求心方向架法，即在方向架上安装一个可以转动的活动片，并有一固定螺旋可将其固定，如图 5-48 所示。

用求心方向架标定横断面方向，如图 5-49 所示。欲标定圆曲线上某桩点 1 的横断面方向，可按下述步骤进行：

(1) 将求心方向架置于圆曲线的 ZY 点或 YZ 点上，用方向架的一固定片 ab 照准交点 JD。此时，ab 方向即 ZY 点或 YZ 点的切线方向，则另一固定片 cd 所指的方向即为 ZY 点

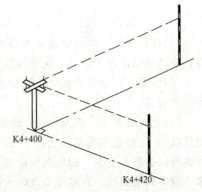

图 5-47　用方向架标定直线段上横断面方向

或 YZ 点的横断面方向。

(2)保持方向架不动，转动活动片 ef，使其照准1点，并将 ef 用固定螺旋固定。

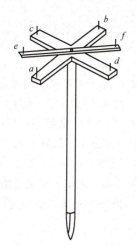

图 5-48　有活动片的方向架

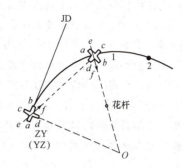

图 5-49　圆曲线段上横断面方向的标定

(3)将方向架搬至1点，用固定片 cd 照准圆曲线的 ZY 或 YZ 点，则活动片 ef 所指的方向即为1点的横断面方向。

在标定2点的横断面方向时，可在1点的横断面方向上插一花杆，以固定片 cd 照准花杆，ab 片的方向即为切线方向。此后的操作与标定1点的横断面方向完全相同，保持方向架不动，用活动片 ef 瞄准2点并固定之。将方向架搬至2点，用固定片 cd 瞄准1点，活动片 ef 方向即为2点的横断面方向。

知识宝典

如果圆曲线上桩距相同，在定出1点的横断面方向后，保持活动片 ef 的原来位置，将其搬至2点上，用固定片 cd 瞄准1点，活动片 ef 即为2点的横断面方向。圆曲线上其他各点的横断面方向，也可按照上述方法进行标定。

3. 缓和曲线段上横断面方向的标定

缓和曲线段上中桩点的横断面方向是通过该点指向曲率半径的方向，即该点切线的垂线方向。标定方法：首先，利用缓和曲线的弦切角 Δ 和偏角 δ 的关系，即 $\Delta = 2\delta$，定出中桩点处曲率切线的方向；有了切线方向，即可用带度盘的方向架或经纬仪标定出法线(横断面)方向。

具体步骤如下：

如图 5-50 所示，P 点为待标定横断面方向的中桩点。

(1)按缓和曲线偏角公式 $\delta = \left(\dfrac{l}{l_s}\right)^2 \delta_0 = \dfrac{1}{3}\left(\dfrac{l}{l_s}\right)^2 \beta_0$，计算得到偏角 δ，并由 $\Delta = 2\delta$ 计算弦切角 Δ。

(2)将带度盘的方向架或经纬仪安置于 P 点。

(3)操作方向架的定向杆或经纬仪的望远镜，照准缓和曲线的 ZH 点，同时使度盘读数为 Δ。

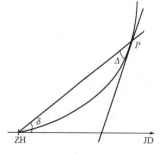

图 5-50　缓和曲线段上
横断面方向的标定

(4)顺时针转动方向架的定向杆或经纬仪的望远镜,直至度盘的读数为90°(或270°)。此时,定向杆或望远镜所指的方向即为横断面方向。

2.2.2 横断面测量的方法

1. 标杆皮尺法

标杆皮尺法是用标杆和皮尺测定横断面方向上两相邻变坡点的水平距离与高差的一种简易方法。如图5-51所示,1、2、3是根据地面情况选定的变坡点。将标杆竖立于1点上,皮尺靠在中桩地面拉平,测量出中桩至1点的水平距离,而皮尺截于标杆的红白格数(通常每格为0.2 m)即为1点相对于中桩点的高差。测量员报出测量结果,以便绘图或记录,报数时通常省去"水平距离"四字,高差用"低"或"高"报出,例如图示中桩点与1点间,报为"6.0 m 低 1.6 m",记录格式见表5-9。同法,可测得1点与2点、2点与3点……的距离和高差。表中,按路线前进方向分左、右侧,以分数形式表示各测段的高差和距离,分子表示高差,正号为升高,负号为降低,分母表示距离。自中桩由近及远逐段测量与记录。

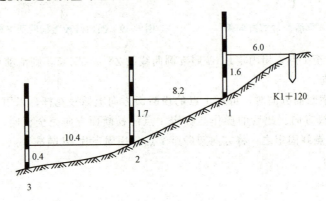

图 5-51 标杆皮尺法测横断面

表 5-9 标杆皮尺法横断面测量记录表

左侧	里程桩号	右侧
··· $\frac{-0.4}{10.4}$ $\frac{-1.7}{8.2}$ $\frac{-1.6}{6.0}$	K1+120	$\frac{+1.0}{4.8}$ $\frac{+1.4}{12.5}$ $\frac{-2.2}{8.6}$ ···
···	···	···

小贴士

标杆皮尺法操作简单,但精度较低,适用于山区等级较低的公路。当横断面上坡度变化较大时,施测宽度应大于横断面可能的设计宽度5~10 m。

2. 水准仪皮尺法

水准仪皮尺法是利用水准仪和皮尺,按水准测量的方法测定各变坡点与中桩点间的高差,用皮尺丈量两点水平距离的方法。如图5-52所示,水准仪安置后,以中桩点为后视点,在横断面方向的变坡点上立尺进行前视读数,并用皮尺量出各变坡点至中桩的水平距离。水准尺读数

微课 水准仪皮尺法

准确到厘米,水平距离准确到分米,记录格式见表 5-10。

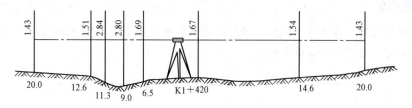

图 5-52 水准仪皮尺法测横断面

表 5-10 水准仪皮尺法横断面测量记录计算表

桩号	各变坡点至中桩点的水平距离/m		后视读数/m	前视读数/m	各变坡点至中桩点的高差/m	备注
K1+420	左侧	0.00	1.67	—	—	中桩点
		6.5		1.69	−0.02	
		9.0		2.80	−1.13	
		11.3		2.84	−1.17	
		12.6		1.51	+0.15	
		20.0		1.43	+0.24	
	右侧	14.6		1.54	+0.13	
		20.0		1.43	+0.24	

小贴士

水准仪皮尺法适用于断面较宽的平坦地区,其测量精度较高。

3. 全站仪法

将全站仪安置在通视良好的高处,利用全站仪的坐标测量功能测定各横断面变坡点的三维坐标,然后利用计算机绘图软件处理成图。还可以利用全站仪程序测量中的对边测量功能,同时观测各变坡点间的平距和高差。

小贴士

全站仪法适用于高等级公路及各种不同地形的高精度测量。

2.2.3 横断面图的绘制

横断面图一般在现场边测边绘,以便及时进行现场核对,减少差错。如不便现场绘图,须做好记录工作,带回室内绘图,再持图到现场核对。

横断面图的比例尺一般是 1∶200 或 1∶100,手工绘图时一般绘制在毫米方格纸上。绘图时,以一条纵向粗线为中线,以纵横线交叉点为中桩位置,向左右两侧绘制。先标注中桩的桩号,再用铅笔根据水平距离和高差,按比例尺将变坡点点在图纸上;然后,将这些点连接起来,就得到横断面的地面线。显然,一幅图上可绘多个断面图,如图 5-53 所示。

> **小贴士**
>
> 目前，横断面图大多采用计算机，利用相应的软件进行绘制。绘制的顺序一般是按桩号从图纸的左下方起，自下而上、由左向右。

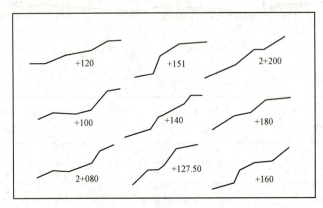

图 5-53　横断面图绘制顺序

能力训练

一、选择题

1．路线中平测量是测定路线（　　）的地面高程。
　　A．中桩　　　　　　B．转点　　　　　　C．水准点　　　　　　D．主点

2．路线纵断面测量分为（　　）和中平测量。
　　A．基平测量　　　　B．水准测量　　　　C．高程测量　　　　　D．控制测量

3．基平水准点设置的位置应选择在（　　）。
　　A．路中心线上　　　B．施工范围以内　　C．施工范围以外　　　D．路基边缘

4．横断面的绘图顺序是从图纸的（　　）依次按桩号绘制。
　　A．左上方自上而下，由左向右　　　　　B．右上方自上向下，由左向右
　　C．左下方自下而上，由左向右　　　　　D．右上方自上向下，由右向左

5．中平测量中视线高程应等于（　　）＋后视读数。
　　A．后视点高程　　　B．转点高程　　　　C．前视点高程　　　　D．水准点

6．基平测量中，路线水准点设置的间隔为，山岭区 0.5～1 km，平原微丘区（　　）km。
　　A．1～2　　　　　　B．2～3　　　　　　C．3～4　　　　　　　D．0.5～1

7．中平测量所测水准点的高程应与（　　）结果相附合。
　　A．中平测量　　　　B．水准测量　　　　C．基平测量　　　　　D．导线测量

8．纵断面图的高程比例尺一般比里程比例尺大（　　）倍。
　　A．2　　　　　　　　B．10　　　　　　　C．100　　　　　　　　D．200

二、简答题

1．路线纵断面测量的任务是什么？

2．横断面测量的任务是什么？

3．直线、圆曲线和缓和曲线的横断面方向如何确定？

三、计算题

完成表5-11中平测量记录的计算。

表 5-11 中平测量记录

测点	水准尺读数/m			视线高 /m	测点高程 /m	备注
	后视 a	中视 k	前视 b			
BM_1	2.421				108.429	基平测得
K0+000		2.23				
+020		1.92				
+040		1.36				
+060		1.69				
ZD_1	0.824		1.746			
+080		1.90				
+100	2.102		1.805			
+120		1.86				
+140		1.78				
ZD_2	1.589		2.834			基平测得 BM_2 点高程为：108.638 m
...	...	...	...	...	...	
ZD_5				109.289		
K1+460		1.26				
BM_2			0.716			
校核：						

考核评价

考核评价表

考核评价点	评价等级与分数				学生自评	小组互评	教师评价	小计（自评30%＋互评30%＋教师评价40%）
	较差	一般	较好	好				
道路纵、横断面测量任务与作用认知	4	6	8	10				
道路纵、横断面图内容理解	4	6	8	10				
道路纵、横断面测量方法掌握	4	6	8	10				
水准仪中平测量实训实施	12	14	16	20				
全站仪中平测量实训实施	12	14	16	20				
团队合作、规范操作	4	6	8	10				
认真细致、规范绘图	4	6	8	10				
一丝不苟、精益求精	4	6	8	10				
总分				100				
自我反思提升								

模块 6　道路工程施工测量

子模块 1　道路施工测量

知识目标

1. 了解公路施工放样的任务；
2. 理解公路路线施工测量；
3. 掌握施工测量的基本方法、点的平面位置测设。

技能目标

1. 能进行距离放样、水平角的放样和高程的放样；
2. 能进行点的平面位置的测设；
3. 能进行恢复中线测量、路基施工放样测量。

素养目标

1. 养成吃苦耐劳，团结合作，规范道路施工测量的良好习惯；
2. 发扬一丝不苟，力求测设精准的工作作风。

学习引导

道路施工测量是将设计图纸上道路的平面位置和高程测定到实地，作为施工的依据，是保证道路施工质量的重要环节。

本模块的主要内容结构如图 6-1 所示。

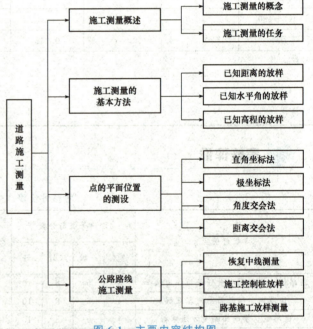

图 6-1　主要内容结构图

趣味阅读——中国第一路

位于广西自治区境内的龙南公路（现名为龙凭公路），始建于 1885 年，是中国第一条可供车辆行驶的公路，被誉为中国第一路。线路全长 55 公里，从龙州至镇南关（即凭祥友谊关），途经蛤蚧村、大里城、鸭水滩、那堪、大连城、凭祥、临口等地。

· 252 ·

1.1 施工测量概述

1.1.1 施工测量的概念

1. 施工测量目的

设计图纸中,主要以点位及其相互关系表示建筑物、构造物的形状和大小。建筑物、构造物设计之后,就要按设计图纸及相应的技术说明进行施工。施工测量的目的是以控制点为基础,把设计图纸上的点位测定到实地并标定出来。

2. 放样的基本思路

放样的基本思路与测绘的基本技术过程一样,放样地面点的直接定位元素是角度、距离和高差,间接定位元素是点位坐标和高程,因此,放样的基本工作是角度放样、距离放样和高差放样三种。

从地面点定位的基本要求出发,可知放样的基本思路如下:
(1)放样前,检验设计图上有关的定位元素。
(2)必要时,对定位元素进行处理。
(3)在实地把拟定的地面点测设出来并在地面上设立点标志。
(4)检查放样点位的准确性、可靠性。

1.1.2 施工测量的任务

施工测量是保证施工质量的一个重要环节,公路施工测量主要包括以下任务。

1. 研究设计图纸并勘察施工现场

根据工程设计的意图及对测量精度的要求,在施工现场找出定测时的各控制桩或点(交点桩、转点桩、主要的里程桩及水准点)的位置,为施工测量做好充分准备。

2. 恢复公路中线的位置

公路中线定测后,通常要过一段时间才能施工。在这段时间内,部分标志桩被破坏或丢失,因此,施工前必须进行一次复测工作,以恢复公路中线的位置。

3. 测设施工控制桩

由于定测时设立的及恢复的各中桩,在施工中都要被挖掉或掩埋,为了在施工中控制中线的位置,需要在不受施工干扰、便于引用、易于保存桩位的地方测设施工控制桩。

4. 复测、加密水准点

水准点是路线高程控制点,在施工前应对破坏的水准点进行恢复定测。为了施工中测量高程方便,在一定范围内应加密水准点。

5. 路基边坡桩的放样

根据设计要求,施工前应测设路基的填筑坡脚边桩和路堑的开挖坡顶边桩。

> **小贴士**
>
> 放样工作仍应遵循测量工作"先控制、后碎部、步步有校核"的基本原则。

1.2 施工测量的基本方法

任何构造物不外乎由点、线、面所构成，施工测量的基本工作是根据已知点的位置（平面位置和高程），来确定未知点的位置，实质上是确定点间的相对位置或确定点的绝对位置。

1.2.1 已知距离的放样

距离放样即在地面上测设某已知水平距离，就是在实地上一点开始，按给定的方向，量测出设计所需的距离定出终点。其方法有一般距离放样、精密距离放样和全站仪放样。

1. 一般距离放样

钢尺丈量是一种传统的量距手段，即从起点开始，按给定的方向和长度，用钢尺丈量出终点位置。为准确计，重复丈量，两次丈量之差在允许范围内时，取两次终点的平均位置定出终点。

动动脑

当地面有起伏时应如何丈量？

2. 精密距离放样

当放样距离精度较高时，应预先对钢尺的尺长、温度、高差等进行改正，若设计的水平距离为 D，则在实地上应放出的距离 D' 为

$$D' = D - \Delta D_k - \Delta D_t - \Delta D_h \tag{6-1}$$

式中　$\Delta D_k = (\Delta l/l_0) \times D$——尺长改正数；

　　　$\Delta D_t = \alpha \cdot (t - t_0) \cdot D$——温度改正数；

　　　$\Delta D_h = -(h^2/2D)$——倾斜（高差）改正数；

　　　$\Delta l/l_0$——单位尺长改正；

　　　t——测设时的温度；

　　　h——线段两端点间的高差；

　　　α——钢尺的线性膨胀系数，取 1.25×10^{-5}。

小贴士

精密距离放样适用于测设距离不足整尺段，或长度虽超过整尺段但地面坡度均匀而平整的地面。

3. 全站仪放样

全站仪置于起点上，定出给定的方向，制动仪器，指挥立镜员在视线方向上终点的概略位置处设置棱镜，测量出水平距离，然后与设计的水平距离进行比较。将差值通知立镜员，由立镜员在视线方向上用小钢尺进行改正，定出终点的准确位置，重新再进行观测，进行比较。直到

操作视频　已知距离的放样

观测所得水平距离与设计所需的水平距离相等（或差值在允许范围内），则可定出最终点的位置。

1.2.2 已知水平角的放样

水平角放样是根据一个已知方向 AB 和角顶点 A 的位置，按设计给定的水平值 β，把角的另一个方向 AC 在实地上标定出来，根据精度要求不同，通常采用以下两种方法。

微课 已知水平角的放样

操作视频 已知水平角的放样

1. 正倒镜分中法

当测设精度要求不高时，用盘左、盘右分别放样，然后取其平均位置的方法，称为正倒镜分中法。如图 6-2 所示，AB 为已知方向，在 A 点安置经纬仪，先以盘左位置瞄准 B 点，使水平度盘读数为 $0°00'00''$，松开制动螺旋，转动照准部，使水平度盘的读数为 β，在此方向上定出 C' 点；再纵转望远镜用盘右位置，以同样的方法，定出 C'' 点；然后，取 $C'C''$ 之中点 C，则 $\angle BAC$ 就是要放样的水平角 β。

2. 垂线改正法

当放样精度要求较高时，可采用初放水平角 β' 与设计水平角 β 进行差值比较，并沿垂线方向进行改正的方法。如图 6-3 所示，先按正倒镜分中法初步放样，定出 $\angle BAC$，再用经纬仪观测 $\angle BAC$ 数个测回，在其限差内取其平均值 β' 作为初放水平角。$\beta - \beta' = \Delta\beta$，即可根据 AC 的长度和 $\Delta\beta$ 计算其垂直距离 CC_1：

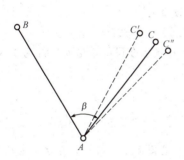

图 6-2 正倒镜分中法放样水平角

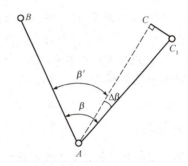

图 6-3 垂线改正法放样水平角

$$CC_1 = AC \cdot \tan\Delta\beta \approx AC \frac{\Delta\beta}{\rho''} \qquad (6\text{-}2)$$

$$\rho'' = 206\ 265''$$

式中 $\Delta\beta$——角度差。

过 C 点作 AC 的垂线，在垂线方向上量出长度 CC_1 定出 C_1 点，则 $\angle BAC_1$ 即放样的水平角 β。

> **提示**
>
> 最后，还应观测 $\angle BAC_1$ 进行校核。
>
> 在计算中，若 $\Delta\beta$ 为正，即 $\beta > \beta'$，则 C 应向角外面移动改正点位；若 $\Delta\beta$ 为负，则 C 应向角

里面移动改正点位，如图 6-3 所示。

1.2.3 已知高程的放样

已知高程的放样是根据施工现场已有的水准点，用水准测量或三角高程测量的方法，将设计的高程测设到地面上。

1. 水准测量法

如图 6-4 所示，设已知水准点 BM_8 的高程 $H_8=140.359$ m，今欲放样 B 点，使其高程 $H_B=141.000$ m。在 BM_8 与 B 点间安置水准仪，后视立在 BM_8 点上的水准尺得读数 $a=2.468$ m，则视线高为

$$H_i = H_8 + a = 140.359 + 2.468 = 142.827 \text{(m)}$$

微课 已知高程的放样

操作视频 已知高程的放样

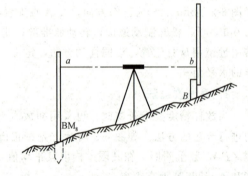
图 6-4 已知高程的放样

要使 B 点测设的高程为 H_B，则 B 点水准尺上读数应为

$$b = H_i - H_B = 142.827 - 141.000 = 1.827 \text{(m)}$$

放样时，在 B 点徐徐打入木桩，直至前视 B 点上所立水准尺的读数 b 恰好为 1.827 m 时为止，即可得到放样的高程。

> **知识宝典**
>
> 放样时也可在 B 点先打下木桩，将水准尺靠近木桩侧面上下移动，直至水准尺读数恰好为 1.827 m 时为止，沿尺底在木桩侧面画一水平标志线即可。

2. 三角高程法

三角高程测量的方法放样已知高程的具体操作如下（仍按上例）：

(1)将仪器(经纬仪或全站仪)安置于 BM_8 点上，量取仪器高 i。

(2)在 B 点立棱镜，量取棱镜高 l。

(3)测出 BM_8 与 B 点间的水平距离 D 和仪器视线的倾角 α，按公式：$H_B = D \cdot \tan\alpha + i - l + f$，计算此时 B' 点的高程，并与已知高程 $H_B=141.000$ m 进行比较。

(4)改变棱镜的底端高(抬高或降低棱镜)，重复上述第(3)步，逐渐趋近，直至满足要求，棱镜底端位置即放样的高程。

1.3 点的平面位置的测设

1.3.1 直角坐标法

直角坐标法放样是在指定的直角坐标系中，通过待测点的坐标（x、y）来确定放样点的平面位置。在施工现场通常是以导线边、施工基线或建筑物的主轴线为 x 轴；以某一个已在现场上标定出来的已知点为坐标原点。放样时从坐标原点开始，沿 x 轴方向用钢尺（或全站仪）量测出 x 值的垂足点，然后在得到的垂足点上安置经纬仪，设置 x 轴方向的垂线，并沿垂线方向量测出 y 值，即得放样点的平面位置。

微课 直角坐标法测设点的平面位置

1.3.2 极坐标法

极坐标法是指在建立的极坐标系中，通过待测点的极径 D 和极角 β，来确定放样点的平面位置。此法适用于全站仪测设。在施工现场通常是以导线边、施工基线或建筑物的主轴线为极轴；以某一已知点为极点。放样时，先根据测设点的坐标和已知点的坐标，反算待测点到极点的水平距离 D（极径）和极点到测点方向的坐标方位角，再根据方位角求算出水平角 β（极角），然后由极径 D 和极角 β 进行点的放样，极径 D 和极角 β 称为放样数据。

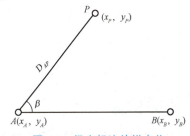

图 6-5 极坐标法放样点位

如图 6-5 所示，A、B 为现场已知点，其坐标分别为 (x_A, y_A)、(x_B, y_B)；P 点为测设点，其设计坐标为 (x_P, y_P)。则

$$\left.\begin{aligned}
\alpha_{AB} &= \arctan \frac{y_B - y_A}{x_B - x_A} \\
\alpha_{AP} &= \arctan \frac{y_P - y_A}{x_P - x_A} \\
\beta &= \alpha_{AB} - \alpha_{AP} \\
D_{AP} &= \frac{y_P - y_A}{\sin \alpha_{AP}} = \frac{x_P - x_A}{\cos \alpha_{AP}} = \sqrt{(y_P - y_A)^2 + (x_P - x_A)^2}
\end{aligned}\right\} \quad (6\text{-}3)$$

式中 α_{AB}——AB 方向的坐标方位角；
α_{AP}——AP 方向的坐标方位角；
β——AP 方向与 AB 方向所成的水平角；
D_{AB}——P 点到 A 点的水平距离。

现场测设时，将仪器安置在 A 点，瞄准 B 点，测出计算的 β，并在此方向上量测出水平距离 D_{AP}，即得点 P 的平面位置。

1.3.3 角度交会法

角度交会法是指在地面上通过测设两个或三个已知的角度，根据各角提供的视线交出点的平面位置的一种方法，又称为方向线法。

如图 6-6 所示，A、B、C 为三个现场已知点，坐标分别为 (x_A, y_A)、(x_B, y_B)、(x_C, y_C)，P 点为测设点，其设计坐标为 (x_P, y_P)。则同样可由式(6-3)用坐标反算公式求出 α_{AP}、α_{BP}、α_{CP} 及图示的放样数据 α_1、β_1、α_2、β_2。现场测设时，先定出 P 点的概略位置，打下一个桩顶面积为 $10\ \text{cm} \times 10\ \text{cm}$ 的大木桩。然后，将仪器分别安置于 A、B、C 三点上，观测员根据放样数据拨相应的水平角，并指挥在大木桩顶面上标出 AP、BP 和 CP 的方向线 ap、bp、cp，三个方向交于一点，此点即测设点 P 的位置。

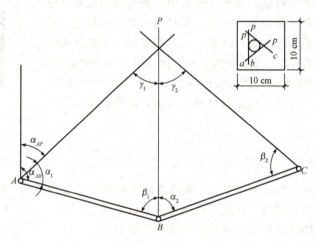

图 6-6 角度交会法放样点位

小贴士

由于测量误差的原因，三方向线一般不会交于一点，而形成一个示误三角形。当其边长不大于限差要求时，取三角形的内切圆的圆心作为 P 点的点位。示误三角形边长之限差视放样精度而定。

1.3.4 距离交会法

距离交会法是指在地面上测设两段或三段已知水平距离而交出点的平面位置的方法。该法适用于地面平坦、量距方便且控制点离测设点不超过一尺段的情况。在实际测量中，分别以地面上的已知点为圆心，以各已知点与测设点间的水平距离为半径做圆弧，两圆弧或三圆弧的交点即测设点的平面位置。

微课 距离交会法测设点的平面位置

1.4 公路路线施工测量

公路路线施工测量是利用测量仪器，依据控制点或路线上的控制桩的位置，将公路路线的"样子"具体标定在实地，以指导施工，其主要包括恢复路线中线、施工控制桩及路基边桩的测设等内容。

1.4.1 恢复中线测量

从路线勘测结束到开始施工这段时间里,由于各种原因,往往有一部分勘测时所设的桩被破坏或丢失。为了保证施工的高效率性和准确性,必须在施工前根据定线条件及有关设计文件,对中线进行一次复核并将已被破坏或丢失的交点桩、里程桩等恢复。

微课 恢复中线测量、施工控制桩测设

1.4.2 施工控制桩放样

因道路施工时,必然将原测设的中桩挖掉或掩埋,为了在施工中能够有效地控制中桩的位置,就需要在不能被施工破坏、便于利用、引测、易于保存桩位的地方测设施工控制桩。常用的测设方法有平行线法和延长线法两种。

1. 平行线法

平行线法是在实际的路基范围以外,测设两排平行于道路中线的施工控制桩,如图 6-7 所示。

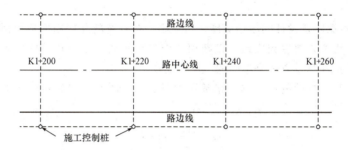

图 6-7 平行线法设置施工控制桩

2. 延长线法

延长线法是在路线转折处的中线延长线上或者在曲线中点与交点的连线的延长线上,测设两个能够控制交点位置的施工控制桩,如图 6-8 所示。控制桩至交点的距离应量出并做记录。

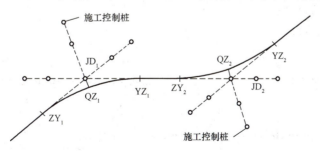

图 6-8 延长线法设置施工控制桩

> **小贴士**
>
> 平行线法多用于地势平坦、直线段较长的地区,而延长线法多用于坡度较大、直线段较短的地区。

1.4.3 路基施工放样测量

路基形式可分为路堤、路堑、半填半挖等形式。路基施工放样主要包括：在地面中桩处标定填挖高度，在现场标定路基边桩的位置，边坡放样和将施工过程中难以保存的桩志移设于施工范围以外等。

1. 中桩处填挖高度的标定

可参见前述已知高程放样有关内容，在此不再重复。

2. 路基边桩的放样

路基边桩的放样就是在地面上将每一个横断面的设计路基边坡线与地面相交的点测设出来，并用桩标定下来，作为路基施工的依据。常用的有图解法和解析法两种方法。

(1)图解法。直接在路基设计的横断面图上，量出中心桩至边桩的距离。然后，到现场直接量取距离，定出边桩位置。

> **小贴士**
>
> 图解法一般用于填挖不大的地区。

(2)解析法。根据路基设计的填挖高度、边坡率、路基宽度和横断面地形情况，先计算出路基中心桩至边桩的距离，然后到实地沿横断面方向量出距离，定出边桩的位置。对于平原地区和山区来说，其计算和测设方法是不同的。现分述如下：

1)平坦地区路基边桩的测设。填方路基称为路堤，如图6-9(a)所示。路堤边桩至中心桩的距离为

$$D = \frac{B}{2} + m \cdot h \tag{6-4}$$

挖方路基称为路堑，如图6-9(b)所示。路堑边桩至中心桩的距离为

$$D = \frac{B}{2} + s + m \cdot h \tag{6-5}$$

式中　B——路基设计宽度；

　　　m——边坡率，$1:m$ 为路基边坡坡度；

　　　h——填(挖)方高度；

　　　s——路堑边沟顶宽。

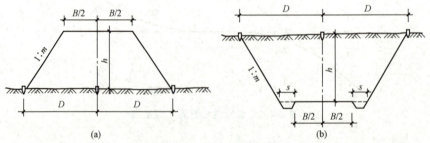

图6-9　平坦地区路基边桩的测设
(a)路堤；(b)路堑

2)山区地段路基边桩的测设。

如图6-10(a)所示，路堤边桩至中心桩的距离为

$$\left.\begin{array}{l}\text{斜坡下侧：} D_\text{下} = \dfrac{B}{2} + m(h_\text{中} + h_\text{下}) \\ \text{斜坡上侧：} D_\text{上} = \dfrac{B}{2} + m(h_\text{中} - h_\text{上})\end{array}\right\} \tag{6-6}$$

如图 6-10(b)所示，路堑边桩至中心桩的距离为

$$\left.\begin{array}{l}\text{斜坡下侧：} D_\text{下} = \dfrac{B}{2} + s + m(h_\text{中} - h_\text{下}) \\ \text{斜坡上侧：} D_\text{上} = \dfrac{B}{2} + s + m(h_\text{中} + h_\text{上})\end{array}\right\} \tag{6-7}$$

式中　$D_\text{上}$，$D_\text{下}$——斜坡上、下侧边桩至中桩的平距；

　　　$h_\text{中}$——中桩处的地面填挖高度，也为已知设计值；

　　　$h_\text{上}$，$h_\text{下}$——斜坡上、下侧边桩处与中桩处的地面高差（均以其绝对值代入），在边桩未定出之前为未知数。

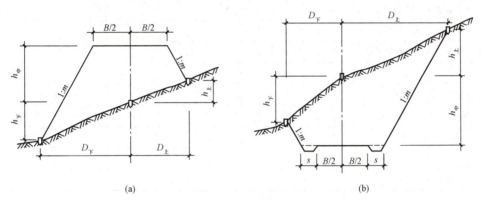

图 6-10　山区地段路基边桩的测设

 提示

在山区地面倾斜地段，路基边桩至中心桩的距离随着地面坡度的变化而变化。

在实际放样过程中，应采用逐渐趋近法测设边桩。先根据地面实际情况，并参考路基横断面图，估计边桩的位置。然后，测量出该估计位置与中桩的平距 $D_\text{上}$、$D_\text{下}$ 及高差 $h_\text{上}$、$h_\text{下}$，并以此代入式(6-6)或式(6-7)，若等式成立或在容许误差范围内，说明估计位置与实际位置相符，即边桩位置。否则，应根据实测资料重新估计边桩位置，重复上述工作，直至符合要求为止。

能力训练

一、填空题

1. 测设点的平面位置的方法有_____、_____、_____、_____。
2. 施工测量的基本方法有_____、_____、_____、_____。
3. 施工控制桩的测设方法有_____、_____。
4. 路基边桩的测设方法有_____、_____。

二、简答题

1. 什么是施工测量？道路施工测量主要包括哪些内容？

2. 简述测设已知长度、已知水平角和已知高程的方法。
3. 已知点的平面位置测设有哪几种常用方法？
4. 施工测量的任务包括哪些？

 考核评价

考核评价表

考核评价点	评价等级与分数				学生自评	小组互评	教师评价	小计（自评30％＋互评30％＋教师评价40％）
	较差	一般	较好	好				
道路施工测量相关知识认知	4	6	8	10				
施工测量基本方法掌握	4	6	8	10				
点位测设方法掌握	6	9	12	15				
公路路线施工测量方法掌握	6	9	12	15				
点位放样实施	6	9	12	15				
公路路线施工放样实施	6	9	12	15				
团结合作、规范测量	4	6	8	10				
一丝不苟、测设精准	4	6	8	10				
总分	100							
自我反思提升								

子模块 2　桥涵施工测量

知识目标

1. 了解桥涵测量的正确方法；
2. 理解桥涵施工测量的内容和实测步骤；
3. 掌握桥位控制测量和涵洞施工测量。

技能目标

1. 能进行涵洞的施工测量；
2. 能进行桥梁控制测量；
3. 能进行桥梁墩台定位及其轴线测量。

素养目标

1. 养成吃苦耐劳、团结合作、规范桥涵施工测量的良好习惯；
2. 发扬一丝不苟、精益求精的工匠精神。

学习引导

桥涵是公路的重要组成部分，在公路建设中所占的比重越来越大。测量作为桥涵每一步施工的前提条件，贯穿于桥涵施工的始终。桥涵施工测量主要测定涵洞轴线、桥梁轴线，以及桥梁墩台中心定位和墩台轴线测量等。

本模块的主要内容结构如图 6-11 所示。

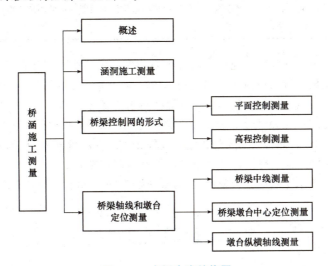

图 6-11　主要内容结构图

> 趣味阅读——桥的由来

上古时期的黄帝和妻子嫘祖的长子玄嚣,在黄帝去世后,继任炎黄部落联盟首领,带着本氏族仍生活在江地。玄嚣的儿子蟜极长大后,每日跟着父亲出去劳动,辛苦自不必说,往往要经过河湖溪流,浅的可以蹚过去,深的就要游过去,弄得身上湿淋淋的,既不舒服,又容易得病。蟜极将大树砍倒,搭在河上,人从上面走过去,非常方便,大家便把蟜极发明的这种帮助人过河的设施叫作"桥"。

2.1 概述

目前,我国公路桥涵及大小是以跨径来进行划分的,现行《公路工程技术标准》(JTG B01—2014)的有关规定见表 6-1。

表 6-1 桥涵分类

桥涵分类	多孔跨径总长 L	单孔跨径 $L_大$
特大桥	$L>1\ 000$	$L_k>150$
大桥	$100 \leqslant L \leqslant 1\ 000$	$40 \leqslant L_k \leqslant 150$
中桥	$30<L<100$	$20 \leqslant L_k<40$
小桥	$8 \leqslant L \leqslant 30$	$5 \leqslant L_k<20$
涵洞		$L_k<5$

注:①单孔跨径是指标准跨径。
②梁式桥、板式桥的多孔跨径总长为多孔标准跨径的总长;拱式桥为两端桥台内起拱线间的距离;其他形式桥梁为桥面系车道长度。
③管涵及箱涵无论管径或跨径大小、孔数多少,均称为涵洞。
④标准跨径:梁式桥、板式桥以两桥墩中线间距离或桥墩中线与台背前缘的距离为准;拱式桥和涵洞以净跨径为准。

桥涵施工测量主要任务是精确地测定墩台中心位置,桥轴线的测量以及对构造物各细部构造的定位和放样。实施测量工作前应仔细检查、核对设计单位交付的各控制点及桥涵中线位置桩等桩位和有关测量资料,如有桩位不妥、位置移动或精度与要求不符,均须进行补测、加固,并将校测结果通知监理单位及业主;根据施工需要建立满足精度要求的施工控制网(平面、高程),并进行平差计算;补充施工需要的桥涵中线桩和水准点;测定墩(台)纵横向中线及基础桩的位置等,以确保桥涵走向、跨距、高程等符合规范和设计要求。

桥涵施工测量的技术要求应符合现行《公路桥涵施工技术规范》(JTG/T F50—2011)的规定。

2.2 涵洞施工测量

涵洞是公路上广泛使用的人工构筑物,通常由洞身、洞口建筑、基础和附属工程组成。洞身是涵洞的主要部分,其截面形式有圆形、拱形和箱形等。涵洞进出口应与路基平顺衔接,保障水流顺畅,使上下游河床、洞口基础和洞侧路基免受冲刷,以确保洞身安全,并形成良好的泄水条件。

涵洞放样是根据涵洞设计施工图（表）给出的涵洞中心里程，先放出涵洞轴线与路线中线的交点，然后根据涵洞轴线与路线中线的夹角，放出涵洞的轴线方向，再以轴线为基准，测设其他部分的位置。

当涵洞位于直线路段上时，依据涵洞所在的里程，自附近的公里桩、百米桩沿路线方向量出相应的距离，即得涵洞轴线与路线中线的交点。如果涵洞位于曲线路段上时，则用测设曲线的方法定出涵洞轴线与路线中线的交点，如图 6-12 所示。

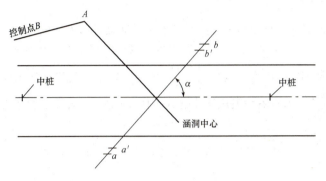

图 6-12　涵洞轴线的测设

当定出涵洞轴线与路线中线的交点之后，将经纬仪置于该交点上，拨角 90°（正交涵洞）或 (90°+θ)（斜交涵洞）即可定出涵洞轴线。涵洞轴线通常用大木桩标定在地面上，在涵洞入口和出口处各有两个。自交点沿轴线分别量出涵洞上、下游的涵长，即得涵洞口位置，用小木桩在地面标定出。

小贴士

涵洞轴线上标定的大木桩应置于施工范围以外，以免施工中被破坏。

涵洞基础及基坑边线根据涵洞轴线设定，在基础轮廓线的每一个转折处都要用木桩标定。为了开挖基础，还应定出基坑的开挖边界线。由于在开挖基础时可能会有一些桩被挖掉，所以需要时可在距基础边界线 1.0～1.5 m 处设立龙门板，然后将基础及基坑的边界线用垂球线将其投测在龙门板上，再用小钉标出。在基坑挖好后，再根据龙门板上的标志将基础边线投放到坑底，作为砌筑基础的根据，如图 6-13 所示。

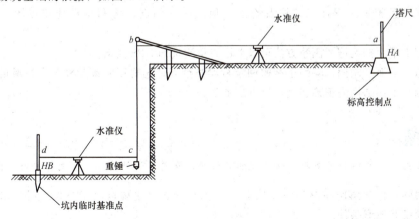

图 6-13　龙门板与基坑边线

基础建成后，进行管节安装或涵身砌筑过程中的各个细部的放样，仍应以涵洞轴线为基准进行。

指点迷津

以涵洞轴线为基准，基础的误差不会影响到涵身的定位。

涵洞各个细部的高程，均根据附近的水准点用水准测量的方法测设。对于基础面纵坡的测设，当涵洞顶部填土在 2 m 以上时，应预留拱度，以便路堤下沉后仍能保持涵洞应有的坡度。根据基坑土壤压缩性不同，拱度一般在 $\frac{H}{50} \sim \frac{H}{80}$（$H$ 为道路中心处涵洞流水槽面到路基设计高程的填土厚度）之间变化，对砂石类低压缩性土壤可取用小值；对黏土、粉砂等高压缩性土壤则应取用大值。

知识宝典

涵洞施工测量的精度较低，在平面放样时，主要保证涵洞轴线与公路轴线保持设计的角度，即控制涵洞的长度；在高程放样时，主要控制洞底与上、下游的衔接，保证水流顺畅。

2.3 桥梁控制网的形式

2.3.1 平面控制测量

1. 施工平面控制网的建立

桥位勘测阶段所建立的平面控制网，在精度方面能满足桥梁定线放样要求时，应予以复测利用，放样点位不足时，可予以补充。如原平面控制网精度不能满足施工定线放样要求，或原平面控制网基点桩已移动或丢失，必须建立施工平面控制网。施工平面控制网的布设应根据总平面设计和施工地区的地形条件来确定，并应作为整个工程施工设计的一部分。布网时，必须考虑到施工的程序、方法及施工场地的布置情况，可利用桥址地形图，拟订布网方案。

桥梁施工平面控制网的测量方法可以采用三角测量和 GPS 测量。

桥梁施工平面控制网，除用于精密测定桥梁长度外，还要用它来放样各个桥墩的位置，保证上部结构与下部结构的正确连接，故十分重要。

提示

为防止控制点的标桩被破坏，所布设的点位应画在施工设计的总平面图上并应注意保护。

较常用的几种三角网图形如图 6-14 所示。图形的选择主要取决于桥长（或河宽）、设计要求、仪器设备和地形条件。

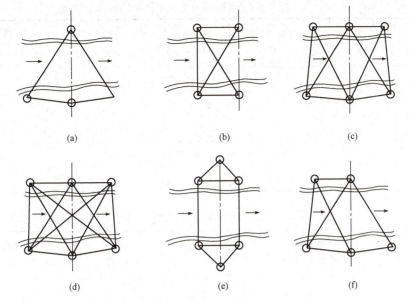

图 6-14 常用的三角网图形

三角网的布设除应满足三角测量本身的需要外,还应遵循以下几个原则:

(1)三角点的设置。

1)构成三角网的各点,应便于采用前方交会法进行墩台放样,并使各点间能互相通视。

2)桥轴线应作为三角网之一边。两岸中线上应各设一个三角点,使之与桥台相距不远,以便于计算桥梁轴线的长度,并利于墩台放样。

3)三角点不可设置在可能被河水淹没、存储材料区、地下水水位升降易使之移位处、车辆来往频繁及地势过低须建高塔架方能通视处。

4)三角网的图形主要根据跨河桥位中线的长度而定,在满足精度的前提下,图形应力求简单,平差计算方便,并具有足够的强度。

5)单三角形内之任一夹角应大于 30°,小于 120°。

(2)基线的设置。

1)基线位置的选择,应满足相应测距方法对地形等因素的要求,一般应设在土质坚实、地形平坦且便于准确丈量的地方。如有纵坡宜为 $1/12 \sim 1/10$,与桥轴线的交角宜小于 90°或接近垂直。

2)为提高三角网的精度,使其具有较多的校核条件,通常丈量两条基线,两岸各设一条。

小贴士

若地形不允许,也可将两条基线设置在同一岸。

3)当采用电磁波测距仪测距时,其基线宜选在地面覆盖物相同的地段,且基线上不应有树枝、电线等障碍物,应避开高压线等电磁场的干扰。

4)基线长度一般不小于桥轴线长度的 0.7 倍,困难地段也不应小于 0.5 倍。

2. 控制网的技术要求

(1)桥梁平面控制测量等级应根据表 3-1 确定。

(2)桥梁三角控制网的技术要求应符合表 6-2 和表 6-3 的规定。

表 6-2 桥梁三角网技术要求

测量等级	平均边长 /km	测角中误差 /(″)	起始边边长相对中误差	三角形闭合差/(″)	测回数		
					DJ_1	DJ_2	DJ_6
二等	3.0	≤±1.0	≤1/250 000	≤3.5	≥12	—	—
三等	2.0	≤±1.8	≤1/150 000	≤7.0	≥6	≥9	—
四等	1.0	≤±2.5	≤1/100 000	≤9.0	≥4	≥6	—
一级	0.5	≤±5.0	≤1/40 000	≤15.0	—	≥3	≥4
二级	0.3	≤±10.0	≤1/20 000	≤30.0	—	≥1	≥3

表 6-3 水平角方向观测法的技术要求

测量等级	经纬仪型号	光学侧微器两次重合读数差/(″)	半测回归零差/(″)	同一测回中 $2C$ 较差/(″)	同一方向各测回间较差/(″)	测回数
二等	DJ_1	≤1	≤6	≤9	≤6	≥12
三等	DJ_1	≤1	≤6	≤9	≤6	≥6
	DJ_2	≤3	≤8	≤13	≤9	≥10
四等	DJ_1	≤1	≤6	≤9	≤6	≥4
	DJ_2	≤3	≤8	≤13	≤9	≥6
一级	DJ_2	—	≤12	≤18	≤12	≥2
	DJ_6	—	≤24	—	≤24	≥4
二级	DJ_2	—	≤12	≤18	≤12	≥1
	DJ_6	—	≤24	—	≤24	≥3

注：当观测方向的垂直角超过±3°时，该方向的2C较差可按同一观测时间段内相邻测回进行比较。

(3) GPS测量控制网的设置精度和作业方法应符合《公路勘测规范》(JTG C10—2007)的规定，见表6-4。基线测量的中误差应小于按式(6-8)计算的标准差。

$$\sigma = \pm\sqrt{a^2 + (b \cdot d)^2} \tag{6-8}$$

式中 σ——标准差(mm)；
　　　a——固定误差(mm)；
　　　b——比例误差系数(mm/km)；
　　　d——基线长度(km)。

表 6-4 GPS控制网的主要技术指标

级别	相邻点间平均边长 d/km	固定误差 a/mm	比例误差系数 b/(mm·km^{-1})
二等	3.0	≤5	≤1
三等	2.0	≤5	≤2
四等	1.0	≤5	≤3
一级	0.5	≤10	≤3

续表

级别	相邻点间平均边长 d/km	固定误差 a/mm	比列误差系数 b/(mm·km^{-1})
二级	0.3	≤10	≤5

注：各级 GPS 控制网每对相邻点最小距离不应小于平均距离的 1/2，最大距离不宜大于平均距离的 2 倍。

(4)桥梁轴线相对中误差应符合表 6-5 的规定。

表 6-5　桥梁轴线相对中误差

测量等级	桥轴线相对中误差
二等	≤1/150 000
三等	1/100 000
四等	1/60 000
一级	1/40 000
二级	1/20 000

但对精度有特殊要求的桥梁，其桥轴线和基线精度应按设计要求或另行规定。由于桥梁三角网的主要作用是确定桥长和放样桥墩，因此应分别根据桥梁架设误差和桥墩定位的精度要求来计算桥梁三角网的必要精度。为安全、可靠计，可采用其中较高者作为桥梁三角网的精度要求，也可按桥轴线所需精度的 1.5 倍计算。

(5)采用光电测距仪测量基线时，光电测距仪应按表 6-6 选用，主要技术要求应符合表 6-7 的规定。

表 6-6　光电测距仪的选用

测距仪精度等级	每公里测距中误差 m_D/mm	适用的平面控制测量等级
Ⅰ级	$m_D \leqslant \pm 5$	二、三、四等，一、二级
Ⅱ级	$\pm 5 < m_D \leqslant \pm 10$	三、四等，一、二级
Ⅲ级	$\pm 10 < m_D \leqslant \pm 20$	一、二级

表 6-7　光电测距的主要技术要求

测量等级	观测次数		每边测回数		一测回读数间较差/mm	单程各测回较差/mm	往返较差
	往	返	往	返			
二等	≥1	≥1	≥4	≥4	≤5	≤7	$\leqslant \sqrt{2}(a+b \cdot D)$
三等	≥1	≥1	≥3	≥3	≤5	≤7	
四等	≥1	≥1	≥2	≥2	≤7	≤10	
一级	≥1	—	≥2	—	≤7	≤10	
二级	≥1	—	≥1	—	≤12	≤17	

注：①测回是指照准目标一次，读数 4 次的过程；
②表中 a 为固定误差，b 为比例误差系数，D 为水平距离(km)；
③困难情况下，边长测距可采取不同时间段测量代替往返观测。

(6)桥轴线直接丈量的测回数、基线丈量的测回数、用测距仪测量的测回数及三角网水平观测的测回数按表6-7中的规定执行。

2.3.2 高程控制测量

在桥梁施工阶段，除建立平面控制外，还需建立高程控制。桥梁高程控制网就是在桥址附近设立一系列基本水准点和施工水准点，作为施工阶段高程放样及桥梁营运阶段沉陷观测的依据。因此，在布设水准点时，点的密度及高程控制的精度，均应考虑这两个方面的要求。布设水准点可由国家水准点引入，经复测后使用。桥梁高程控制网所采用的高程基准应与公路路线的高程基准相一致，一般应采用国家高程基准。

基本水准点是桥梁高程的基本控制点。为了获取可靠的高程起算数据，江河两岸的基本水准点应与桥址附近的国家高级水准点进行联测。通过跨河水准测量，将两岸高程联系起来，以此可检校两岸国家水准点有无变动，并从中选取稳固可靠、精度较高的国家水准点作为桥梁高程控制网的高程起算点。

基本水准点在桥梁施工期间用于墩台的高程放样，在桥梁建成后作为检测桥梁墩台沉陷变形的依据，因此需永久保留。一般在正桥两岸桥头附近都应设置基本水准点，每岸至少应设置一个。如果引桥长于1 km时，还应在引桥起点、终点及其他合适位置设立。由于桥梁各墩台在施工中一般是由两岸较为靠近的水准点引测高程，为了确保两岸水准点高程的相对精度，应进行精密跨河水准测量。

为了满足桥梁墩台施工高程放样的要求，应在基本水准点的基础上设立若干施工水准点。基本水准点是永久性的，它既要满足施工要求，又要满足变形观测时永久使用要求。施工水准点只用于施工阶段，要尽量靠近施工地点，测量等级可略低于基本水准点。

无论是基本水准点还是施工水准点，均要选在地基稳固、使用方便且不易破坏的地方。根据地形条件、使用期限和精度要求，埋设不同类型的标识。如果地面覆盖层较浅，可埋设普通混凝土、钢管标识或直接设置在岩石上的岩石标识；当地面覆盖层较厚且覆盖物较疏松时，应埋设深层标识，如管柱标识、钻孔桩标识及基岩标识等。无论采用何种类型的标识，均应在标识上嵌入不锈蚀的铜质或不锈钢凸形标志。

> **提示**
>
> 标识埋设后不能立即用于水准测量，应有10～15 d以上的稳定期，之后才能进行观测。

对于中小桥和涵洞工程，由于工期短、桥型简单且精度要求低于大桥，可以在桥位附近的建筑物上设立水准点，或者采用埋设大木桩作为施工辅助水准点，也可采用路线水准点，但必须加强复核，确保精度符合要求。

所有水准点，包括基本水准点和施工水准点，都应定期进行测量，检验其稳定性，以保证桥梁墩台及其他施工高程放样测量的精度。

> **小贴士**
>
> 在水准点标识埋设初期，检测的时间间隔宜短些，随着标识逐渐稳定，时间间隔可适当放长。

2.4 桥梁轴线和墩台定位测量

2.4.1 桥梁中线测量

桥位中线(桥轴线)及其长度是用来作为设计与测设墩台位置的依据,所以,测量桥位中线的目的是控制中线的长度和方向,从而确保墩台位置的正确。

桥梁中线一般用4个分设于两岸埋设牢固的桩标固定起来,如图6-15所示。选择其中位于地势较高河岸的一个桩标作为全部施工期内架设经纬仪核对墩台位置的依据。如果地势较低不能在整个施工期内从此桩标上用仪器看到施工中墩台的顶面时,可以在此桩标上搭设坚固的塔架,并将标点位置引上塔架。

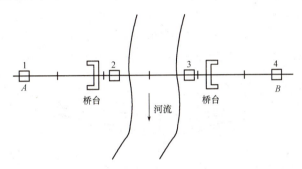

图6-15 桥梁中线桩平面布置图

> **小贴士**
>
> 中小桥梁可只用2个桩标固定桥轴线。

小桥和涵洞中线位置的桩间距离及墩间距离,可用钢尺直接丈量。

大中桥中线位置的桩间距离的检查校核及墩台位置的放样,当有良好的丈量条件(如桥梁位于旱地、桥侧建有便桥、桥梁的浅滩部分或冬季河流封冻等)时,均应直接丈量。

当沿桥梁中线直接丈量有困难(如河面宽阔、常年有水、冬季不封冻等)或不能保证必要的精度时,各位置桩间与各墩台间的距离可用光电测距法、三角网法等。目前多采用全站仪测距。

> **小贴士**
>
> 对于直线桥梁,可以直接采用上述任一方法进行测量;对于曲线桥梁,应结合曲线桥梁的轴线在曲线上的位置而定。

1. 直接丈量法

沿桥轴线方向,地势平坦、旱桥或河水较浅能够用钢尺直接丈量、可以通视时,可采取直接丈量法测量桥轴线长度。这种方法所用设备简单,精度也可靠,是一般中小桥施工测量中常用的方法。

2. 光电测距法

全站仪测距时应在气象比较稳定，大气透明度好，附近没有光电信号干扰的情况下进行，且应在不同的时间进行往返观测。

> **注意**
>
> 观测时间的选择，应注意不要使反光镜镜面正对太阳的方向。

当照准方向时，待显示读数变化稳定后，测 3 次或 4 次平距，取其平均值，即往测观测值。

3. 三角网法

采用直接丈量法有困难或不能保证必要的精度时，可采用间接丈量法测定桥轴线，如图 6-16 所示。即将桥轴线作为三角网的一个连接边，测量基线长度 AC、AD，用三角测量的原理测量并解算，即可得出桥轴线的长度 AB。

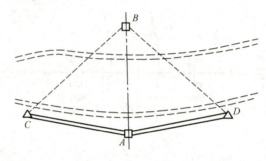

图 6-16　桥涵三角网图

2.4.2　桥梁墩台中心定位测量

在桥梁施工测量中，最主要的工作是准确地定出桥梁墩台的中心位置和它的纵横轴线，这些工作称为墩台定位。直线桥梁墩台定位所依据的原始资料为桥轴线控制桩的里程和墩台中心的设计里程，根据里程计算出它们之间的距离，按照这些距离即可定出墩台中心的位置。曲线桥所依据的原始资料，除控制桩及墩台中心的里程外，尚有桥梁偏角、偏距及墩距或结合曲线要素计算出的墩台中心的坐标值。

水中桥墩的基础施工定位时，由于水中桥墩基础的目标处于不稳定状态，在其上无法使测量仪器稳定，一般采用方向交会法。如果墩位在干枯或浅水河床上，可用直接定位法。在已稳固的墩台基础上定位，可以采用方向交会法、距离交会法、极坐标法或直角坐标法。

1. 直线桥梁墩台定位

位于直线段上的桥梁，其墩台中心一般都位于桥轴线上。根据桥轴线控制桩 A、B 及各墩台中心的里程，即可求得其间的距离，如图 6-17 所示。墩位的测设根据条件，可采用直接丈量法、光电测距法或方向交会法。

（1）直接丈量法。当桥墩位于地势平坦、可以通视、人可以方便通过的地方且用钢尺可以丈量时，可采用直接丈量法，如图 6-17 所示。丈量前钢尺要检定，丈量方法与测定桥轴线相同。不同的只是此处是测设已知长度，在测设前应将尺长改正数、温度改正数及倾斜改正数考虑在内，将已知长度转化为钢尺丈量长度。

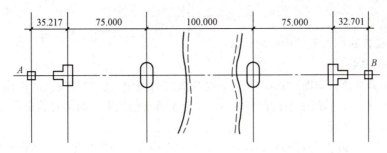

图 6-17　直线桥梁墩台直接丈量定位图(尺寸单位：mm)

> **强调**

为了保证丈量精度，施测时的钢尺拉力应与检定时的钢尺拉力相同。

(2)光电测距法。采用全站仪测设时，根据当时测出的气压、温度和测设距离，可以直接得出测距差值，根据差值前后移动棱镜，直至差值为零，则棱镜处即为要测设的墩位。

(3)方向交会法。方向交会法是利用三角网的数据，计算出各交会角的角度，然后利用三台经纬仪从不同的点交会，即可得到桥墩台的位置。现介绍两种基本方法。

1)一岸交会施测法。如图 6-18(a)所示，在原设三角网中，已知基线 BC 和 BD 长度为 d、d_1，基线与桥轴线夹角为 θ_1 和 θ_2，基线上中线控制点 B 至各墩台的距离，则可计算出各交会角 α_i、β_i，将其制成图表供施工使用。

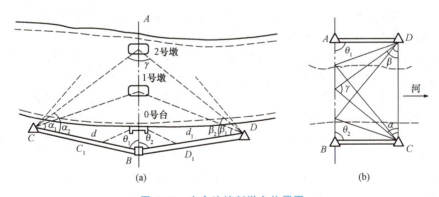

图 6-18　交会法控制墩台位置图

施测过程中用三台 J_1 或 J_2 型经纬仪同时自三个方向交会，以加快速度。即将两台仪器安置在 C、D 两点，后视 B 点拨出 α_1、β_1 角，再将一台仪器置于 B 点瞄准 A 点，这样三条线形成了一误差三角形。再于此误差三角形内取一点作为欲求的墩台位置，如下所述。

> **提示**

各交会角应为 $30°\sim 120°$，且角 $\gamma \geqslant 90°$；否则，须设辅助点 C_1、D_1，以交会靠近 B 端的墩台。

α、β 角按下列公式计算：

$$\alpha = \arctan \frac{l\sin\theta_1}{d - l\cos\theta_1} \tag{6-9}$$

$$\beta = \arctan \frac{l\sin\theta_2}{d_1 - l\cos\theta_2} \tag{6-10}$$

式中　　l——中线控制点 B 至墩中心的距离；

　　　　d, d_1——基线长度。

2）两岸交会施测法。如图 6-18(b)所示，在原设三角网中，已知基线 AD 和 BC 长度，基线与桥轴线夹角 θ_1 和 θ_2，基线上中线控制点 B、A 至各墩台的距离，则可计算出各交会角 α_i、β_i，将其制成图表供施工使用。

施测时用三台 J_1 或 J_2 型经纬仪同时自三个方向交会，以加快速度。用两台经纬仪于 C、D 点置镜，拨出 α_i、β_i 角，另外一台经纬仪置于 B 点(或 A 点)瞄准 A 点(或 B 点)，则与中线构成误差三角形，取点时必须以桥轴线方向为准，在其他两个方向线的相交处作垂直桥轴线的交点，即为欲求的墩心位置。

> **提示**
>
> 交角 α_i、β_i 应为 30°～120°，中间墩的交角 γ 最好在 60°～90°范围内。

3）交会误差的改正与检查——误差三角形。自基线端点(或置镜点)所得两条视线的交点必然会偏出桥轴线一微小距离，或左或右，此误差三角形的改正与检查简述如下。

如图 6-19 所示(两岸交会也同理)，置镜于 C、D 两点，拨出 α_i、β_i 角，两交会线与桥轴线构成误差三角形，以桥轴线方向为准，将两交会线的交点投影于桥轴线上得一点，即桥墩中心位置。误差三角形的边长 P_1P_2、P_1P_3 对墩身底部不宜超过 2.5 cm，对墩顶不宜超过 1.5 cm。

利用此法可就地在桩上(或墩台砌体上)，用折尺或三角板进行。如误差三角形过锐，则应先找出三角形的重心，然后将重心点投影于桥轴线上，投影点即墩台中心。

交会误差的检查：如图 6-19 所示，在得出 P 点后，置镜于 C、D 点测量 $\angle BCP$ 及 $\angle BDP$ 各 2 个或 3 个测回。设观测结果为 α' 及 β'。根据 α' 及 β' 值计算 BP 的距离(如按 α' 及 β' 值分别计算的 BP 不同时，取其平均值)。设理论上该墩台中心至 B 点距离为 BP'，则 $BP' - BP$ 为该墩交会点在桥轴线上的误差。此值应在容许误差范围内(砌体墩台容许误差为 2 cm，混凝土墩台容许误差为 1 cm)。如超出规定容许误差，应根据误差值从 P 点沿中轴线量取得出 P'，则 P' 为桥墩台中心。

在桥墩施工中，随着桥墩的逐渐筑高，中心的放样工作需要重复进行，且要求迅速和准确。为此，在第一次求得正确的桥墩中心位置 P_i 以后，将 CP_i 和 DP_i 方向线延长到对岸，设立固定的瞄准标志 C' 和 D'，如图 6-20 所示。以后，每次作方向交会放样时，从 C、D 点直接瞄准 C' 和 D' 点，即可恢复点的交会方向。

(4)极坐标及直角坐标法。在使用经纬仪加测距仪(或使用全站仪)，并在被测设点位上可以安置棱镜的条件下，若用坐标法放出桥墩中心位置，则更为精确和方便。

对于极坐标法，原则上可以将仪器置于任何控制点上，按计算的放样数据——角度和距离测设点位。

对于全站仪，则还可以根据测站点、后视点及待放点的直角坐标，自动计算出待放点相对于测站点的极坐标数据，再以此测设点位。

但若是测设桥墩中心位置，最好是将仪器安置于桥轴线点 A 或 B 上，瞄准另一轴线点作为定向，然后指挥棱镜安置在该方向上测设 AP_i 或 BP_i 的距离，即可定出桥墩中心位置 P_i 点，如图 6-20 所示。

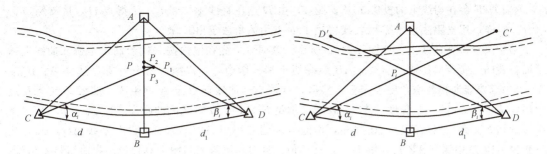

图 6-19　方向交会法的固定瞄准标志　　　　　图 6-20　方向交会法的固定瞄准标志

2. 曲线桥梁墩台定位

在山岭地区，路线设弯道较多，桥位要随路线而定，需要架设曲线桥。在现代化的高速公路上，为了使路线顺畅，也需要修建曲线桥，在设计时往往根据具体条件采用不同的处理方法：一是预制安装的简支梁（板）桥梁，线形虽然是曲线，但各孔的梁或板仍采用直线，将各孔的梁或板连接起来实际是折线，各墩的中心即是折线的交点；二是为了美观、协调和线形的顺畅，根据路线的需要设计成弯拱、弯板或弯梁桥，就地浇筑的弯梁（板）及预制安装的弯梁（板）等。立交桥中的匝道多采用此种形式。

曲线桥梁墩台中心放样的方法主要有偏角法、支距法、坐标法、交会法和综合法等。对位于干旱河沟的曲线桥，一般采用偏角法、支距法和坐标法；对部分或全部位于水中不能直接丈量的曲线桥墩台，则可采用交会法和综合法进行定位。

曲线桥墩台中线的测量方法介绍如下：

（1）偏角法。位于干旱河沟的桥梁，可根据设计平面图按精密导线测设方法，用钢尺量距、经纬仪测角以偏角法来测定墩台中心位置，并根据各墩的横向中心线与梁的中心线的偏角定出墩台横向中心线并设立护桩。即对设计图纸中给定的有关参数和墩台中心距 L、外偏距 E 进行复核无误后，自桥梁一端的台后开始，按顺序逐墩台测角、量距进行定位，最后应闭合至另一台后的已知控制点上。

（2）坐标法。如果采用测距仪或全站仪进行定位，可以使用坐标法，首先沿桥中线附近布设一组导线，后根据各墩台中心的理论坐标与邻近的导线点坐标差，求出导线点与墩台中心连线的方位和距离。置镜该导线点拨角测距即可定出墩台中心，并可用偏角法进行复核。

> **强调**
>
> 墩台中心坐标与导线点坐标应为同一坐标系。

（3）交会法。凡属曲线大桥和有水不能直接丈量的桥墩台，均应布设控制三角网，用前方交会法控制墩位。对三角网的要求、测设和计算如前所述。

（4）综合法。

1）一部分为直线，一部分为曲线，曲线在岸上或浅滩上，如图 6-21(a)所示。

测量时，由基线 A、B、C 三角点交会河中两墩，施测方法如前所述。对岸曲线上的桥台可自曲线起点（即三角点 D）用精密导线直接丈量法测定，本岸桥台用直接丈量法或由辅助点 A'、B' 交会亦可。

2）一部分为直线，一部分为曲线，曲线起点（或终点）在河中，如图 6-21(b)所示。

在直线延长线上设 D 点，由三角网 $BACD$ 中测算 AD 长度，AD 减去 A 至曲线起点距离得

t_1,再计算 F 台在切线上的投影 x 及支距 y,由 D 点在直线上丈量 t_1-x 得点 H,量支距 y 得 F 台。同样,用支距法定出 E 墩,或置镜于 F 点用偏角法定出 E 墩。

3)桥梁全部在曲线上,如图 6-21(c)所示。这时,应先在室内按比例绘制出全桥在曲线上的平面位置图,拟定 AB 辅助切线。AB 最好切于某一墩中心,以减少部分计算。选择 A、B(或 A'、B')点要能通视各墩,便于交会。然后,计算出:曲线起点至 A 点距离,曲线终点至 B 点距离,偏角 α_1、α_2,AB 长度,AB 至各墩的垂足 E'、F'、G' 等之间的距离,$E'E$、$F'F$、$G'G$ 等各墩的切线支距。然后进行现场实测,由起点和终点引出 A、B 两点;设置基线 AD、BC,从三角网 $ABCD$ 中测算 AB 长,量出 α_1、α_2 角值。这时,测算值与图上算得值不符时应检查错误,改正重测。只有当这些数值无误后,方能计算由 C、D 三角点至 E'、F'、G' 等点的交会角 α_i、β_i 以交会出各墩垂足,再从垂足用支距法引出墩中心。如支距过长,可算出墩中心坐标,由 C、D 点直接交会。

> **小贴士**
>
> 如桥台位于岸上,用偏角法或切线支距法测设均可。

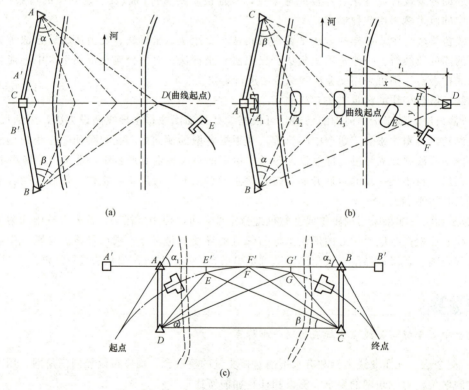

图 6-21 曲线桥梁墩台放样图

2.4.3 墩台纵横轴线测量

墩台中心测设定位以后,尚需测设墩台的纵横轴线,作为墩台细部放样的依据。在直线桥上,墩台的纵轴线与桥的纵轴线重合,而且各墩台一致。所以,可以利用桥轴线两端控制桩来标志横轴线的方向,而不再另行测设标志桩。

指点迷津

　　墩台纵轴线是指过墩台中心平行于线路方向的轴线；横轴线是指过墩台中心垂直于线路方向的轴线。

　　在测设桥墩台纵轴线时，应将经纬仪安置在墩台中心点上，然后盘左、盘右以桥横轴线方向作为后视，然后旋转 90°（或 270°），取其平均位置作为纵轴线方向，如图 6-22 所示。因为施工过程中经常要在墩台上恢复纵横轴线的位置，所以应于桥轴线两侧各布设两个固定的护桩。

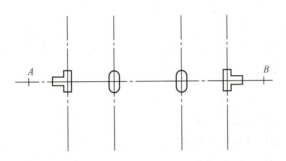

图 6-22　直线桥梁墩台纵横轴线图

知识宝典

　　在水中的桥墩，因不能架设仪器，也不能钉设护桩，则暂不测设轴线，待筑岛、围堰或沉井露出水面以后，再利用它们钉设护桩，准确地测设出墩台中心及纵横轴线。

　　对于曲线桥，由于路线中线是曲线，而所用的梁板是直的，因此路线中线与梁的中线不能完全一致，如图 6-23 所示。梁在曲线上的布置是使各跨梁的中线连接起来，成为与路中线相符合的折线，这条折线称为桥梁的工作线。墩台中心一般就位于这条折线转折角的顶点上。放样曲线桥的墩台中心，就是测设这些顶点的位置。在桥梁设计中，梁中心线的两端并不位于路线中线上，而是向曲线外侧偏移一段距离 E，这段距离 E 称为偏距。相邻两跨梁中心线的交角 α 称为偏角，每段折线的长度 L 称为桥梁中心距。这些数据在桥梁设计图纸上已经标定出来，可直接查用。

　　曲线桥在设计时，根据施工工艺可设计成预制板装配曲线桥或者现浇曲线桥，对于前者，桥墩台中心与路线中心线不重合，桥墩台中心与路中线有一个偏距 E，如图 6-23 所示；对于后者，如图 6-24 所示，桥墩台中心与路线中线重合，在放样时要注意。

　　对于预制板装配曲线桥放样时，可根据墩台标准跨径计算墩台横轴线与路中线的交点坐标，放出交点后，再沿横轴线方向量取偏距 E 得墩台中心位置；或者直接计算墩台中心的坐标，直接放样墩台中心位置；对于现浇曲线桥，因为路中线与桥墩台中心重合，可以计算墩台中心的坐标，根据坐标放样墩台中心位置。

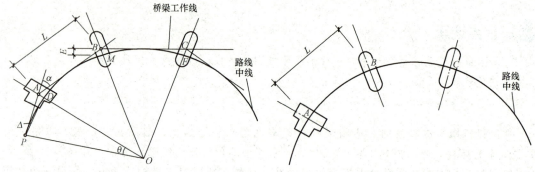

图 6-23　预制安装曲线桥梁墩台纵横轴线图　　　图 6-24　现浇曲线桥梁墩台纵横轴线图

 能力训练

简答题
1. 桥梁控制测量的任务是什么？
2. 桥梁工程测量的主要内容是什么？
3. 桥梁平面控制测量的方法有哪几种？
4. 桥梁平面控制测量的等级有哪些？
5. 桥位中线测量的目的是什么？
6. 桥梁墩台定位的方法有哪几种？
7. 桥位测量的目的是什么？
8. 什么是墩台施工定位？
9. 简述墩台定位的方法。
10. 简述桥梁墩台的纵横轴线测设。
11. 简述桥梁墩台定位测量的常用方法。

 考核评价

考核评价表

考核评价点	评价等级与分数				学生自评	小组互评	教师评价	小计（自评30%＋互评30%＋教师评价40%）
	较差	一般	较好	好				
桥涵施工测量相关知识认知	4	6	8	10				
涵洞施工测量方法掌握	4	6	8	10				
桥梁控制测量方法掌握	8	12	16	20				
墩台定位及轴线测量方法掌握	8	12	16	20				
墩台中心及轴线测设实训实施	8	12	16	20				
团结合作、规范测量	4	6	8	10				
一丝不苟、精益求精	4	6	8	10				
总分	100							
自我反思提升								

子模块 3　隧道施工测量

知识目标

1. 熟悉隧道施工测量的任务及精度要求；
2. 掌握隧道洞外控制测量方法、洞内控制测量方法、竖井联系测量方法、隧道掘进中的测量方法以及隧道贯通误差的测定与调整方法。

技能目标

1. 能熟练进行洞外平面和高程控制测量；
2. 能熟练进行洞内平面和高程控制测量；
3. 能熟练进行竖井联系测量；
4. 能熟练进行隧道掘进中的施工测量；
5. 能熟练进行隧道贯通误差的测定与调整。

素养目标

1. 养成吃苦耐劳、团结合作、规范隧道工程测量的良好习惯；
2. 塑造勤于思考，精于优化控制测量图形，善于分析隧道贯通误差的优良品质。

学习引导

隧道工程是公路工程的重要组成部分，随着公路交通建设的高速发展在不断增加。测量作为隧道每一步施工的前提条件，贯穿于隧道施工的始终。通过测量确保隧道相向开挖时中线位置及高程位置正确，并能按照规定的精度正确贯通。

本模块的主要内容结构如图 6-25 所示。

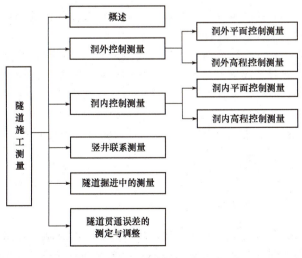

图 6-25　主要内容结构图

> **趣味阅读——欧帕里诺斯隧道**
>
> 欧帕里诺斯隧道是公元前6世纪修建的一条长为1 036 m的供水隧道。隧道挖掘时,希腊人没有罗盘及工程施工用到的常规测量设备。来自墨伽拉的工程师欧帕里诺斯率领着工人在山上画了一条笔直的路线,路线两头分别到达两边的山脚下,在这两头分别架设了一台准直器保证隧道方向的准确性。两队工人分别从山的两头向中间挖掘,为了绕开岩层,欧帕里诺斯通过几何计算,设计了一段弯曲的隧道,绕开岩层后又回到了原来的方向。

3.1 概述

隧道是一种穿通山岭,横贯海峡、河道,盘绕城市地下的交通结构物。随着交通现代化建设的发展,隧道已成为公路建设中的重要组成部分。隧道施工通常是由两端对向开挖。对于较长隧道,为了加快施工进度、改善工作条件、减少施工干扰,常选择横洞、斜井、竖井等辅助坑道来增加掘进工作面,如图6-26所示。

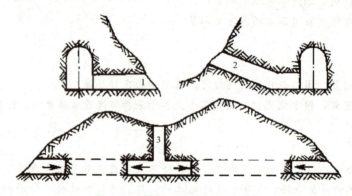

图6-26 横洞、斜井和竖井示意
1—横洞;2—斜井;3—竖井

隧道施工测量的主要任务是保证隧道相向开挖时,能够按规定的精度正确贯通,并使隧道在施工后衬砌部分和洞内建筑物不超过规定的界限。

隧道施工测量首先要建立洞外平面和高程控制网,每一开挖洞口附近都应设立平面控制点及水准点,以将各开挖面联系起来,作为开挖放样的依据。随着坑道的向前掘进,需将洞口控制点坐标、方向及水准点高程传递到洞内,在洞内用导线测量的方法建立平面控制,用水准测量的方法建立高程控制。根据洞内控制点的坐标与高程指导开挖方向,并作为洞内衬砌及建筑物放样的数据。隧道贯通后往往会产生贯通误差,此时需进行中线调整。

> **提示**
>
> 设有竖井的隧道还需进行竖井测量。

隧道施工测量的精度要求,主要根据工程性质、隧道长度及施工方法来定。在对向掘进隧道的贯通面上,对向测量标设在隧道中线产生偏差,称为贯通误差。其包括纵向误差、横向误差和高程误差。其中,纵向误差仅影响隧道中线的长度,施工测量中较易满足要求;而横向误差和高程误差则是影响隧道施工质量的重要指标。故一般只规定贯通面上横向误差和高程误差的限差,见表 6-8。

表 6-8 贯通误差的限差

类别	两开挖洞口长度 L/km	贯通误差限差/mm
横向	$L<4$	100
	$4 \leqslant L<8$	150
	$8 \leqslant L<10$	200
高程	不限	70

3.2 洞外控制测量

3.2.1 洞外平面控制测量

洞外平面控制测量的主要任务是测定各洞口控制点的平面位置,以便根据洞口控制点进行隧道开挖,使隧道按设计的方向和坡度并以规定的精度贯通。目前,常用的方法有中线法、导线测量法、GPS 测量法等。

微课 洞外控制测量

1. 中线法

在隧道洞顶地面上用直接定线的方法,将隧道的中线每隔一定的距离用控制桩精确地标定在地面上,作为隧道施工引测入洞的依据。如图 6-27 所示,A、D 两点为设计的直线隧道的进、出口控制点;B、C 两点(通常采用正倒镜分中法测设)为洞顶地面测设的中线点。施工时在 A、D 两点安置经纬仪,分别照准 B、C 两点得 AB、DC 方向线,固定照准部并转动望远镜,将 AB、DC 方向延伸到洞内,作为隧道的掘进方向。

> **小贴士**
>
> 中线法宜在隧道较短、洞顶地形较平坦时采用。

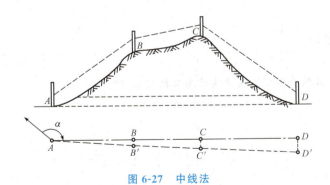

图 6-27 中线法

2. 导线测量法

如图 6-28 所示,A、B 点分别为进、出口点,1、2、3、4 点为导线点,施测导线尽量为直伸形,减少转折角,以减小测距和测角误差对贯通横向误差的影响,同时,为了提高精度并增加检核条件，宜将导线布设为闭合或附合导线，也可采用复测支导线。转折角采用全站仪或经纬仪多测回观测，边长距离采用光电测距仪或全站仪观测，其测角的测回数、测距的测回数、角度闭合差、测距误差、全长相对闭合差等应满足相关规范要求。

> **小贴士**
>
> 导线测量法一般在隧道洞外地形复杂，钢尺量距有困难时采用。

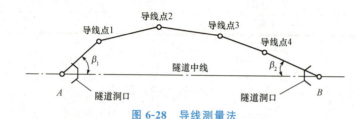

图 6-28　导线测量法

3. GPS 测量法

用 GPS 定位技术作隧道施工的平面控制时，只需在洞口布设控制点和定向点，要求两者相互通视，以便施工定向，而不同洞口之间的点不需要通视，与国家控制点或城市控制点之间的联测也不需要通视，且对于网的图形也没有严格要求，因此布设较灵活方便。

由于 GPS 测量具有定位精度高、观测时间短、布网与观测简便，以及可全天候作业等优点，故而已广泛应用于隧道洞外平面控制测量中。

3.2.2　洞外高程控制测量

高程控制测量的任务是按规定的精度测定隧道洞口附近水准点的高程，作为高程引测进洞的依据。每一洞口埋设的水准点应不少于两个，且两水准点的位置以能安置一次水准仪即可联测为宜，水准点应选择在坚实、稳固且不受施工干扰的地方。水准路线应选择连接各洞口较平坦和最短的路线，且形成闭合环或敷设两条互相独立的水准路线，以达到设站少、观测快、精度高的要求。测量时由已知的水准点从一端洞口测至另一端洞口，水准测量的等级取决于两洞口间水准路线的长度，对于中、短隧道，通常采用三、四等水准测量的方法。

动动脑

没有水准仪，欧帕里诺斯隧道修建时怎么控制高程？

3.3　洞内控制测量

3.3.1　洞内平面控制测量

由于隧道洞内场地狭窄，故洞内平面控制测量常采用导线测量的方法。当隧道开挖至一定深度后，洞内各中线点是通过导线点按极坐标法或其他方法测设的，因此，导线测量必须及时跟上，以满足控制隧道延伸的需要。

洞内导线为随隧道开挖进程向前延伸的支导线，起始点通常设在隧道洞口、平行坑道口、横洞或斜井口，它们的坐标在进行洞外平面控制时已确定。洞内导线点应尽可能沿路中线布设，由于支导线无检核条件，为提高导线测量精度及加强对新设导线点的校核，洞内导线目前广泛采用主副导线闭合环进行控制测量，如图 6-29 所示，双线为主导线，单线为副导线。主导线既测角又量边，用以传递坐标及方位角，副导线则只测角、不量边，供角度闭合。通过角度平差，采用角度的平差值和边长的观测值沿主导线即可计算主导线各点的坐标。

微课　洞内控制测量

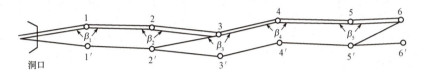

图 6-29　主副导线闭合环

3.3.2 洞内高程控制测量

洞内高程控制测量主要采用水准测量的方法，水准测量的起始数据是洞口的已知水准点或由竖井将洞外高程传递到洞内的高程点。随着隧道的掘进，不断向前建立新的水准点，一般每隔 50 m 左右设置一固定水准点。为控制洞底和洞顶的开挖高程及满足衬砌放样要求，在两个水准点之间要布设 2～3 个临时水准点，通常可利用洞内导线点作为水准点，也可将水准点埋设在洞顶、洞底或洞壁上，但要求点位稳固，便于保存和观测。在隧道贯通之前，洞内水准路线均为支水准路线，应进行往、返观测。

> 强调
>
> 所有水准点应经常检测，以防受爆破振动而发生变化。

洞内水准测量的方法与洞外水准测量相同。但由于隧道内通视条件差，故应把仪器到水准尺的距离控制在 50 m 以内。当水准点设在顶板上时，要倒立水准尺观测，即以尺底零端顶住测点，如图 6-30 所示，此时高差的计算与洞外相同，仍为 $h=a-b$，但倒立尺的读数应作为负值来计算。

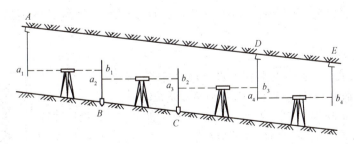

图 6-30　洞内水准测量

3.4 竖井联系测量

在长隧道施工中，常常在洞口间以竖井增加掘进作业面，以缩短贯通段的长度，加快工程进度。为了保证各相向开挖面能正确贯通，必须将洞外控制网中的坐标、方向及高程，经由竖井传递到洞内，这项传递工作称为竖井联系测量。其中坐标和方向的传递称为竖井定向测量。

> **知识宝典**
>
> 竖井是为改善隧道运营通风或施工条件而竖向设置的坑道，可设置在隧道一侧或者正上方，深度一般不超过150 m。

1. 竖井定向测量

竖井定向是在井筒内挂两条吊锤线，在洞外根据近井控制点测定两吊锤线的坐标 x、y 及其连线的方位角。在井下，根据两吊锤线投影点的坐标及其连线的方位角，确定洞内导线点的起算坐标及方位角。

如图6-31所示，A、B 为井中悬挂的两根吊锤线，C、C_1 为井上、井下定向连接点，从而形成了以 $AB(A_1B_1)$ 为公共边的两个联系三角形 ABC 与 $A_1B_1C_1$。经纬仪安置在 C 点，精确观测连接角 ω、φ 和三角形 ABC 的内角 γ，用钢尺准确丈量 a、b、c，用正弦定理计算 α、β，根据 C 点坐标和 CD 方位角算得 A、B 的坐标与 AB 方位角。在井下经纬仪安置于 C_1 点，精确测量连接角 ω_1、φ_1 和井下三角形 ABC_1 的内角 γ_1，丈量边长 a_1、b_1、c_1，按正弦定理可求得 α_1、β_1。在井下根据 B 点坐标和 AB 方位角便可推算 C_1、D_1 点的坐标及 D_1E_1 的方位角。

为了提高定向精度，在点的设置和观测时，两吊锤之间的距离尽可能大，两吊锤连线所对的角 γ、γ_1 应尽可能小，最大应不超过3°，a/c、a_1/c_1 的比值不超过1.5。丈量 a、b、c 时，应用检定过的钢尺，施加标准拉力，在垂线稳定时丈量6次，读数估读到0.5 mm，每次误差不应大于2 mm，取平均值作为最后结果。水平角用 DJ_2 经纬仪观测3～4个测回。

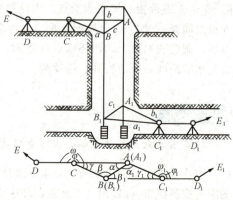

图 6-31 竖井定向测量

2. 竖井高程传递

通过竖井传递高程的目的是将洞外水准点的高程传递到洞内水准点上，建立洞内高程控制系统，使洞外和洞内高程系统统一。

在传递高程时，应同时使用两台水准仪、两根水准尺和一把钢尺进行观测。其布置如图6-32所示。将钢尺悬挂在架子上，其零端放入竖井中，并在该端挂一重锤（一般为10 kg）。一台水准仪安置在洞外，另一台水准仪安置在隧道洞内。洞外水准仪在起始水准点 A 的水准尺上的读数为 a，

在钢尺上的读数为 a_1；洞内水准仪在钢尺上的读数为 b_1，在水准点 B 的水准尺上的读数为 b。a_1 及 b_1 必须在同一时刻观测，且观测时应量取洞外及洞内的温度。

在计算时，对钢尺要加入尺长、温度、垂曲和自重四项改正。这时洞内水准点 B 的高程可用下式计算：

$$H_B = H_A + a - (a_1 - b_1 + \Delta l_t + \Delta l_d + \Delta l_c + \Delta l_g) - b \tag{6-11}$$

式中 Δl_t——温度改正数；

Δl_d——尺长改正数；

Δl_c——垂曲改正数；

Δl_g——钢尺自重伸长值。

Δl_c、Δl_g 按下式计算：

$$\Delta l_c = \frac{l(P - P_0)}{EF} \tag{6-12}$$

$$\Delta l_g = \frac{\gamma l^2}{2E} \tag{6-13}$$

式中 l——$l = a_1 - b_1$；

P——重锤质量(kg)；

P_0——钢尺检定时的标准拉力(N)；

E——钢尺的材料弹性模量(一般为 2×10^6 kg/cm^2)；

F——钢尺截面面积(cm^2)；

γ——钢尺密度(一般取 7.85 g/cm^3)。

或用光电测距仪测出井深 L_1，也可将高程导入洞内。如图 6-33 所示，将测距仪安置在井口一侧的地面上，在井口上方与测距仪等高处安置直角棱镜，将光线转折 $90°$，发射到井下平放的反射镜，测出测距仪至洞内反射镜的折线距离为 $L_1 + L_2$；在井口安置反射镜，测出 L_2，再分别测出井口和井下的反射镜与水准点 A、B 的高差 h_1、h_2，即可求得 B 点的高程。

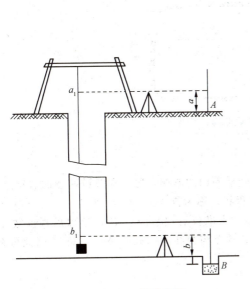

图 6-32 钢尺传递高程

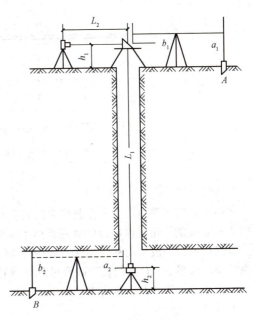

图 6-33 测距仪传递高程

3.5 隧道掘进中的测量

1. 隧道中线的测设

隧道施工时通常用中线控制掘进方向。根据隧道洞口控制点的坐标及其控制点间连线的方向，可推算隧道开挖方向的进洞数据。如图 6-34 所示，P_1、P_2 为导线点，A 为设计中线点，已知 P_1、P_2 的实测坐标及 A 点的设计坐标和隧道中线的设计方位角，即可推算出放样中线点所需的数据 β_2、D 和 β_A。在 P_2 点上安置仪器，测设 β_2 并丈量 D，便可标定 A 点的位置。在 A 点埋设标志并安置仪器，后视 P_2 点，拨角 β_A 即得中线方向。随着开挖面向前推进，需将中线点向前延伸，埋设新的中线点，如图中 B 点，A 与 B 点之间的距离应小于 100 m。

微课 隧道掘进中的测量

为了指导开挖方向，在工作面附近可用正倒镜分中法延长直线，在洞顶设立三个临时中线点 C、D、E，要求各点间距应大于 5 m，如图 6-35 所示。在三点上悬挂垂球线，一人在后面就可用肉眼向前定出中线的方向，并用红油漆标定在工作面上。当开挖面继续向前推进时，导线点也应随之向前延伸布设，同时用导线点测设中线点，随时检查和修正掘进方向。

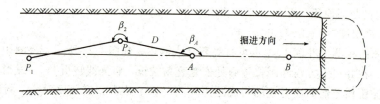

图 6-34 隧道中线的测设

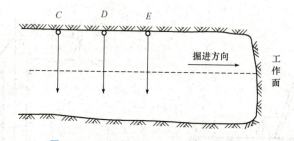

图 6-35 正倒镜分中法延长直线定中线

2. 腰线的测设

在隧道开挖过程中，为了控制施工的高程和隧道横断面的放样，通常在隧道两侧的岩壁上，每隔 5~10 m 测设出比洞底设计高程高出 1 m 的高程线，称为腰线。

腰线的测设一般采用视线高法，如图 6-36 所示，水准仪后视水准点 P_5，读取后视读数 a，得视线高。根据 A、B 点的设计高程可分别求得 A、B 点与视线间的高差 Δh_1、Δh_2，据此可在岩壁上定出 A、B 两点，即腰线。

3. 开挖断面的测设

隧道断面的形式如图 6-37 所示。设计图纸上给出断面宽度 B、拱高 f、拱弧半径 R 及设计起拱线的高度 H 等数据。测设时，首先用正倒镜分中法延长直线，在工作面上定出断面中垂线，根据腰线定出起拱线位置，然后根据设计图纸采用支距法测设断面轮廓。

为了保证施工安全，在隧道掘进过程中应设置变形观测点，监测围岩的位移变化以防止坍塌，保证施工安全。

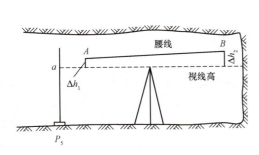

图 6-36 腰线的测设

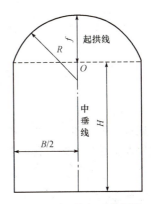

图 6-37 开挖断面的测设

利用掘进机施工的隧道，怎么定向？

3.6 隧道贯通误差的测定与调整

在隧道施工中，往往采用两个或两个以上的相向或同向的掘进工作面分段掘进隧道，使其按设计的要求在预定的地点彼此接通，称为隧道贯通。由于施工中的各项测量工作都存在误差，从而使贯通产生误差。贯通误差在隧道中线方向的投影长度称为纵向误差；在横向即水平垂直于中线方向的投影长度称为横向误差；在高程方向上的投影长度称为高程误差。其中，纵向误差仅影响隧道中线的长度；而横向误差和高程误差则是影响隧道施工质量的重要指标。隧道贯通后，应进行实际偏差的测定，以检查其是否超限，必要时还要做一些调整。

1. 贯通误差的测定方法

(1) 中线延伸法。采用中线法测量的隧道贯通后，应从相向测量的两个方向分别向贯通面延伸中线，并各钉一临时桩 A、B，如图 6-38(a) 所示。量测出两临时桩 A、B 之间的距离，即隧道的横向误差，两临时桩 A、B 的里程之差，即隧道的纵向误差。

(2) 坐标法。采用导线作洞内控制的隧道贯通后，在贯通面中线附近设一临时桩点，如图 6-38(b) 所示，分别由贯通面两端的导线测出其坐标，将其坐标闭合差分别投影至贯通面及其相垂直的方向上，即横向误差和纵向误差。

(3) 水准测量法。贯通后，由两端洞口高程控制点向洞内分别测量出贯通面处同一临时点的高程,其高程差即高程误差。

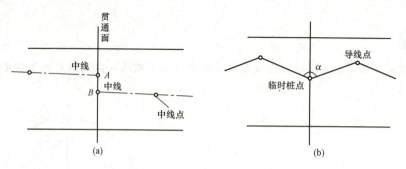

图 6-38　隧道贯通误差测量

2. 贯通误差的调整

隧道贯通后,中线和高程的贯通误差应在未衬砌地段,即调线地段调整,调线地段的开挖和衬砌均应以调整后的中线与高程进行放样。

> **知识宝典**
>
> 隧道衬砌是为了防止围岩变形或坍塌,沿隧道洞身周边用钢筋混凝土等材料修建的永久性支护结构。

(1)直线段贯通误差的调整。如图 6-39 所示,A、B 为贯通面两侧的中线点,将其相连构成折线中线,因调线 A、B 两点分别产生 β_1、β_2 的转折角。如转折角小于 $5'$,可视为直线线路;如转折角在 $5'\sim25'$ 时应按顶点内移量确定线路及相应衬砌位置,顶点内移量见表 6-9;如转折角大于 $25'$,则应加设半径为 4 000 m 的圆曲线。

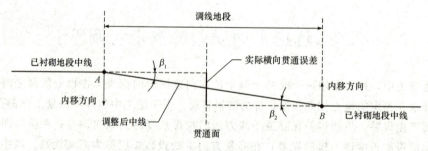

图 6-39　直线隧道贯通误差调整示意

表 6-9　顶点内移量

转折角/(′)	5	10	15	20	25
内移量/mm	1	4	10	17	26

(2)曲线段贯通误差的调整。当调线地段全部位于圆曲线上时,应根据实测的贯通误差由两端曲线向贯通面按长度比例调整中线,如图 6-40 所示。

当贯通面在曲线的始点或终点附近,从曲线延伸出来的直线与直线段既不平行又不重合时,如图 6-41(a)所示,应使

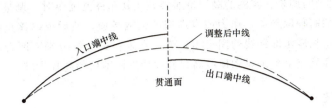

图 6-40　曲线隧道贯通误差调整示意

$$S_{CC'} \approx \frac{S_{E,E'} - S_{HZ,HZ'}}{S_{E,HZ}} \cdot R \tag{6-14}$$

分两步调整中线：第一步，调整圆曲线的长度，使两直线平行；第二步，调整曲线的始终点，使两直线重合。

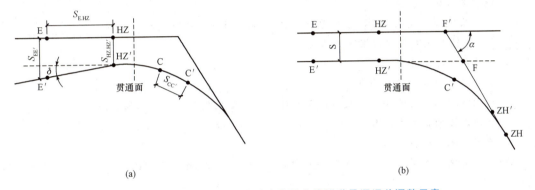

图 6-41　贯通面位于曲线起点或终点的曲线隧道贯通误差调整示意

如图 6-41(a)所示，由隧道一端经过 E 点测设至曲线终点 HZ 点，另一端由 C 点也测设至曲线终点，为 HZ′点。HZ 点与 HZ′点不重合，再自 HZ′点延伸直线至 E′点，E—HZ 与 E′—HZ′既不平行也不重合，为使两者平行，需调整圆曲线的长度，调整的圆曲线长度 $S_{CC'}$ 与两直线 E—HZ、E′—HZ′的夹角 δ 和圆曲线半径 R 有关，且圆曲线长度的调整是加长还是缩短应视具体情况而定。

经过上述调整后，E—HZ 与 E′—HZ′平行但不重合，如图 6-41(b)所示。为了使其重合，将曲线起点 ZH 点沿始端切线调整至 ZH′，其移动量 $S_{ZH,ZH'}$ 为

$$S_{ZH,ZH'} = S_{FF'} = \frac{S}{\sin\alpha} \tag{6-15}$$

式中　S——延伸直线与直线段平行后的间距，量至 mm；
　　　α——曲线总转向角（含 δ）。

上述贯通误差调整方法主要是针对中线法控制的隧道，以导线控制的隧道，测得的贯通误差如果在规定的限差以内，先将方位角贯通误差分配在未衬砌地段的导线角上，然后计算贯通点坐标闭合差，并按边长比例将其分配在调线地段的导线上。未衬砌地段中线放样均以调整后的导线坐标为准。

> **小贴士**
>
> 如果实际的贯通误差很小，也可将两端洞口控制点间的整个洞内导线按坐标平差，以消除贯通误差，但方向贯通误差不参与平差。

（3）高程贯通误差的调整。实测的高程贯通误差在其允许范围内时，调整方法为：首先将由两端测得的贯通点的高程取平均，作为该点高程的最或是值，然后根据该点的实测高程与其最或是值的差值计算出相应水准路线的闭合差，最后在未衬砌地段分别将闭合差按其路线长度的比例调整到相应的高程点上。未衬砌地段高程放样均以调整后的高程为准。

能力训练

一、名词解释

1. 贯通误差
2. 竖井定向测量
3. 腰线

二、填空题

1. 隧道贯通误差包括_____、_____和_____。
2. 对较长隧道，为了加快施工进度、减少施工干扰，常选择_____、_____、_____等辅助坑道来增加掘进工作面。
3. 洞外控制测量分为_____和_____。
4. 洞外平面控制测量方法有_____、_____和_____。
5. 由于隧道洞内场地狭窄，故洞内平面控制测量常采用_____的方法。
6. 贯通误差的测定方法有_____、_____和_____。
7. 腰线的测设一般采用_____法。
8. 采用主副导线闭合环进行控制测量时，_____既测角又量边，_____只测角不量边。
9. 隧道施工时通常用_____控制掘进方向。
10. 隧道洞内导线的起始点通常设在_____、_____、_____或_____，它们的坐标在进行洞外平面控制时已确定。

三、选择题

1. 洞内导线为随隧道开挖进程向前延伸的（　　）。
   A. 闭合导线　　B. 支导线　　C. 附合导线
2. 洞内水准测量时，当水准点设在顶板上时，要（　　）水准尺观测。
   A. 倒立　　B. 正立　　C. 斜立
3. 洞内水准路线均为支水准路线，应进行（　　）观测。
   A. 返测　　B. 往测　　C. 往返
4. 在隧道较短、洞顶地形较平坦时宜采用（　　）作为洞外平面控制测量。
   A. GPS测量　　B. 导线测量　　C. 中线法

四、简答题

1. 简述隧道施工测量的任务。
2. 什么是竖井联系测量？它包括哪些内容？
3. 高程贯通误差的调整方法是什么？
4. 进行洞内高程测量的目的是什么？
5. 简述洞外平面控制测量的任务。
6. 简述隧道曲线段贯通误差的调整步骤。

考核评价

考核评价表

考核评价点	评价等级与分数				学生自评	小组互评	教师评价	小计（自评30%＋互评30%＋教师评价40%）
	较差	一般	较好	好				
隧道贯通误差基本知识认知	4	6	8	10				
隧道控制测量方法掌握	4	6	8	10				
竖井联测方法掌握	4	6	8	10				
隧道掘进中测量方法掌握	4	6	8	10				
隧道平面和高程控制测量实训实施	8	12	16	20				
隧道掘进中的施工测量实训实施	8	12	16	20				
团结合作、规范测量	4	6	8	10				
精于优化、善于分析	4	6	8	10				
总分	100							
自我反思提升								

参考文献

[1] 中华人民共和国住房和城乡建设部. GB 50026—2020 工程测量标准[S]. 北京：中国计划出版社，2020.

[2] 中华人民共和国交通部. JTG C10—2007 公路勘测规范[S]. 北京：交通部第三航务工程勘察设计院，2007.

[3] 中华人民共和国国家质量监督检验检疫总局，中国国家标准化管理委员会. GB/T 18314—2009 全球定位系统(GPS)测量规范[S]. 北京：中国标准出版社，2009.

[4] 中华人民共和国交通运输部. JTG B01—2014 公路工程技术标准[S]. 北京：人民交通出版社，2014.

[5] 中华人民共和国住房和城乡建设部. GB 55018—2021 工程测量通用规范[S]. 北京：中国建筑工业出版社，2021.

[6] 中华人民共和国建设部. GB 50026—2007 工程测量规范[S]. 北京：中国计划出版社，2007.

[7] 董洪晶. 工程测量[M]. 杭州：浙江大学出版社，2019.

[8] 周海峰，李向民. 工程测量[M]. 北京：机械工业出版社，2021.

[9] 李章树，刘蒙蒙，赵立. 工程测量学[M]. 北京：化学工业出版社，2019.

[10] 谢爱萍. 工程测量技术[M]. 武汉：武汉理工大学出版社，2021.

[11] 国家市场监督管理总局，国家标准化管理委员会. GB/T 38152—2019 无人驾驶航空器系统术语[S]. 北京：中国标准出版社，2019.

[12] 吴献文. 无人机测绘技术基础[M]. 北京：北京交通大学出版社，2019.

[13] 王冬梅. 无人机测绘技术[M]. 武汉：武汉大学出版社，2020.